Heidi Keller | Nadine Nöhmaier

CLASH

PraktikumsKnigge

Der Leitfaden zum Berufseinstieg

Impressum

1. Auflage Mai 2003 (ISBN 3-00-011431-9, Eigenverlag Stefan Rippler)
2., vollständig überarbeitete und erweiterte Auflage August 2005

Hinweis:
Die Beiträge in diesem Ratgeber sind gewissenhaft recherchiert und entsprechen dem aktuellen Stand. Spätere Abweichungen – etwa bei Ansprechpartnern, Internetadressen, Gesetzestexten oder Gebühren – sind jedoch nicht auszuschließen. Angesichts der Vielfalt der Daten und der ständigen Veränderungen in Politik, Recht, Wirtschaft, Wissenschaft und Forschung, kann für die Angaben im Buch, insbesondere für rechtliche Hinweise, keine Gewähr übernommen werden. Weder die Autoren, noch die Herausgeber oder der Verlag können für eventuelle Schäden, die aus den im Buch gegebenen praktischen Hinweisen resultieren, haftbar gemacht werden.

Download-Zugang
für auf die im Buch hingewiesenen Downloads, aktualisierten Linklisten und Ergänzungen.
Login: Praktikum
Passwort: Knigge

Website:
www.praktikumsknigge.de

Wir wollen dieses Buch noch besser machen. Hinweise, Kritik und Fehlermeldungen bitte an: redaktion@praktikumsknigge.de

www.clash.de

Herausgeber: clash Verlagsgesellschaft, Stefan Rippler
Redaktionelle Leitung: Max Hägler
Lektorat: Verena Hägler
Verantwortlich für den Serviceteil: Philipp Eder
Redaktionelle Mitarbeit: Thorsten Wiese, Simone Orgel, Stefan Rippler, Alexander Hatzold, Stephan Pfeifer
Redaktion Serviceteil: Daniela Geffe, Diana Huss
Gestaltung und Satz: AndreasGregor.de (verantwortlich), MathiasNickel.com
Titelmodel: Hanna Sammüller
Fotos: Arno von Buxhoeveden (Autorenfotos), M. Roth (S. 12), Carlos Katins (S. 12), WortFreunde/Langerfeld (S. 12), LMU (S. 13), Sandra Goldschmidt (S.13), übrige Bilder von privat.

Druck und Bindung: Druckhaus Oberpfalz, Amberg
Gedruckt auf säurefreiem und chlorfrei gebleichtem Papier.
Printed in Germany

ISBN 3-9809905-0-8

Die Autorinnen

Nadine Nöhmaier

1976 im niederbayerischen Eggenfelden geboren, hat sie an der Ludwig-Maximilians-Universität München Kommunikationswissenschaft, Kunstgeschichte und Neue Deutsche Literatur studiert. Sie war für die Musikseite der Abendzeitung zuständig, ist inzwischen Redakteurin beim Verlag clash und schreibt für *Spiegel Online* und die *Deutsche Universitätszeitung*. Außerdem ist sie Chefredakteurin des Münchner Hochschulmagazins *Mayers*. Zum Journalismus kam sie über Praktika bei der *Bild*-Zeitung, dem *Münchner Merkur* und der *Passauer Neuen Presse*. Auch Literarisches ist ihr nicht fremd, etwa als Autorin im Erzählband *Realitätsverluste* der Zeitschrift *Allegra*.

Heidi Keller

1975 in Wasserburg am Inn geboren, hat sie 2002 an der Ludwig-Maximilians-Universität München ihr Studium der Fächer Germanistik, Geschichte und Theaterwissenschaft abgeschlossen. Während ihrer Hochschulzeit hat sie mehrere Praktika bei Zeitschriften und Verlagen absolviert, etwa bei der *Wasserburger Zeitung*, dem Verlagshaus Ullstein Heyne List und der deutsch-jüdischen Zeitung *Aufbau* in New York. Daneben war sie für die Pressearbeit verschiedener gemeinnütziger Organisationen zuständig. Heidi Keller arbeitet als freie Lektorin und Journalistin in München.

Inhalt

»Der Berufseinstieg beginnt jetzt«

Stefan Rippler, Mitherausgeber *PraktikumsKnigge*

Jedes Praktikum kann ein Türöffner sein. Es kommt dabei vor allem auf den richtigen Zeitpunkt an. Wichtig ist, möglichst früh Praktika zu absolvieren – in den Sommerferien, zwischen Schulabschluss und Studienbeginn oder in den ersten Semestern. Teste Berufe und Branchen aus, orientiere und engagiere dich und finde aktiv deinen Traumjob – so früh wie möglich!

Dein Berufseinstieg beginnt nicht erst nach dem Studium, sondern jetzt. Mit jedem Praktikum gestaltest du deine berufliche Zukunft schon heute mit. Das Praktikum ist aber nicht nur Teil des Lebenslaufs: Es trägt zur Zielfindung bei und hilft dir, ein eigenes Profil zu entwickeln im Hinblick auf persönliche und fachliche Stärken, Interessen und Schwächen.

Für die Absolventengeneration sehen das die Feuilletonisten und Redakteure von *Zeit* und *Süddeutscher Zeitung* derzeit anders. Die *Zeit* ruft die »Generation Praktikum« aus, stellt Hochschulabsolventen mit Dauerpraktikantenstatus vor und ruft zum Praktikumsboykott auf. Die *Süddeutsche Zeitung* antwortet mit dem wissenschaftlichen Begriff des »Rankism«: Die Arbeitgeber sitzen am längeren Hebel und beuten die Absolventen so lange aus, bis die Praktikumsnachfrage abflacht. Dass es Unternehmen gibt, die willige Praktikanten als Billigarbeitskräfte missbrauchen, ist unumstritten. Dass sich die Unternehmen damit aber ins eigene Fleisch schneiden, ist auch klar: Wer nicht fair mit dem potentiellen Nachwuchs umgeht, dem fehlen bald qualifizierte und vor allem motivierte Arbeitskräfte.

Eine Reaktion von vielen: Ehemalige Absolventenpraktikanten haben Fairwork e.V. gegründet. Für das Magazin *karriere* war das der Anlass, ein Qualitätssiegel zu definieren. Das Label „Fair Company" erhalten Unternehmen, die Absolventenpraktikanten eine reale Übernahmechance bieten.

Wer früh genug in die Praxis und damit in das Berufsleben einsteigt, gerät gar nicht erst in die Praktikumsmühle. Dabei solltest du im Hinterkopf behalten: Der Berufseinstieg beginnt schon vor dem Studienende. Nach deinem Hochschulabschluss reduzierst du mit jedem weiteren Praktikum deinen »Marktwert«. Man sollte vorher Menschen und ihre Arbeitsweisen kennen lernen und überprüfen, ob einen der Job wirklich träumen lässt.

Aber nicht nur du profitierst durch Praxiserfahrungen. Praktika sind im Idealfall ein Gewinn für alle Beteiligten: So haben Unternehmen nach einer Einarbeitungsphase junge Köpfe, die kompetent anpacken können und eine frische Sicht auf Arbeitsabläufe haben. Und wenn alles gut geht, bist du später eine fähige Nachwuchskraft in einem Unternehmen, das du bereits kennen und schätzen gelernt hast. Damit das klappt, bieten immer mehr Unternehmen Bindungsprogramme nach einem erfolgreich absolvierten Praktikum.

Wie kann ich als Schulabgänger, Student oder auch als Absolvent meine Zukunft und meinen späteren Berufseinstieg schon heute aktiv mitgestalten? Vom Arbeitsunfall bis zum Zeugnis gibt es viel zu beachten. Das unterscheidet dieses Buch auch vom Internet: Während die Informationen dort kurzlebig, verstreut und kaum überprüft sind, haben wir durch Interviews mit Berufsberatern, Personalverantwortlichen und Praktikanten sowie durch intensive Recherchen alles Wesentliche zusammengetragen, was ein Praktikant im Kopf haben muss – vor, während und nach dem Praktikum.

Von Suchstrategien nach dem richtigen Unternehmen und dem gelungenen Vorstellungsgespräch über mögliche und unmögliche Verhaltensweisen im Praktikum und dem Umgang mit Problemen bis hin zu Strategien sich selbst unentbehrlich zu machen: Du erfährst alles über Bewerbungsmodalitäten, die wesentlichen Verhaltensgrundlagen, Gesetzesregelungen und rechtliche Grauzonen, Versicherungsaspekte und Jobaussichten – mit Stand Juni 2005. Besondere Beachtung kommt der Trendbranche Medien zu – im Medienspezial ab Seite 132.

Für Besonderheiten von Praktika während der Schulzeit oder einer Berufsausbildung ist hier leider kein Raum gewesen, aber natürlich gelten die meisten Tipps auch dann. Der *PraktikumsKnigge* kann leider nicht auf alle individuellen Sonderfälle eingehen – zu vielfältig sind die denkbaren Konstellationen. Wir haben aber versucht, dir durch Ratschläge sowie weiterführende Links, Literatur- und Quellenangaben genug Material an die Hand zu geben, damit du selbstständig überprüfen kannst, wie es um dich steht. Im Serviceteil haben wir außerdem eine Reihe seriöser Unternehmen in ausführlichen Profilen dargestellt, die qualifizierte Praktika anbieten. Viele weitere Firmen findest du kurz und knapp im Firmenindex.

Der *PraktikumsKnigge* gibt dir Anregungen, um das Praktikum zu gestalten – finden und absolvieren musst du es selbst. Ein gutes Praktikum ist in jedem Fall eine große Chance. Nütze Sie! Viel Erfolg und Spaß wünschen wir dir jedenfalls dabei!

Herzlichst
Stefan Rippler

Stefan Rippler (Jahrgang 1985), ist der Erfinder des *PraktikumsKnigge*. Er hat bereits in seiner Schulzeit mehrere Praktika absolviert und dabei am eigenen Leib erfahren mit welchen Chancen, aber auch Problemen ein Praktikant konfrontiert wird. Derzeit studiert Stefan Rippler Medien und Kommunikation an der Bert-Brecht-Universität Augsburg, bleibt aber der Praxis verbunden, z.B. als Referent auf den Münchner Medientagen zum Thema Praktikum. Er ist Mitherausgeber der zweiten Auflage des *PraktikumsKnigge*.

»Die beste Theorie nützt nichts, wenn sie nicht umgesetzt wird«

Professor Dr. Christoph Fasel, Leiter der Henri-Nannen-Schule

»Grau, teurer Freund, ist alle Theorie, doch grün des Lebens goldner Baum.« Was Goethes Faust trefflich formulierte, zählt nach wie vor zu den wichtigen Erkenntnissen des Berufseinstiegs: Ganz egal, welches Ziel man vor Augen hat – nur mit der richtigen Mischung aus theoretischem Wissen und praktischer Fertigkeit wird eine Ausbildung perfekt.

Das haben schon früh die Ausbilder in den Betrieben erkannt. Die Qualität der auch im Ausland geschätzten deutschen Berufsausbildung beruht bekanntlich auf den beiden Säulen der praktischen Ausbildung im Betrieb und der theoretischen Unterfütterung in der Berufsschule. Im Studium gewinnen seit vielen Jahren diejenigen Studiengänge an Bedeutung, die frühzeitig theoretische Reflexion mit praktischer Erfahrung kombinieren. Die praxisorientierten Fachhochschulen mit ihren integrierten Praktika erfreuen sich seit Jahrzehnten des steigenden Zustroms der Studierwilligen. Denn die haben erkannt: Die beste Theorie nützt nichts, wenn sie in der Praxis nicht angewendet werden kann.

Auch die Unternehmen haben mittlerweile den Charme der Praktikanten entdeckt. Verantwortungsvolle Firmen wie beispielsweise Procter und Gamble Deutschland stellen Praktikanten gezielt daraufhin ein, ihnen nach erfolgreichem Abschluss der Praxisphase ein Übernahmeangebot machen zu können. Das Praktikum dient also dem Praktikanten wie dem Unternehmen dazu, sich gegenseitig kennen zu lernen – ein idealer Weg, um falsche Erwartungen oder gar Enttäuschungen im späteren Berufsleben zu vermeiden.

Was aber zeichnet ein erfolgreiches Praktikum aus? Es bietet gleich ein ganzes Bündel von Vorteilen: Für den jungen Menschen, der vielleicht erste Erfahrungen mit der Berufswelt machen oder sein erworbenes Fachwissen in einem Unternehmen ausprobieren will, bedeutet die Zeit im Unternehmen oft den Blick in eine neue Welt – so wie Stefan Rippler das in seinem Vorwort eindrücklich beschreibt. Erwartungen der Praktikanten können mit der Realität abgeglichen, falsche Vorstellungen von der Arbeit im angestrebten Job begradigt werden.

Für Unternehmen bietet das Praktikum ebenfalls eine ganze Reihe von Vorteilen. Die wichtigsten sind:

» Junge Talente werden entdeckt: Im Miteinander des Arbeitsalltags können Unternehmen ihren Nachwuchs gezielt entdecken, beobachten und fördern.
» Das fachliche und menschliche Miteinander wird ausprobiert: Stimmt die Chemie? Können Unternehmen und Praktikant miteinander? Fühlen sich beide Seiten miteinander wohl?
» Neue Impulse kommen von außen: Auch Praktikanten – zumal dann, wenn sie von Hochschulen kommen – können frischen Schwung und neue Ideen in ein Unternehmen tragen. Viele Unternehmen wissen das und nutzen diese Chance gerne.

Anders als die *Zeit* in einer Titelgeschichte jüngst lamentierte, sind das handfeste Vorteile, die beiden Parteien Vorteile bringen. Denn Praktikant wie Unternehmen profitieren von einem gelungenen Praktikum gleichermaßen. Fatal deshalb, das Praktikum mit dem Hinweis auf durchaus existierende Fehlentwicklungen abzuwerten. Ob ein Praktikum etwas bringt, merken Praktikanten sehr schnell: Kochen sie den halben Tag Kaffee und stehen sie in der zweiten Hälfte am Kopierer, dürfte das Marketingpraktikum von wenig Erfolg gekrönt sein.

Besonders wichtig sind Praktika für all jene, die sich dem Thema Kommunikation widmen. Denn hier sind praktische Erfahrungen der beste Ausbildungsnachweis. Gerade in der Medienbranche, wo es oft keinen geregelten Berufszugang gibt, ist es wichtig, Engagement zu zeigen, denn: Journalisten gibt es viele, Nachwuchskräfte, die in die Medien wollen, auch. Um in die Branche einzusteigen gilt: Machen, machen, machen! Neugierig sein. Hintergründe aufdecken. Fragen stellen. Sich interessieren, mit der Sprache jonglieren, penetrant sein und zeigen, dass man etwas erfahren und erreichen will. Und all das so früh wie möglich, beispielsweise in einem Praktikum.

Der vorliegende Band trägt dieser großen Bedeutung eines Medienpraktikums im Medienspezial ab Seite 132 mit zusätzlichen Daten, Fakten und Hintergründen Rechnung. Ein Muss für jeden, der sich in Journalismus, Öffentlichkeitsarbeit oder Medienmanagement engagieren will.

Viel Spaß beim erfolgreichen Praktikum wünscht

Christoph Fasel

Professor Dr. Fasel besuchte nach seinem Germanistikstudium den 6. Lehrgang der Henri-Nannen-Journalistenschule unter der Leitung ihres Gründers Wolf Schneider. Weitere journalistische Stationen: Redakteur bei *Eltern* und beim *Stern*. 1996 bis 1999 war Fasel Chefredakteur von *Reader's Digest Deutschland und Österreich*. Die Hochschule für Wirtschaft und Medien in Calw berief Fasel 2001 zum Professor für Medien und Kommunikationsmanagement. Er ist seit 2000 Gesellschafter der WortFreunde Kommunikation GmbH und arbeitet als Blattentwickler, Redaktionsberater und Autor (u.a. für das Magazin der *Süddeutschen Zeitung*) in Tübingen. Ab 2006 übernimmt Fasel die Leitung der Henri-Nannen-Schule.

Von Ana Morales bis Timm Klotzek, von Allianz bis ver.di: Diese Experten kommen zu Wort

Neben diversen Praktikanten und Absolventen hat die Redaktion des *PraktikumsKnigge* auch folgende Experten zu einzelnen Aspekten des Praktikantendaseins befragt:

Ana Morales, Jahrgang 1972, begann 1992 ein Germanistikstudium und wurde 1994 Geschäftsführerin eines Stuttgarter Musikclubs. 1996 stieg sie bei Four Music ein, dem Label der Hip-Hop-Gruppe Die Fantastischen Vier. Inzwischen ist sie dort Managerin.

Anna-Maria Engelsdorfer, Jahrgang 1958, ist Gymnasiallehrerin und seit 1997 Berufsberaterin im Hochschulteam der Arbeitsagentur München.

Christian Füller, Jahrgang 1964, hat in München, Berlin und Rotterdam Politikwissenschaft studiert. Er ist Redakteur der überregionalen Tageszeitung *taz* in Berlin.

Professor Dr. Christian Scholz, Jahrgang 1952, ist Inhaber des Lehrstuhls für Betriebswirtschaftslehre, insbesondere Organisation, Personal- und Informationsmanagement, an der Universität des Saarlandes in Saarbrücken.

Christina Hüge-Hornauer, Jahrgang 1961, ist Juristin und arbeitet als Berufsberaterin im Hochschulteam der Arbeitsagentur München.

Professor Dr. Christoph Fasel, Jahrgang 1957, lehrt Wirtschaft und Medien an der Fachhochschule Calw, ist Blattentwickler, Autor und ab 2006 Leiter der Henri-Nannen-Journalistenschule Hamburg.

Detlef Löschmann, Jahrgang 1958, ist Redaktionsleiter Nachrichten/Aktuelles beim Berliner Radiosender 94'3 rs2.

Friedhelm Hartmann, Jahrgang 1960, ist Leiter der Abteilung Ausbildungsförderung des Studentenwerks Göttingen.

Gerhard Winkler, Jahrgang 1955, hat Lehramt studiert, ist selbstständiger Bewerbungsberater und betreibt die Seite www.jova-nova.com.

Gero Federkeil, Jahrgang 1963, hat Soziologie und Sozialpolitik studiert und war danach Referent beim Wissenschaftsrat. Seit 2000 arbeitet er im Centrum für Hochschulentwicklung (CHE) an der Erstellung von Rankings deutschsprachiger Hochschulen.

Harald Mayer, Jahrgang 1965, Industrie- und Personalfachkaufmann, war bei 3com und Viag Interkom tätig. Inzwischen ist er Personalchef der Software-Firma Varetis, deren Tochter GoYellow.de eine Internet-Branchenauskunft betreibt.

Dr. Harro Honolka, Jahrgang 1948, hat 1985 das Institut Student und Arbeitsmarkt gegründet und ist heute geschäftsführender Vorstand dieses zentralen Career Centers der Ludwig-Maximilians-Universität München. Er hat diverse Beiträge zu den Themen Praktikum und Berufsstart verfasst.

Hartwin Möhrle, Jahrgang 1956, ist seit 1997 geschäftsführender Gesellschafter bei Ahrens & Bimboese Agentur für Kommunikation GmbH und zuständig für u.a. Krisen-Kommunikation und Human Resources. Er war lange Jahre freier Journalist für u.a. dpa, *Zeit*-Magazin und Hessischer Rundfunk.

Hendrik Zörner, Jahrgang 1958, ist seit 2002 Pressesprecher des Deutschen Journalisten Verbands. Er war zuvor stellvertretender Regierungssprecher der Landesregierung Niedersachen.

Jannis Tsalikis, Jahrgang 1974, Diplomkaufmann, hat verschiedene Studienpraktika absolviert, unter anderem bei der Werbeagentur Scholz & Friends. Seit 2002 ist er dort zuständig für Weiterbildung und Personalrecruiting.

Katja Karger, Jahrgang 1969, ist Projektmanagerin bei dem ver.di-Projekt connexx.av, der Interessensvertretung von Medienschaffenden. Sie war vorher Projektmanagerin und Betriebsrätin bei der Pixelpark AG und Radio ffn.

Klaus Schiller, Jahrgang 1972, Germanist, war in der Personalabteilung eines Berliner Unternehmens mit Schwerpunkt Zeugnisschreibung tätig. 2000 gründete er die auf Zeugnisdienstleistungen spezialisierte Personalmanagement Service GbR (arbeitzeugnis.de).

Manuela Ebbes-Barr, Jahrgang 1970, absolvierte zwischen 1990 und 1993 eine Ausbildung zur Industriekauffrau bei der Bertelsmann AG. Seit Oktober 2003 ist sie Senior Manager im Bertelsmann Recruiting Service.

Professor Dr. Reinhold Kreile, Jahrgang 1929, hat Jura und Volkswirtschaft studiert und lehrt Medienwirtschaft an der Münchner Hochschule für Film und Fernsehen. Der Träger des großen Verdienstkreuzes mit Stern ist außerdem seit 1990 Generaldirektor der GEMA.

Sebastian Steinmayr, Jahrgang 1961, ist Chefredakteur beim bayerischen Radiodienstleister BLR.

Tanja Bittermann, Jahrgang 1973, arbeitet im Sendeteam der *Tagesschau*. Zuvor war sie als Chefin vom Dienst beim Norddeutschen Rundfunk für die Planung im Programmbereich Zeitgeschehen verantwortlich.

Thorsten Windus-Dörr, Jahrgang 1958, ist gelernter Journalist und inzwischen Leiter der Abteilung Public Relations beim Reiseveranstalter TUI. Er sitzt im Bundesvorstand der Deutschen Public Relations Gesellschaft.

Tim Renner, Jahrgang 1964, brach sein Germanistikstudium nach einem Semester ab und arbeitete fortan als Journalist, stieg beim Plattenlabel Polydor ein, wurde später Präsident von Universal Music, machte 2004 eine Weltreise und gründete dann das Label Motor Music und den Radiosender Motor FM.

Timm Klotzek, Jahrgang 1973, ist Redaktionsleiter des Magazins *Neon* und stand dem Jugendmagazin *jetzt* bis zu dessen Einstellung vor.

Dr. Tobias Nickel, Jahrgang 1968, absolvierte während des Studiums fünf Praktika. Nach einem Traineeprogramm bei BMW arbeitete er in der Unternehmenskommunikation des Autobauers. Heute leitet er weltweit das Recruiting der BMW Group.

Dr. Torsten-Jörn Klein, Jahrgang 1964, hat Betriebswirtschaftslehre studiert und machte vor 15 Jahren ein Praktikum bei Bertelsmann. Heute ist er als Vorstandsmitglied der Gruner + Jahr AG selbst Teil des Konzernmanagements und verantwortet die Sparte »Zeitschriften International«.

Ulrike Maercks-Franzen, Jahrgang 1946, ist Bundesgeschäftsführerin der Deutsche Journalistinnen- und Journalisten-Union (dju) in ver.di.

Ute Albrecht, Jahrgang 1967, ist Diplom-Bibliothekarin und arbeitet als selbstständige Bewerbungsberaterin. Ihre Tipps finden sich unter anderem auf der Seite www.bewerbungsberatung-albrecht.de.

Volker Heimann, Jahrgang 1967, war Pressefotograf, ist inzwischen Chef vom Dienst bei der ARD-Sendung *Polylux* und arbeitet bei der Kobalt Productions Film- und Fernseh GmbH in Berlin.

Danksagung

Dieses Buch wäre ohne die Mithilfe vieler Personen nicht in dieser Form möglich gewesen: Bedanken möchten wir uns deshalb sehr herzlich bei allen Experten, die mit ihrem Fachwissen erheblich zum Gelingen des *PraktikumsKnigge* beigetragen haben – auch jenen gilt unser ausdrücklicher Dank, die nicht explizit in diesem Buch genannt werden. Für die Anregungen und Kritik, die tatkräftige und moralische Unterstützung wollen wir auch allen anderen Mitwirkenden an dieser Stelle unseren Dank aussprechen.

Das *PraktikumsKnigge*-Team

Legende

Der Paragraph weist auf wichtige Gesetzestexte oder gesetzliche Grundlagen hin.

Der Daumen nach oben zeigt: Hier kannst du punkten.

Die Hand dagegen warnt vor Fehlern, die nur unnötige Schwierigkeiten nach sich ziehen.

Dieses Symbol verweist auf Dokumente oder Informationen, die unter www.praktikumsknigge.de herunterladen oder eingesehen werden können.

Hier befinden sich wichtige Informationen, über die du auf jeden Fall Bescheid wissen solltest.

Sprechzeit: Hier befinden sich Erfahrungsberichte von Praktikanten.

Dieses Symbol verweist auf ein ausführliches Experteninterview.

Neben der Glühbirne befindet sich komprimierte Information in Kastenform.

1. | Mini-Lehre mit Maxi-Wirkung: Vom Sinn und Zweck eines Praktikums

Seit Mitte 2005 ist es amtlich: Deutschland hat mehr als fünf Millionen Arbeitslose. Tendenz: immer noch steigend. Zugleich müssen sich vor allem Akademiker in den vorhandenen Jobs ständig weiterspezialisieren und fortbilden, um weltweit einsatzbereit zu werden.

Der Zugang zum Arbeitsmarkt setzt mittlerweile Maßstäbe, die Berufseinsteiger mit bislang ungeahnten Herausforderungen konfrontieren. Die meist heillos überfüllten und oft verstaubten Hochschulen helfen beim Übergang von der Universität ins Berufsleben nicht weiter. Im Gegenteil:

Mit 2.019.465 Studenten, davon 377.054 im ersten Semester (Stand 2003), ist an deutschen Hochschulen die Konkurrenz unter Kommilitonen groß. Zusätzlich erlangten im selben Jahr 233.600 Schülerinnen und Schüler die allgemeine oder fachliche Hochschulreife.

»Hochschulen bilden ihre Studenten aus, als ob sie später alle als Wissenschaftler arbeiten würden« Harro Honolka (LMU München)

Die Hochschulen unterrichten zudem weiterhin sehr theoretisch, lehren keine überfachlichen Schlüsselqualifikationen und führen in vielen Studiengängen oft (auch bewusst) nicht auf klare Berufsbilder hin. »Hochschulen bilden ihre Studenten aus, als ob diese später alle als Wissenschaftler arbeiten würden«, sagt Harro Honolka, Geschäftsführer des Instituts Student und Arbeitsmarkt der Ludwig-Maximilians-Universität München. Wer dagegen nach dem Studium in die Wirtschaft gehen will, muss noch viel dazulernen: Teamfähigkeit, Präsentationstechniken, Diplomatie, Rhetorik, Datenbankerfahrung, Stressresistenz, Selbstmanagement, Projektmanagement und so weiter und so fort. Und nicht zu vergessen: das Arbeiten von 8 bis 17 Uhr – tägliche Erfolgskontrolle inklusive.

All diese »Skills«, wie Kompetenz und Fähigkeiten neudeutsch genannt werden, sind inzwischen notwendig, will man einen interessanten Job in einer erfolgreichen Branche bekommen. Zugleich steigen die Ansprüche der

Unternehmen weiter: Auch wer »nur« ein spannendes Praktikum machen will, muss seinen Horizont schon vorher über den Hörsaal hinaus erweitert haben. Das zeigt etwa folgende Praktikumsausschreibung, die Mitte 2005 in den Stellenbörsen der deutschen Journalistenschulen und Journalistikfakultäten kursierte:

Betreff: Assistenz des Chefredakteurs
Beitrag: Für unsere Chefredaktion sucht die *Zeit* in Hamburg zum nächstmöglichen Zeitpunkt einen qualifizierten Praktikanten/Hospitanten (m/w).

Ihre Aufgabe: Wir suchen eine qualifizierte und kompetente Unterstützung für das Büro des Chefredakteurs. In erster Linie sind Sie dafür verantwortlich, die unterschiedlichsten Veranstaltungen, an denen der Chefredakteur teilnimmt, inhaltlich qualifiziert vorzubereiten. Sie verstehen es des Weiteren, den Chefredakteur in der anspruchsvollen Korrespondenz zu entlasten. Sie unterstützen, wenn Not am Mann ist, auch das Sekretariat der Chefredaktion in kleineren administrativen Tätigkeiten des Tagesgeschäfts. Verschiedene Sonderaufgaben und kleinere Projekte, in die Sie eingebunden sind, runden Ihr Aufgabengebiet ab.

Ihr Profil: Sie haben idealerweise erfolgreich eine journalistische Ausbildung absolviert (z.B. Journalistenschule) und betrachten es als Herausforderung, sehr eng mit der Chefredaktion jenseits der klassischen Redakteurstätigkeit zusammen zu arbeiten. Wir erwarten von Ihnen ein ausgeprägtes Zeitungsinteresse sowie eine engagierte, strukturierte und zuverlässige Arbeitsweise. Darüber hinaus bringen Sie journalistisches Talent, Organisationsstärke und sehr gute PC/Mac-Kenntnisse mit.

Zeitraum: Diese Stelle ist ab sofort zu besetzen. Das Praktikum sollte mindestens sechs Monate andauern; gerne auch länger (max. 12 Monate). Sie erhalten die übliche Hospitantenvergütung.

Ihre vollständigen Bewerbungsunterlagen mit Angabe des möglichen Praktikumsbeginns senden Sie bitte …

… an die Personalabteilung eines der größten deutschen Zeitungshäuser, deren Redaktion das Thema Praktikum übrigens umfangreich bearbeitet hat. Kurioserweise auch unter den Gesichtspunkten Ausbeutung und Praktikumsmühle. Aber in finanziell schwachen Zeiten wollen auch angesehene Verlage anspruchsvolle Arbeitsplätze mit gering bezahlten, aber gleichzeitig hochmotivierten Praktikanten besetzen, die nach ihrem intensiven »Schnuppern« auf einen festen, fair bezahlten Job hoffen. Zugegeben: Nach mehreren Monaten neben einem Chefredakteur lässt sich eine vernünftig entlohnte Arbeit wohl entweder direkt im Haus oder innerhalb des Kontaktnetzwerks, das man gesponnen hat, finden. Aber erst dann entscheidet sich, ob das Malochen für wenig Geld Ausbeutung oder die große Chance war.

Der sicher aufregende Arbeitsplatz neben dem Chefredakteur wurde übrigens mittlerweile besetzt. Aber erst nachdem die Ausschreibung von einer 500-Euro-Praktikantenstelle in ein reguläres, wenn auch auf sechs Monate befristetes Angestelltenverhältnis umgewidmet worden war. Es stellte sich wohl auch hausintern heraus: Der eigentlich gesuchte Praktikant sollte doch eher ein fertig ausgebildeter Redakteur sein, auch, wenn der nach Tarif bezahlt werden muss.

Früher ein Plus, heute ein Muss: Absolventen haben kaum mehr eine Chance auf einen vernünftigen Berufsstart, wenn sie während des Studiums keine Praxiserfahrungen gesammelt haben.

Keine ungewöhnliche Situation, egal, ob im Verlagswesen oder in der Automobilindustrie: Wer ein herausforderndes Praktikum bei einem seriösen Unternehmen bekommt, verfügt danach meist über die Kontakte, Fähigkeiten und auch das Ansehen, um in eine Festanstellung übernommen zu werden. Den Grundstein für ein solches Top-Praktikum allerdings musst du schon lange vor deinem gewünschten Berufsstart legen. »Früher waren Praktika ein Pluspunkt, heute sind sie ein Muss«, betont Anna-Maria Engelsdorfer, Beraterin im Hochschulteam der Münchner Arbeitsagentur. »Arbeitgeber erwarten mittlerweile, dass Berufsanfänger Erfahrungen aus der Praxis mitbringen.« Die *High Potentials Studie 2004* der Unternehmensberatung Kienbaum gibt ihr Recht: Neben einem Hochschulabschluss sind Praktika die wichtigste Einstellungsvoraussetzung. Auch der Deutsche Industrie- und Handelskammertag befragte 2004 mehr als 2.000 Mitglieder zu ihren Erfahrungen mit Hochschulabsolventen: Fast die Hälfte (47,5 Prozent) hatte schon mal einen akademischen Berufseinsteiger gefeuert, weil der neue Mitarbeiter nicht in der Lage war, theoretisches Wissen umzusetzen, weil er sich selbst überschätzte oder nicht teamfähig war.

Nicht umsonst legen viele Unternehmen großen Wert auf Praktika, können sich die Studierenden dabei doch an Arbeitsalltag und herausfordernde Aufgaben gewöhnen: 56 Prozent der Unternehmen, die 2004 von der Unternehmensberatung McKinsey befragt wurden, bevorzugen ehemalige Praktikanten als Neueinsteiger – darunter Rohde & Schwarz, BMW, Deutsche Bank und Siemens. Und wer wirklich ein exzellenter Praktikant ist, hat Chancen trotz Jobflaute: 60 Prozent der befragten Unternehmen stellen

Extra

Unternehmen brauchen Praktikanten

Ein Praktikum ist nicht nur eine Chance, die ein Unternehmen einem jungen Menschen gibt. Es ist auch mit Hintergedanken verbunden, die mehr oder weniger redlich sind:

- Arbeitsspitzen auffangen: Ein zusätzliches, zeitlich befristetes Projekt muss schnell angeschoben werden, bei dem eine helfende Hand – ein Praktikant eben – nicht schaden kann.
- Junges Blut: Wer sich mit einem Unternehmen und dessen Strukturen und Projekten nicht auskennt, hat einen kritischeren und unverbrauchten Blick für Probleme und Lösungen. Das ist viel wert.
- Arbeitnehmerersatz: Oft genug erledigen Praktikanten auch fortlaufende Aufgaben, für die eigentlich ein vollwertiger Arbeitnehmer angestellt werden könnte – oder müsste?
- Recruiting: Wer im Praktikum gute Arbeit leistet, wird wohl auch ein guter Arbeitnehmer sein.

hervorragende Absolventen auch dann ein, wenn offiziell keine Stelle mehr frei ist. Das bestätigt auch das Nürnberger Institut für Arbeitsmarkt- und Berufsforschung (IAB). Zum Jahreswechsel 2005 standen 790.000 Stellenausschreibungen fünf Millionen Arbeitslose gegenüber. Laut IAB setzen immer mehr Unternehmen auf die so genannte »interne Suche«: Mehr als 40 Prozent der wenigen freien Stellen werden über persönliche Kontakte oder nach erfolgreichen Praktika vergeben – Tendenz weiter steigend. Kein Wunder, stellte doch die Bund-Länder-Kommission für Bildungsplanung bereits 1999 fest: »Der Nachweis berufsbezogener, studienbegleitender Praktika wird für eine gute Position im Wettbewerb um die Jobs immer wichtiger.«

Praktika mindern den Praxisschock und testen deine Fähigkeiten unter Realbedingungen.

Bei einem Praktikum geht es darum, die Praxis kennen zu lernen und Kontakte zu möglichen Arbeitgebern aufzubauen. Du lernst, wie die Wirtschaft und das Berufsleben ticken mit ihren Hierarchien und Strukturen. Natürlich schmückt ein gutes Praktikum auch jede Bewerbungsmappe. Nicht zuletzt, so Anna-Maria Engelsdorfer (Arbeitsagentur München), lernten Schüler und Studenten im Praktikum den Arbeitsalltag kennen: »Dann ist der Praxisschock bei Berufsantritt nach den doch oft sehr ungezwungenen Jahren an der Schule oder der Universität nicht so heftig.« Harro Honolka (LMU München) geht sogar noch weiter, wenn er über Sinn und Zweck von Praktika spricht: »Der Hauptnutzen eines Praktikums«, sagt er, »besteht darin, seine eigenen Fähigkeiten und Neigungen in der Praxis zu überprüfen.« Die Praktikanten würden dabei häufig über sich selbst staunen. Honolka erzählt von einer Kunstpädagogikstudentin, die im Rahmen eines Kursprogramms von Student und Arbeitsmarkt ein Praktikum im Controllingbereich einer Bank absolvieren sollte. »Man musste sie fast dazu zwingen – die hat sich so gesträubt, das sei langweilig, das habe nichts mit ihren Interessen

Extra

Aktion Seitenwechsel: Wenn Personalleiter zu Praktikanten werden

Es ist eher ein intensives Schnuppern und Nachdenken als ein qualifiziertes Lernen, wenn Manager manchmal den Standpunkt wechseln und ein Praktikum machen, um eine andere Sicht auf die Dinge zu bekommen. Die Patriotische Gesellschaft ermöglicht Führungskräften mit ihrem Programm *Seitenwechsel* (www.seitenwechsel.com) Kurzpraktika in ganz neuen Lebenswelten: »Ich habe kaum eine Woche in meinem Leben bisher intensiver erlebt als eine Woche *Seitenwechsel* in der Drogenberatungsstelle Kodrobs in Altona«, erinnert sich etwa Thomas Magold, Geschäftsführer der BMW Niederlassung Hamburg, an sein Praktikum. Seit 2000 haben 500 Manager und Führungskräfte aus Unternehmen wie DaimlerChrysler, Beiersdorf oder Airbus die Seite gewechselt. Nicht ganz selbstlos, wie die Organisatoren eingestehen: Die Geschäftsführer und Personalleiter lernen in Hospizen, Flüchtlingsheimen, Gefängnissen oder eben Drogenberatungsstellen schwierige Menschen kennen, werden sensibler im Umgang, differenzierter in ihren Sichtweisen und stärken damit ihre Persönlichkeit. Auf der anderen Seite können die sozialen Institutionen oft bestehende Vorurteile gegenüber sozialer Arbeit relativieren und bekommen von den »Praktikanten« auch noch 600 Euro Entschädigung. Praktika eben, bei denen alles seitenverkehrt ist.

»Wir nutzen Praktika, um zu sehen, wer gut ist«

Persönlichkeit und Engagement sind für Dr. Torsten-Jörn Klein die entscheidenden Kriterien bei Praktikanten: »Der jungen Absolventengeneration fehlt in weiten Teilen der notwendige Ehrgeiz.« Der Manager beim Medienkonzern Bertelsmann ist sich aber sicher: »Gute Leute haben am Ende immer eine Aussicht auf gute Jobs!«

Sie sind quasi vom Praktikanten zum Manager augestiegen. Wie lief Ihr Berufseinstieg ab?

Dr. Torsten-Jörn Klein: Ich persönlich war mehrfach Praktikant, habe besonders gute Erfahrungen damit gemacht. Ein Praktikum hat zu meiner heutigen Anstellung im Bertelsmann-Konzern geführt. Ich machte 1990 ein Praktikum bei den Bertelsmann-Buchklubs, wo ich direkt aus dem Praktikum in eine Assistentenstelle wechselte. Das war eigentlich der Beginn meiner beruflichen Entwicklung innerhalb des Bertelsmann-Konzerns.

Welche Praktikumspolitik verfolgen Sie in Ihrem Unternehmen?

Wir nutzen Praktika, um das Potenzial von Studierenden und jungen Ab-

Dr. Torsten-Jörn Klein (Jahrgang 1964) legte den Grundstein seiner Karriere bei Bertelsmann vor 15 Jahren als Praktikant. Heute verantwortet er als Vorstandsmitglied der Konzerntochter Gruner + Jahr die Sparte Zeitschriften International.

solventen kennen zu lernen und versuchen, über zeitlich begrenzte Praktika zu sehen, wer wirklich gut ist, um ihn dann für Gruner + Jahr zu engagieren. Es gibt keine bessere Möglichkeit, das Potenzial einer Person zu testen, als im direkten Übertragen von Arbeitsaufgaben im Rahmen eines Praktikums. So kann man sehen, wie gut jemand ist, wie belastbar und wie gut er zur Unternehmenskultur passt.

Welche Eigenschaften muss ein Bewerber mitbringen, um bei Ihnen ein Praktikum zu bekommen?

Einen guten Überblick gibt natürlich der Lebenslauf. Dabei zählen nicht unbedingt die Notendurchschnitte, sondern wie lange jemand schon studiert und was er neben dem Studium macht. Uns kommt es hauptsächlich auf die Persönlichkeit und das Engagement des Bewerbers an, das sind zwei ganz entscheidende Punkte. Fachliche Dinge kann man lernen, die Persönlichkeit ist nur schwer oder gar nicht zu verändern. Es ist natürlich so, dass man in der ersten Phase den Bewerber auf dem Papier beurteilen muss, was problematisch ist. Uns kommt es darauf an, dass derjenige vielschichtig und ganzheitlich denkt und dass jeder, der hier arbeiten will, viel Eigendynamik, Eigenmotivation und Eigenengagement mitbringt.

Stichworte »Praktikumsmühle« und »Generation Praktikum«. Schaden zu viele Praktika dem Lebenslauf?

Für uns ist nicht die Anzahl der Praktika entscheidend, sondern wie lange das Studium dauert und wie viele aufeinander aufbauende Praktika, besonders auch Auslandspraktika, in diesem Zeitraum gemacht wurden. Wir engagieren keine Leute, die enorm lange Studienzeiten haben. Wir engagieren nur Leute, die kurze Studienzeiten hatten und es trotzdem geschafft haben, in dieser Zeit Praktika zu absolvieren und in studentischen Vertretungen aktiv zu sein. Es gibt nur die Ausnahme, wenn die Notwendigkeit besteht, Geld zu verdienen. Das ist die einzige Entschuldigung, warum ein Studium länger dauern darf.

»Wir engagieren nur Leute, die kurze Studienzeiten hatten und es trotzdem geschafft haben, Praktika zu absolvieren«

Beurteilen Sie jemanden, der nach abgeschlossenem Studium ein Praktikum absolviert hat, anders als jemanden, der seine Berufserfahrungen in den Semesterferien gemacht hat?

Darauf kommt es nicht in erster Linie an, es kommt auf die Leute selbst an. Aber es gibt genug Beispiele, wo Studenten es schaffen, alles – Praktika, kurzes Studium und Geldverdienen – unter einen Hut zu bringen. Nach dem Studium ein Praktikum zu machen, kann nur eine Notlösung sein, das ist nicht der logische Fall. Der Normalfall ist, dass man versucht, nach dem Abschluss bei einer Firma als Assistent oder Trainee einzusteigen. Aber man muss das von Fall zu Fall entscheiden. Ich habe auch während meiner Promotion ein Praktikum gemacht. Wenn man über ein Praktikum an den angestrebten Arbeitsplatz kommt, dann ist das vollkommen in Ordnung. Ein Praktikum nach dem Studium ist durchaus sinnvoll, um einen Fuß in die Firma zu bekommen, Firma und Absolvent können sich so kennen lernen. Aber es macht keinen Sinn, nach dem Studium immer wieder nur Praktika zu absolvieren. Man muss alles in Relation sehen: In der gegenwärtigen Lage ist es sehr, sehr schwer, eine gute Stelle zu bekommen, weil es nicht so viele gibt. Aber ich behaupte, Top-Leute bekommen am Ende immer gute Jobs.

Wird sich die momentane Lage für Absolventen auf dem Arbeitsmarkt wieder entschärfen?

Man kann keine Prognose machen wie: »Die Zukunft wird wieder rosiger«. Die Zukunft wird tendenziell immer härter werden. Man muss kämpfen – das fehlt der jungen Absolventengeneration in weiten Teilen. Der Ehrgeiz ist nicht mehr da. Man muss flexibel sein, auch was Einsatzmöglichkeiten betrifft. Ich bin es leid, junge Absolventen zu treffen, die von sich behaupten, international einsetzbar und flexibel zu sein, und dann stellt sich heraus, dass diese Flexibilität auf London, Paris und New York beschränkt ist. Heutzutage muss man dazu bereit sein, in nicht so lukrativen Regionen zu arbeiten. Ich bin direkt nach dem Studium nach Gütersloh gegangen und es gibt sicherlich interessantere Orte in Deutschland. Aber es war sinnvoll. Man muss auch neue Sprachen lernen: Russisch, Chinesisch oder südosteuropäische Sprachen sind absolute Mangelware. Englisch ist Voraussetzung, muss perfekt sein. Alle sprechen Englisch, Französisch und Spanisch. Gerade expandierende Unternehmen brauchen osteuropäische und asiatische Sprachen.

»Alle sprechen Englisch, Französisch und Spanisch. Expandierende Unternehmen brauchen aber osteuropäische Sprachen«

Was kann ein Praktikum im Idealfall für beide Seiten, für Unternehmen und Praktikant, bringen?

Das hängt sehr stark vom Praktikanten und vom Unternehmen ab. Wir geben Praktikanten eigenständige Aufgaben, die alleine vorangetrieben und dementsprechend präsentiert werden müssen. An der hohen Eigenverantwortung wollen wir sehen, ob der Praktikant eigenständig unternehmerisch arbeiten kann. Daran misst sich dann der Erfolg für beide Seiten beziehungsweise die spätere Übernahme oder Festanstellung.

Haben Sie noch Tipps für Praktikanten?

Zuerst muss man sich bewerben. Dabei ist die Art und Weise der Bewerbung sehr wichtig. Man muss sich abheben, sich mit dem Unternehmen beschäftigen und die Unterlagen dementsprechend aufbereiten. Eine Bewerbung bei einem Zeitschriftenhaus wie Gruner + Jahr, die in Magazinform gestaltet ist, fällt auf. Der zweite Punkt ist: Anrufen und nachhaken, so dass man seine Chance zum Vorstellungsgespräch bekommt. Bei dem Gespräch sollte man bloß nicht aufgeregt sein. Am besten offen und in sich ruhend das vermitteln, was man selbst ist. Verstellen macht überhaupt keinen Sinn. Wenn man dann im Unternehmen arbeitet, muss man sehen, ob einem die Unternehmenskultur gefällt, und mit vollem Engagement und voller Kraft die Netzwerkbildung innerhalb der Firma ausbauen.

zu tun. Heute arbeitet sie geradezu leidenschaftlich im Controlling. Das Praktikum hat ihr ganz neue Perspektiven eröffnet.« Und im Gegenzug kann ein Praktikum natürlich auch unrealistische Erwartungen an den bisherigen Traumberuf korrigieren.

Ein Job bei einer Plattenfirma beispielsweise kann nicht mit Partys, Glamour und Rock`n`Roll gleichgesetzt werden: „Wir verbringen 90 Prozent unserer Arbeit vor dem Computer oder am Telefon", sagt Ana Morales, Label-Managerin bei Four Music. „Das erfahren die Praktikanten bereits beim Vorstellungsgespräch. Während des Praktikums arbeiten sie in erster Linie im Sekretariat, machen Botengänge und helfen bei Marketing oder Buchhaltung." Dennoch sei es ein Bürojob, der sich mit dem Produkt Musik beschäftige, was vielen besser gefalle, als in einer Bank oder Versicherung tätig zu sein. Phasenweise arbeitet man auch eng mit den Fantastischen Vier zusammen – und erledigt dabei nötige Bürokratie für den Hip-Hop.

Checkliste Vom Sinn und Zweck. Praktika ... ☑

- ☐ ... verringern den Praxisschock.
- ☐ ... bringen Kontakte – vielleicht zum künftigen Arbeitgeber.
- ☐ ... zeigen dir persönliche Stärken und Schwächen auf.
- ☐ ... berichtigen falsche Wunschvorstellungen.
- ☐ ... fordern manchmal Durchhaltevermögen.
- ☐ ... testen Disziplin und ernsthafte Arbeitshaltung.
- ☐ ... sind Testläufe zu »richtigen« Arbeitsverhältnissen.
- ☐ ... geben Einblicke in Branchen, Abteilungen und Funktionen.
- ☐ ... stärken die soziale Kompetenz.
- ☐ ... geben Einblicke in Betriebsstrukturen.
- ☐ ... sind vielleicht die erste »9 to 5«-Erfahrung.
- ☐ ... bringen Zusatzqualifikationen.
- ☐ ... beinhalten manchmal auch Kopieren und Kaffeekochen.

2. | Schwer von Begriff: Praktikumsarten und -unarten

Praktika sind also ein entscheidender Baustein zum erfolgreichen Berufseinstieg. Aber was ist mit Schnupperpraktika, Volontariaten, Hospitanzen, Praxissemestern oder Traineeships? Ist das alles das Gleiche? Darauf gibt es nur eine Antwort: Jein.

Unternehmen wie Universitäten verwenden die Begriffe nach eigenem Geschmack – und verschleiern damit, ob sie vor allem Schüler oder eher Bewerber mit Studienerfahrung ansprechen wollen und welche Anforderungen sie haben. Trotzdem ein Definitionsversuch für »das Praktikum«, der mit einem Blick in den Duden beginnt:

»Das Praktikum ist eine praktische Übung an der Hochschule oder eine im Rahmen einer Ausbildung außerhalb der (Hoch-)Schule abzuleistende praktische Tätigkeit.«

Eine Beschreibung, die nicht ganz falsch, aber auch nicht ganz richtig ist, fehlen doch vor allem die freiwilligen Praktika, die man zwischen Schulabschluss und Studienbeginn zur Orientierung absolviert. Die Berufsgenossenschaften, die qua Gesetz für den gesetzlichen Unfallschutz in deutschen Betrieben zuständig sind, schreiben:

»Das Praktikum hat den Zweck, Erfahrungen zu sammeln. Diese sollen die Ausbildung in einem Hauptberuf vorbereiten, unterstützen oder vervollständigen, ohne alle Bedingungen für eine Ausbildung im Sinne des Berufsbildungsgesetzes zu erfüllen.«

Das ist – natürlich ergänzt um den wesentlichen Aspekt der Berufsorientierung – auch der Standpunkt, von dem aus der *PraktikumsKnigge* verfasst worden ist.

Arbeits- und Sozialrecht kapitulieren vor Praktikanten – zumindest bei der Definition.

Das deutsche Recht übrigens findet keine allgemeingültige Definition für das Praktikum – meist taucht der Begriff in den Gesetzestexten gar nicht auf.

Auch die knapp eintausend Seiten schwere *Übersicht über das Sozialrecht*, die das Bundessozialministerium 2005 als hauseigenen Kommentar herausgegeben hat, resigniert vor Praktikanten:

§

»Komplizierter (als für Studenten) stellt sich die (sozialversicherungsrechtliche) Regelung für Praktikanten dar: Generell lässt sich sagen, dass die Ableistung eines in einer Studien- oder Prüfungsordnung vorgesehenen Praktikums versicherungsfrei ist, andere Praktika dagegen als Beschäftigung und damit versicherungspflichtig zu bewerten sind. (...) Im Einzelfall empfiehlt es sich bei diesen Fallgestaltungen, die für die Beurteilung zuständige Krankenkasse einzuschalten, die im Einzelfall gesetzlich auch zur Beratung und Information verpflichtet ist.«

Praktika können also grundverschieden sein. Die möglichen Arbeitsbereiche reichen vom Kaffeekochen bis zur Redakteurstätigkeit. Sinn und Zweck können erste Berufsorientierung sein, aber auch die anspruchsvolle Abrundung des Jobprofils nach einem Studium.

Sinn und Zweck reichen von der Berufsorientierung bis zur Abrundung des Jobprofils.

Bleibt festzuhalten, dass der Gesetzgeber deshalb sehr formale Kriterien heranzieht und nicht auf »Sinn und Zweck« eingeht. Relevant zur steuerrechtlichen, arbeitsrechtlichen, aber auch sozialversicherungsrechtlichen Beurteilung (siehe Kapitel 7) sind hauptsächlich die folgenden Kriterien:

- freiwillig/verpflichtend.
- unentgeltlich/unter 400 Euro monatlich/über 400 Euro monatlich.
- vor (bzw. nach) oder während dem Studium oder einer Ausbildung.

Anhand der Merkmale lässt sich klären – allerdings nicht streitfrei –, ob ein Praktikum etwa als Ausbildung gemäß Berufsbildungsgesetz oder als normale Beschäftigung zu werten ist, ob damit das Arbeitsrecht gilt, samt Urlaub und Lohnfortzahlung, oder ob man weiterhin hauptsächlich »rechtloser« Student ist. Einen Überblick über diese nervige, aber leider nicht unwichtige Materie gibt das siehe Kapitel 7.

Nun aber zu den allgemeinen Begriffen und ihren Definitionen:

2.1. Schnupperpraktikum

Ein Schnupperpraktikum dauert meist nur wenige Tage und ist vor allem für Schüler interessant: Sie können herausfinden, ob der Wunschberuf wirklich passt und wie der Weg dorthin aussieht. Bezahlt werden diese Unternehmenseinblicke natürlich nicht – es gilt, Erfahrungen zu sammeln.

2.2. Schülerbetriebspraktikum

Je nach Bundesland oder Schulart müssen (oder dürfen) Schüler ein Schülerbetriebspraktikum absolvieren – und zwar meist in der vorletzten oder letzten Jahrgangsstufe. In Bayern beispielsweise ist es im Rahmen des Faches Arbeitslehre für Hauptschüler der 8. oder 9. Jahrgangsstufe verpflichtend vorgeschrieben. Dieses Praktikum, das mehrere Tage oder sogar Wochen umfasst, gilt als schulische Veranstaltung und wird mit den Lehrern intensiv vor- und nachbereitet. Die Jugendlichen sollen den Schonraum Schule verlassen und erste Einblicke in die Berufs- und Arbeitswelt erhalten – immer öfter gilt dies auch für Gymnasiasten.

2.3. Fachpraktikum

In Fachoberschulen oder Berufsoberschulen ist oftmals ein Fachpraktikum (oder eine »fachpraktische Ausbildung«) vorgeschrieben. Im Gegensatz zum Schülerbetriebspraktikum dauern fachpraktische Ausbildungen mehrere Wochen oder ein halbes Jahr, gelten aber trotzdem meist als schulische Veranstaltung.

2.4. Pflichtpraktikum

Vor allem an Fachhochschulen (FH), die großen Wert auf Praxisbezug legen, sind Praktika oft verpflichtender Bestandteil des Studiums. In den

Extra

Praktika vor der Ausbildung: Wenn Anpacken mehr zählt als Zensuren

Ob Kfz-Mechaniker oder Bäckerlehrling: In Deutschland wird jede fünfte Ausbildung abgebrochen. Die Gründe dafür sind falsche Erwartungen an Beruf oder Betrieb oder auch körperliche Gebrechen: So mancher Azubi muss wegen Mehlstauballergie oder Chemikalienunverträglichkeit den Rückzug aus der Backstube oder dem Friseursalon antreten. Deswegen sollen auch im Handwerk Praktika zur Regel werden. Neben der Hilfe zur Berufswahl bieten sie auch dort weitere Vorteile: Wer mit schlechten Noten aus der Schule kommt, kann in den Praktikumswochen beweisen, dass er trotzdem anpacken kann – auf Teamfähigkeit und Leistung wird gerade in kleinen Betrieben mehr Wert gelegt als auf Zeugniszensuren. Um Praktika in Ausbildungsberufen zu fördern – und um die Arbeitslosenstatistik ein wenig zu schönen –, hat die Bundesregierung Anfang 2005 als Teil des Ausbildungspaktes mit der Wirtschaft das millionenschwere Programm »Einstiegsqualifizierung« gestartet. Monatlich 294 Euro Kostenerstattung erhalten Ausbildungsbetriebe, die jungen Menschen ein einjähriges qualifizierendes Praktikum anbieten, das übrigens auch auf die Ausbildung angerechnet werden kann.

Prüfungs- oder Praktikumsordnungen sind Ziel, Inhalt und Dauer festgelegt. Ein Vorgehen, das sich bewährt hat: Fachhochschüler gelten wegen ihrer praktischen Erfahrung in einigen Branchen oft als fähigere, weil erfahrenere Berufseinsteiger im Vergleich zu Uniabsolventen. In jüngster Zeit versuchen die Universitäten daher, den Praxisvorsprung der FHs aufzuholen – und schicken ihre Studenten ebenfalls ins Berufsleben. Vorsicht: In einigen Studiengängen muss bereits vor Studienstart ein acht- bis zwanzigwöchiges Vorpraktikum geleistet werden. Vielerorts ist das zum Beispiel in Fächern wie Maschinenbau oder Architektur der Fall. Wer das versäumt hat, sollte nachfragen, ob es in den ersten Semestern nebenher nachgeholt werden kann. Ein genauer Blick in die Studienordnung oder ein Anruf bei der Studentenberatung der Hochschule lohnt sich auf jeden Fall – möglichst nicht erst am Tag der Einschreibung.

www.studienwahl.de sowie der Wälzer *Studien- und Berufswahl* geben jährlich umfassend aktualisierte Informationen zu sämtlichen Studiengängen.

2.5. Praxissemester

Wenn ein Pflichtpraktikum ein Benotungsbestandteil des Studiums wird und es bei der Durchführung und den Arbeitsinhalten Absprachen zwischen dem Arbeitgeber und der Hochschule gibt, spricht man von einem Praxissemester. Das Praxissemester, auch Hauptpraktikum genannt, erstreckt sich meist über ein halbes Jahr und wird im Regelfall vergütet. Zwischen 500 und 1.500 Euro sind angesichts der fortgeschrittenen Fähigkeiten der Praktikanten und der langen Dauer üblich.

2.6. Freiwilliges Praktikum

Besonders intensiv müssen sich Studenten mit dem Thema »Praktikum« befassen, die ihr Studium recht frei gestalten können – zum Beispiel Geistes- und Sozialwissenschaftler, die in der Regel nicht dazu verpflichtet sind, Praktika zu absolvieren. Nach dem Studium steht »Magister Artium« auf der

Ein angehender »Magister Artium« braucht Praktika, sonst hat er gar keine Berufserfahrung.

Extra

Bundeswehr oder Praktikum?

Manchmal kann das Pflichtpraktikum auch erlassen werden. Das kann dann der Fall sein, wenn man bereits eine Berufsausbildung hat, Zivildienstleistender oder Mitglied der Bundeswehr war. Informationen hierzu gibt das Praktikumsamt, der Prüfungsausschuss der Hochschule oder die Studienordnung. Aber auch wenn die Hochschule eine Ausbildung oder die Zeit beim Bund als praktische Erfahrung wertet, sollte ein Praktikum in der künftigen und möglicherweise neuen Branche freiwillig nachgeholt werden.

Visitenkarte – aber keine Berufsbezeichnung. Wer ein Fach studiert, das auf keinen bestimmten Beruf zielt, braucht Praktika, um ein berufliches Profil zu entwickeln und zu prägen. Aber auch wer bereits ein Pflichtpraktikum absolviert hat, kann zusätzlich noch ein freiwilliges Praktikum dranhängen.

2.7. Hospitanz

Hospitanz ist nicht gleich Hospitanz: Im *Duden* ist ein Hospitant, wer als Gast an einer Unterrichtsstunde teilnimmt. Beim Bayerischen Rundfunk ist ein Hospitant ein Praktikant mit ersten Berufserfahrungen. Die Bedeutung ergibt sich – wie bei der zitierten Stellenanzeige in Kapitel 1 – aus der Tätigkeitsbeschreibung: Entweder eben »stiller« Beobachter oder »ausgelernter« Praktikant.

2.8. Famulatur

Die Famulatur ist das Pflichtpraktikum für angehende Ärzte, das die Approbationsordnung vorschreibt. Medizinstudenten müssen dazu während ihres Studiums mehrere Monate praktisch arbeiten – in einem Krankenhaus oder einer Arztpraxis. Ein Anspruch auf Gehalt besteht dabei nicht.

2.9. Volontariat

Ein Volontariat ist vor allem im Journalismus, im Film- und Musikbusiness, in der Werbebranche, in Museen und in Verlagen ein geläufiger Ausbildungsweg. Geschützt und sauber verwendet wird der Begriff allerdings nur

Extra

Freiwilliges Praktikum – Teure Wertmarke

Die Nahverkehrsverbände legen ein »Ausbildungsverhältnis«, dessen Nachweis für den Erwerb von ermäßigten Fahrkarten notwendig ist, meist sehr eng aus. Auf jeden Fall wirst du am Schalter wohl einen Praktikumsvertrag vorlegen müssen, manche Verbände gehen aber noch weiter und gewähren Ermäßigung nur bei Pflichtpraktika: »Karten des Ausbildungstarifs werden ausgegeben an Praktikanten und Volontäre, sofern die Ableistung eines Praktikums oder Volontariats vor, während oder im Anschluss an eine staatlich geregelte Ausbildung oder ein Studium an einer Hochschule nach den für Ausbildung und Studium geltenden Bestimmungen vorgesehen ist.« (Münchner Verkehrs- und Tarifverbund). Es empfiehlt sich also ein deutlicher Qualfizierungsaspekt im Vertrag.

im Zeitungs- und Zeitschriftenjournalismus: Hier ist ein Volontär eine Art Azubi, der 24 Monate mit einem festgelegten Tarifgehalt eingestellt ist und sich anschließend »Redakteur« nennen darf. Ein Ausbildungsplan regelt, welche Ressorts und Fortbildungen der Volontär besucht. Theoretisch kann man sich für ein Volontariat auch ohne Hochschulabschluss bewerben, praktisch hat man ohne ein Studium in der Tasche wenig Chancen auf einen solchen Ausbildungsplatz. Aber auch ein Hochschulabschluss reicht meist nicht aus, um ein »Volo« zu bekommen, denn Tageszeitungen rekrutieren ihre Volontäre gerne aus der Reihe mehrjähriger freier Mitarbeiter. Bei Rundfunk- und Fernsehsendern übrigens gibt es keinen verpflichtenden Ausbildungsplan für Volontäre – er ist allerdings meist angelehnt an die Printausbildung. Manche Unternehmen bezeichnen ein Langzeitpraktikum als Volontariat, andere taufen ihr Trainee-Programm so. Und vor allem die Werbebranche schmückt ihre Berufseinsteiger oft mit dem Titel Volontär. Also: Vor der Bewerbung klären, wie das Unternehmen und die Branche ein Volontariat definieren.

Tageszeitungen rekrutieren ihre Volontäre gerne aus der Reihe der freien Mitarbeiter.

2.10. Traineeship

Wer über Teamgeist und soziale Kompetenz verfügt, kreativ und zielstrebig ist, einen guten Hochschulabschluss in der Tasche und bereits Praktika absolviert hat, der hat gerade bei großen Unternehmen Chancen auf eine Trainee-Stelle. So heißen firmeninterne Ausbildungen, die auf den Berufseinsteiger und das jeweilige Unternehmen zugeschnitten sind. Learning by Doing heißt es da, untermauert durch theoretische Lehreinheiten, ein respektables Einstiegsgehalt und die individuelle Förderung persönlicher Stärken und Interessen. Viel Geld und Erwartungen werden also in die Teilnehmer der 12- bis 24-monatigen Programme gesteckt. Aus ihnen sollen später schließlich leistungsfähige Führungskräfte werden. Doch so verlockend die Aussicht ist, der Zugang ist nicht einfach: Pro Trainee-Stelle bewerben sich im Schnitt 50 Absolventen, so die Unternehmensberatung Kienbaum. Um den passenden Bewerber zu finden, werden die Bewerber meist in so genannte »Assessment

Learning by Doing samt theoretischer Einheiten und einer ordentlichen Entlohnung.

Extra

Ein Filmvolontariat ist keine Ausbildung

In einem Urteil vom 13.Februar 2004 (Aktenzeichen: 9 (3) Sa 866/02) stellte das Landesarbeitsgericht Nürnberg fest, dass Volontariate im Filmbereich keine Ausbildung im Gesetzessinne sind, sofern die Erbringung der Arbeitsleistung im Vordergrund steht und nicht die Aus- und Fortbildung. Damit hat ein Volontär, der eigentlich Arbeitnehmer ist, in jedem Fall das Nachsehen: Ihm werden nicht die Schutzrechte eingeräumt, die ein »richtiger« Auszubildender genießt und die »Ausbildung« ist nicht branchenübergreifend anerkannt, vielleicht noch nicht einmal innerhalb der Branche selbst. Und nicht zuletzt arbeitet der Volontär meist wie ein regulär Angestellter, nur für weniger Geld.

Center« geschickt, wo Teamfähigkeit, Führungsstärke und psychische Belastbarkeit getestet werden.

2.11. Werkstudententätigkeit

Wer neben den Vorlesungen bis zu 20 Stunden in der Woche arbeitet, gilt als Werkstudent. Wird für einen Studentenjob ein Werkstudent gesucht, ist meist auch die Fachrichtung erwähnt, die möglichst belegt sein sollte. Daraus ergibt sich: Werkstudentenjobs sind befristete Anstellungen mit meist qualifizierten Aufgaben, die den Studienkenntnissen entsprechen und bei denen das Geldverdienen mehr im Vordergrund steht als bei einem Praktikum. Dennoch: Qualifizierte Werkstudentenjobs können Praktika sicherlich ersetzen.

Extra

Werkstudent – Der rechtliche Rahmen

Ein Student als Arbeitnehmer spart einem Unternehmen Sozialabgaben. Er ist befreit von der Kranken-, Pflege- und Arbeitslosenversicherung – aber nur, wenn er »hauptberuflich« Student ist (§ 6 Abs. 1 Nr. 3, Sozialgesetzbuch V, »Werkstudentenprivileg"). Dieser Zustand definiert sich nach herrschender Meinung folgendermaßen:
Während der Vorlesungszeit muss das Studium im Vordergrund stehen. Das heißt: Unabhängig von deinem Verdienst darfst du »während der Öffnungszeiten der Hochschule« nicht mehr als 20 Stunden wöchentlich arbeiten. Demnach kannst du in der Nacht oder am Wochenende ein paar Extrastunden einlegen und giltst dennoch weiterhin als (Werk-)Student. Ebenfalls beliebig lange kannst du in den Semesterferien arbeiten, ebenfalls unabhängig vom Einkommen. Arbeitest du allerdings innerhalb der Vorlesungszeit aufs Jahr gesehen mehr als 26 Wochen, dann giltst du als hauptberuflicher Arbeitnehmer – auch, wenn du die 20-Stunden-Regel beachtest.

»Praktikum als Wahlkampf für den Berufseinstieg«

Im Jahre 1986, kurz nach dem Reaktorunglück in Tschernobyl, demonstrierte ich mit vielen anderen gegen die Errichtung der Wiederaufbereitungsanlage in Wackersdorf. Auch wenn ich noch recht jung war, habe ich bereits damals begriffen, dass es nicht ausreicht, die Atomenergie zu verteufeln, ohne eine Alternative an zubieten. Nach meinem Diplom in Politologie ging es mir wie vielen anderen: Ich wusste nicht so recht, was ich damit anfangen sollte, also arbeitete ich bei einem befreundeten Rechtsanwalt als Assistent. Das war nicht wirklich erfüllend und so kam mir der Kontakt zu dem Bundestagsabgeordneten Dr. Axel Berg, dem derzeitigen stellvertretenden energiepolitischen Sprecher der SPD-Bundestagsfraktion, gerade recht. Das Telefonat mit ihm lief so gut, dass ich danach, Ende Juli 1998, schnellstmöglich nach München umzog, um dort mein Praktikum zu beginnen. Nur drei Monate vor der Bundestagswahl stieß ich zum Wahlkampf-Team, wurde ins kalte Wasser geworfen und musste schwimmen. Das war damals eine ganz heiße Phase ohne viel Zeit für Erklärungen, und so musste ich mich schnell einarbeiten in mein Aufgabengebiet: die Betreuung von Sonderprojekten. Einer der Höhepunkte meines Praktikums war die Organisation und der Dreh eines Kinospots mit einer Szene mit Axel Berg und dem Kanzlerkandidaten Gerhard Schröder. Obwohl sich Schröder selbst mitten im tobenden Wahlkampf befand, bekamen wir einen Drehtermin mit ihm – ein Riesenerfolg. Nach drei Monaten war mein Praktikum zu Ende und Axel Berg gewann relativ überraschend die Wahl im Oktober 1998 durch ein Direktmandat. Danach musste schnell eine Entscheidung getroffen werden, wer als Mitarbeiter mit ihm in den Bundestag einzieht. Er entschied sich dafür, die Vertrauensbasis fortzuführen, die wir uns aufgebaut hatten. Ich wurde vom Praktikanten zum Referenten befördert. Zwei Wochen später haben wir uns in Bonn, damals noch der Standort des Bundestags, wieder getroffen.

Nach fünf Jahren Referentendasein und einem zweiten gewonnenen Wahlkampf war mir klar, dass es für mich weitergehen muss, und nach Absprache mit Axel Berg habe ich dann im politischen Umfeld des Bundestags gestreut, dass ich auf der Suche nach einer anderen Beschäftigung bin. Einige Monate später sprach mich der Geschäftsführer des Fachverbandes Power Systems des VDMA auf einer Messe an. Der VDMA ist der Interessenvertreter des deutschen Maschinen- und Anlagebaus. Seine Mitglieder beschäftigen etwa 870.000 Menschen und machen über 140 Milliarden Euro Umsatz im Jahr. Bei diesem Verband bin ich als Referent für Windenergie und Brennstoffzellen untergekommen. Mein Praktikum war meine »entscheidende Entscheidung«! Ich denke nicht, dass ich ohne dieses Praktikum die Möglichkeit gehabt hätte, umfassenden Einblick in den Bundestag zu bekommen und die Kontakte zu knüpfen, die ich jetzt habe.

» «

Johannes Schiel (Jahrgang 1970) arbeitet im Büro des Bundestagsabgeordneten Axel Berg und ist inzwischen Referent für Windenergie und Brennstoffzellen bei VDMA Power Systems, der Energiesparte des Verbandes Deutscher Maschinen- und Anlagenbau e.V. Türöffner und Grundlage zu dieser Laufbahn: ein Praktikum.

3. | Klasse statt Masse

»3 x 3« lautet die Formel für eine erfolgreiche Karriere durch Praktika: Erst orientieren, dann überprüfen und schließlich spezialisieren. Drei Praktika also à drei Monate.

»Wir Deutschen sind Europameister, wenn es gilt, freiwillige Praktika zu machen«, sagt Harro Honolka (LMU München). In Osteuropa beispielsweise können Unternehmen oft nicht viel mit dem Begriff »Praktikum« anfangen; die Studenten dort sind darauf angewiesen, Geld zu verdienen – und können es sich nicht leisten, schlecht- oder unbezahlt in einen Beruf hineinzufühlen. Aber auch in Deutschland gelten Praktika noch nicht lange als Pflichteintrag im Lebenslauf: Noch vor wenigen Jahren war es üblich, sein Studium durchzuziehen, ohne vor dem Examen das praktische Berufsleben kennen gelernt zu haben. Der Arbeitsmarkt war noch nicht so angespannt, und Arbeitnehmer und Arbeitgeber blieben meist bis ins Rentenalter zusammen – eine längere Einarbeitungsphase am Anfang war da kein Problem. Das hat sich geändert: Ohne vorhergehende praktische Erfahrung kommt man heute in vielen Unternehmen gar nicht erst in die Nähe eines Angestelltenvertrags. Doch Vorsicht: Manchmal wird aus Karriereorientierung übertriebener Aktionismus – getreu dem Motto: »Viele Praktika bringen viele Punkte für den Berufseinstieg.« Aber: Ein Dutzend Praktika sind nicht nur Spitze in Sachen Quantität – sie zeigen auch, dass du keinen festen Job findest oder vielleicht immer noch nicht weißt, was du denn beruflich vorhast.

3.1. Nur qualifizierte Praktika machen!

Entscheidend ist, dass es in deiner Praktikumszeit um mehr geht als die drei klassischen »Ks«: Kaffee kochen, Kopierer hüten, Kurierdienste machen. Bei einem qualifizierten Praktikum muss von vornherein klar sein, dass du Wissen erwirbst und Erfahrung gewinnst. Das Problem dabei: Auch ein Hilfsjob, bei dem du nur Kaffee kochen sollst, trägt den Decknamen »Praktikum«. Glücklicherweise gibt es jedoch einige Merkmale, an denen du ein gutes Praktikum erkennen kannst:

Aufgaben

Wer ein halbes Jahr lang nur die Datenbank pflegen darf, sollte die Finger von der Stelle lassen. Tagein, tagaus eine rasch erlernbare Tätigkeit auszuüben, ist Zeitverschwendung – für wenig Lohn. Natürlich gehört es dazu, dass du einmal die Datenbank aktualisierst oder Kaffee kochst, aber es darf nicht ausschließlich und auf Dauer vorkommen. Bei einem qualifizierten Praktikum erwirbt man komplexe und relevante Fertigkeiten, idealerweise innerhalb eines abgeschlossenen Projekts. Merke also: Kapieren geht über Kopieren.

Verantwortung

Eine Menge lernst du, wenn du nach einer Einweisung in Struktur und Inhalte eigenverantwortlich Aufgaben erledigen kannst.

Dauer

Ein Praktikum, das nur drei Wochen dauert, kann nicht qualifiziert sein, denn komplexe Aufgaben und Projekte beanspruchen mehr Zeit. Du musst das Unternehmen kennen lernen, das Team, die Aufgabenstellung, die Probleme, die Lösungsansätze – das gelingt bei anspruchsvollen Tätigkeiten nicht von heute auf morgen. Außerdem wird ein Unternehmen niemanden fundiert einweisen, der schon nach wenigen Wochen wieder geht.

Ansprechpartner

Wenn ein Unternehmen einen Praktikumsbeauftragten hat, kannst du davon ausgehen, dass die Betreuung einigermaßen sicher gestellt ist.

Geld

Wenn es gut läuft, wird ein Praktikum mit 800 Euro entlohnt, marktüblich sind 300 bis 500 Euro. Und oft – etwa in der Medienbranche – wird auch gar nichts gezahlt. Wenn du dir das leisten kannst und der Arbeitsplatz spannend ist, solltest du das Praktikum trotzdem antreten – steht doch eine nützliche Erfahrung im Vordergrund und nicht das Geldverdienen. Vorsicht ist angebracht, wenn ein Praktikum fürstlich entlohnt werden soll. Harro Honolka (LMU München) behauptet: »Bei einem Praktikum, bei dem du 1.000 Euro verdienst, lernst und siehst du nicht viel. Da musst du wahrscheinlich nach kurzer Einarbeitungszeit produktiv arbeiten, sonst würde dir die Firma nicht so viel bezahlen.«

Wer 1.000 Euro verdient, muss wahrscheinlich ordentlich schuften, sonst würde das Unternehmen nicht so viel zahlen.

3.2. Wie viele Praktika tun gut?

Deutschlands Studenten sind fleißig: Während ihres Studiums absolvieren sie durchschnittlich zwei bis drei Praktika, die meisten davon sogar freiwillig. Doch viel mehr sollten es auch nicht sein, schon gar nicht in zu vielen verschiedenen Branchen. Sonst fragt sich der Personalverantwortliche bei einer Bewerbung: In welcher Abteilung will der gar so fleißige Berufsanfänger eigentlich noch mal anfangen? Darum orientiere dich an der Faustformel

Die Faustformel »3 x 3«: drei Praktika à drei Monate. Eins zum Orientieren, eins zum Überprüfen, eins zum Vertiefen.

»3 x 3«: drei Praktika à drei Monate

Das erste Praktikum dient der Orientierung, vielleicht noch zu Schulzeiten, nach dem Abitur oder der Mittleren Reife. Wer dabei feststellt, dass der Kindertraum Feuerwehrmann doch nicht das Wahre ist, kann natürlich noch ein weiteres Orientierungspraktikum in einer Branche machen, die weniger brenzlig erscheint.

Mit einem zweiten Praktikum, vielleicht im dritten Semester, sollte die Branchenidee (Feuerwehr) nochmals überprüft werden, ebenso die ersten Tätigkeitswünsche: Soll es Feuerwehrchef sein oder doch eher Sanitäter? Oder, um ein Beispiel aus den Medien zu nehmen: Soll es wirklich die Werbebranche sein oder doch eher Öffentlichkeitsarbeit? Was will ich machen – texten, organisieren, layouten, managen? Soll es ein internationales Unternehmen sein oder eine Drei-Frau-Firma?

Wem nach dem zweiten Praktikum die gewünschte Branche und das Berufsbild klar sind, der sollte im Hauptstudium – ja, was denn eigentlich? Genau hier scheiden sich die Geister: Anna-Maria Engelsdorfer (Arbeitsagentur München) rät, im Hauptstudium nochmals ein Vertiefungspraktikum zu machen, Harro Honolka (LMU München) empfiehlt dagegen, auch ein Praktikum in einem fachfremden Tätigkeitsbereich zu absolvieren. Man baut damit berufliche Alternativen auf und signalisiert im Lebenslauf Flexibilität.

Expertenmeinung Engelsdorfer: »Optimal ist ein roter Faden«

»Wer in einer fachfremden Branche arbeiten will, muss sich gegen viele hundertprozentige Spezialisten behaupten« Anna-Maria Engelsdorfer (Arbeitsagentur München)

»Optimal wäre, wenn sich im Lebenslauf ein roter Faden erkennen läßt. Die Studienwahl gibt die Richtung vor, in die auch die drei Praktika gehen; das Ganze wird mit einer passenden Abschlussarbeit gekrönt.

In jedem Fall sollten die Studenten nicht zufällig in ihre Praktika stolpern: Sie sollten sich ihre Stellen bewusst aussuchen, damit kein Eindruck von Beliebigkeit entsteht.« Anna-Maria Engelsdorfer skizziert einen Idealfall: »Julia studiert Kommunikationswissenschaft. Weil sie sich vorstellen könnte, später eine Unternehmenskommunikation mitzugestalten, macht sie ein entsprechendes Praktikum in der PR-Abteilung einer Firma. Dabei stellt sie fest, dass es Agenturen gibt, die Kommunikation im Auftrag von Unternehmen machen. In einer solchen Agentur absolviert Julia Praktikum Nummer zwei – und lernt, dass sich die Arbeit in der Agentur doch wesentlich von der im Unternehmen unterscheidet. Weil die Agenturen Artikel in der Presse platzieren, macht Julia ein Praktikum bei einer Tageszeitung, um die andere Seite der Branche kennen zu lernen. Dass sie dabei ein wenig Schreiben lernt, nützt ihr auch bei der Agenturarbeit. Alles in allem hat Julia mit ihren Praktika ein rundes, zielgerichtetes Bild von sich selbst entworfen. Spätere Personalchefs werden es honorieren, dass sich Julia überlegt hat, was zu ihrem künftigen Aufgabenbereich gehört.«

Einen geplanten Quereinstieg hält Engelsdorfer dagegen für gefährlich: »Wenn du ein Praktikum in einem fachfremden Bereich gemacht hast und dort schließlich ganz einsteigen willst, musst du dich gegen Leute behaupten, die sich hundertprozentig auf diese, deine fachfremde Branche konzentriert haben. Da sieht es schlecht für dich aus.«

Expertenmeinung Honolka: »In fremde Branchen schnuppern!«

»Ein fachfremdes Praktikum verbessert die Chancen beim Berufsstart – selbst bei Naturwissenschaftlern. Der Grund ist, dass man mit einer breiten Qualifikation nach dem Examen die Möglichkeiten nutzen kann, die sich gerade auf dem Arbeitsmarkt bieten. Der ist ständig in Bewegung, so dass neue Tätigkeitsfelder entstehen, zum Beispiel für Physiker in der Systemberatung. Um bestmöglich vorbereitet zu sein, sollte man in solche fachfremderen Bereiche – etwa Beratung, Marketing, Öffentlichkeitsarbeit – hineingeschnuppert haben, sei es während eines Praktikums oder im Rahmen eines praxisorientierten Kurses.

»Eine breite Qualifikation hilft auf dem dynamischen Arbeitsmarkt« Harro Honolka (LMU München)

Wenn es in tradierten Berufen keine freien Stellen gibt, kann man auch in Bereichen unterkommen, in denen man unabhängig vom Studienfach arbeiten kann – zumindest vorübergehend, um zu überbrücken und um Kontakte zu knüpfen. Und wer weiß, vielleicht gefällt dir der fachfremde Bereich sogar.«

Sinn macht es, sich mögliche Argumentationen bei einem späteren Vorstellungsgespräch durchzudenken. Du solltest dir überlegen, ob ein fachfremdes Praktikum in deinen Lebenslauf passt oder ob du lieber tiefer in eine Branche einsteigst. Wie du dich auch entscheidest: Ein viertes oder fünftes Praktikum solltest du nicht mehr dranhängen, sondern lieber gegen vernünftige Bezahlung jobben. Du kennst Beruf und Branche – und auch deine Ziele sind offensichtlich. Wer lieber einige »Praktikantenscheine« mehr sammelt, sollte im Lebenslauf nicht alle angeben, sondern diejenigen auswählen, die zum gewünschten Berufsbild passen.

Checkliste Praktika, die Nutzen bringen

- ☐ Merkmale: Aufgaben, Verantwortung, Dauer, Geld und Ansprechpartner.
- ☐ Faustregel »3 x 3«: orientieren, überprüfen, spezialisieren.
- ☐ Zusatzqualifikation? Überlege, ob dir ein fachfremdes Praktikum nützt.

»Nach drei Monaten war klar: Die Branche ist nichts für mich. Back to the roots«

Was nun? Das war die Frage, die sich Esther Orgel (Jahrgang 1980) nach ihrem Abitur und einer anschließenden abgeschlossenen Lehre zur Bauzeichnerin stellte. Mal was ganz anderes ausprobieren: So zog die Münchnerin nach Hamburg und machte ein PR-Praktikum bei der Agentur Bönig & Yamaoka.

Nach meiner abgeschlossenen Prüfung war ich jetzt also Bauzeichnerin. Obwohl mir der Beruf gefallen hatte, war die Vorstellung erschreckend, nun voll und ganz dem Arbeitsalltagstrott zu verfallen. Ich hatte genug von Bewehrungsplänen und CAD-Rechner: Ich wollte etwas anders kennen lernen! Also packte ich meine Sachen und zog nach Hamburg. Dort bekam ich zwar glücklicherweise schnell eine Wohnung, aber die muss ja auch erst mal bezahlt werden. Eine Freundin hatte zu der Zeit als Praktikantin bei Bönig & Yamaoka angefangen und bekam dort 360 Euro monatlich. Das war genug Geld, um zumindest mein Dach überm Kopf finanzieren zu können, und eine Möglichkeit, die ach so »glitzernde« Welt der Public Relations kennen zu lernen. Zumindest wurde sie mir immer so beschrieben. Also machte ich mich an die Bewerbung und stürzte mich ins »hippe« Leben der PR-Leute!

Meine Bewerbung lief ganz normal: Als Erstes habe ich angerufen, dann meine Unterlagen hingeschickt und wurde schließlich zum – erfolgreichen – Vorstellungsgespräch eingeladen. Die Atmosphäre in der Agentur war locker und kollegial, so dass ich mich schnell wohl fühlte. Innerhalb kurzer Zeit bekam ich einen guten Einblick in die laufenden Projekte, wusste Bescheid über die namhaften Kunden und erfuhr, wie sich die PR-Welt so dreht. Und die drehte sich bei mir vor allem um Zuarbeit, da unsere Kunden zu groß waren, als dass eine Praktikantin direkt mit ihnen in Kontakt treten durfte. So saß ich also in unserem Büro, und die Freikarten für alle Partys, die demnächst in Hamburg anstanden, blieben aus. Nicht dass ich zum Kaffeekochen, für die tausendste Kopie und stundenlanges Telefonieren ausgenutzt wurde, das musste das gesamte Team machen, aber in den drei Monaten merkte ich einfach Folgendes: Die PR-Branche ist zwar unheimlich vielfältig und man kann viel lernen, aber es gibt dort nichts, was mich wirklich begeistert. Bei den Events habe ich aber dann doch noch ein bisschen Glamour und Glitzer erlebt: Ob Messe oder Kundenveranstaltung – das waren jeweils unheimlich spannende und anstrengende Tage. Aber gegen Ende war für mich trotz allem klar: Vielfältig mag die Branche sein, aber garantiert nichts für mich! Back to the roots.

Inzwischen bin ich wieder in München und studiere dort Architektur. Bis jetzt bin ich noch ganz glücklich damit. Etwas ganz anderes kennen gelernt zu haben, war eine wichtige Erfahrung und hat mir neue Wege und Möglichkeiten aufgezeigt. Ich habe gemerkt, dass ich zumindest momentan lieber stundenlang millimetergenaue Konstruktionen aufzeichne, als allen möglichen Leuten hinterher zu telefonieren und sie mit Mails zu bombardieren. Mal sehen, ob das so bleibt und was noch kommen wird!

4. | Was will ich eigentlich? Praktika als Orientierung

Berufserfahrung schön und gut. Aber wozu? Wieso glaubst du, dass dir dabei ein Praktikum helfen kann? Wer ein Praktikum machen will, sollte wissen, wo er steht.

Praktika können verschiedene Funktionen erfüllen. Sie können Kontakte zu Unternehmen herstellen oder Einblicke in Branchen und Funktionen geben. Praktika sind oft auch Orientierungsmittel: Nach der Schule, um Berufswünsche zu überprüfen; im Studium, um den Kontakt zur beruflichen Wirklichkeit nicht zu verlieren; nach dem Studium, um zu testen, was man durch das Examen ganz praktisch gelernt hat. Egal, in welcher Phase du gerade steckst: Stets solltest du zur Zielkontrolle Antworten auf die fünf Fragen parat haben, die dich in Hinblick auf dein Praktikum gewissermaßen gliedern: Wer bin ich, was kann ich, was will ich wissen, wie bringe ich mich ein und wo will ich hin?

Wer bin ich,
was kann ich,
was will ich wissen,
wie bringe ich mich ein,
wo will ich hin?

Wer an ein Praktikum denkt, sollte also erst einmal innehalten, bevor die Suche nach einer konkreten Stelle beginnt. Denn: Was für ein Praktikum soll es denn sein? Das ist sicherlich abhängig davon, was du persönlich und beruflich daraus ziehen willst. Geht es dir um einen großen Namen für den Lebenslauf? Um den Ausbau von Fähigkeiten? Um Arbeit in einem netten Team? Oder um ganz neue und ungeplante Erfahrungen?

Wenn du Antworten auf die fünf Zielfragen gefunden hast, solltest du dich selbst überprüfen: Was sind deine Stärken und Schwächen, deine Fähigkeiten und Interessen? Und passt das mit den Anforderungen, die das Praktikum an dich stellt, zusammen? Denn wenn sich Realität und Erwartungen allzu sehr unterscheiden, kann es schnell zu Enttäuschungen kommen: Entweder du bekommst nicht den erwünschten Praktikumsplatz, beendest vorzeitig oder die Arbeit wird ein Gräuel.

»Ein abgeschlossenes Studium ist nicht nötig«

Viel Musik und jede Menge Spaß – wer ein Praktikum in der Musikindustrie macht, merkt schnell, dass dieses Klischee nicht der Realität entspricht. Bei Motor Music werden Praktikanten voll in den Arbeitsalltag integriert und lernen, dass hier längst nicht nur Partys und Popstars regieren. Labelchef Tim Renner über die Arbeit in der Branche:

Es heißt, Sie waren selbst mal Praktikant und haben dafür sogar Ihren Journalistenjob an den Nagel gehängt.

Tim Renner: Das wird häufig geschrieben, stimmt aber nicht, weil ich als Junior A & R und Product Manager bei der damaligen Polydor angefangen habe, nicht als Praktikant. Vorher war ich Journalist, habe dort aber nie ein Praktikum absolviert, nur als freier Mitarbeiter gearbeitet. Allerdings habe ich ein Schülerpraktikum bei der *Szene Hamburg*, einem Magazin, gemacht. Als das zu Ende ging, stellte ich die Forderung, regulär schreiben zu dürfen – das konnte ich dann auch. Mit der Musik habe ich nur angefangen, weil ich ein Enthüllungsbuch über die Branche schreiben wollte. An sich ist meine Karriere im Musikbusiness also die Folge eines verunglückten Enthüllungsjournalismus: Ich wollte vermeintliche kapitalgetriebene, böswillige Interessen in der Branche recherchieren. Stattdessen bekam ich die Möglichkeit, Sachen selbst zu gestalten. Ich habe mich auf den Musikbereich Alternative Rock gestürzt, den das Label zu dem Zeitpunkt noch gar nicht betreut hatte. Dadurch genoss ich unglaubliche Freiheiten. Ich habe diese Chance genutzt und hatte anschließend keine Lust mehr, beruflich etwas anderes zu machen.

Tim Renner (Jahrgang 1964) hat sein Germanistikstudium abgebrochen. Er war Präsident von Universal Music Deutschland und ging 2004 auf Weltreise. Inzwischen hat er ein eigenes Musiklabel (Motor Music) und einen eigenen Radiosender (MotorFM).

Ein Praktikum in der Musikbranche hört sich nach einer Menge Spaß und Party an. Wie sieht denn die Realität bei Ihrem Label Motor Music aus?

Wir arbeiten bislang mit wenigen Praktikanten zusammen, anders als viele unabhängige Unternehmen in der Musikwirtschaft. Momentan haben wir je zwei Praktikanten in der Holding und beim Radio. Wir sind der Meinung, für uns und den Praktikanten ist es nur sinnvoll, wenn er richtig eingearbeitet werden kann. Sehr oft treffen Praktikanten in einem Unternehmen hauptsächlich auf andere Praktikanten oder Auszubildende. Dann muss man sich selbst zurechtfinden und wird wahrscheinlich wenig Wissenswertes lernen. Ich vertrete die Auffassung, dass ein Praktikum nur etwas bringt, wenn sich das Unternehmen die Zeit nimmt, den Arbeitsbereich ausführlich zu erklären. Denn die Musikwirtschaft besteht nicht nur aus guter Laune, »ein bisschen Telefondienst und danach die Party«. Das verzerrt die Realität komplett, weil dabei vergessen wird, dass Leute für vergleichsweise wenig Geld sehr, sehr viel arbeiten müssen. Das lernt auch ein Praktikant bei uns recht schnell.

Was muss ein Bewerber mitbringen, um bei Motor Music ein Praktikum zu bekommen – Kenntnisse über die Charts oder ein perfektes musikalisches Gehör?

»Die Musikwirtschaft besteht nicht nur aus guter Laune – die Leute arbeiten für vergleichsweise wenig Geld sehr, sehr viel«

Ein Bewerber muss auf jeden Fall sehr mit der Musikszene vertraut sein, in der wir uns bewegen, das wäre bei Motor Music die Alternative und Independent Szene. Am besten passen Leute, die von der Personality her Bestandteil dieser Szene sind: Einer unserer jetzigen Praktikanten ist nebenher DJ in Alternative Clubs, eine andere Praktikantin schreibt als freie Journalistin für eine Zeitschrift in diesem Bereich. Tätigkeiten innerhalb der Szene, mit der wir zu tun haben, sind ausgesprochen günstig oder gar erwünscht.

Thema Studium und Praktikum: Sollen Praktikanten bei Motor Music ihre Semesterferien opfern oder ihr Studium schon abgeschlossen haben? Ist ein Studium überhaupt Pflicht?

Vor allem sollten Bewerber sechs Monate Zeit für ein Praktikum mitbringen, damit wir sie richtig einarbeiten und sie etwas lernen können. Das ist in den Semesterferien nur bedingt möglich. Ein abgeschlossenes Studium ist wie in fast allen Medienbereichen aber nicht unbedingt erforderlich. Es kann sogar eher als Hindernis interpretiert werden. Wenn sich ein Bewerber zwar gut auf dem Campus und im universitären Leben zurechtfindet, aber nicht in den Kreisen, in denen wir uns bei Motor Music bewegen, dann ist das eher ein Grund, diesen Bewerber abzulehnen. Ein abgeschlossenes Studium ist kein Ausschlusskriterium, aber es begünstigt nicht zwingend. In unserer Branche wimmelt es von Studienabbrechern – Quereinsteiger sind Usus.

Wie sieht der Idealfall »Praktikum« Ihrer Meinung nach aus?

Ein Praktikum ist in erster Linie eine Kontaktbörse, an der man Kontakte schafft, die man danach auch pflegen sollte. Ein schlauer Praktikant, so wie ich ihn in meiner Laufbahn oft erlebt habe, greift sich einen Teilaspekt im neuen Job heraus, und macht sich in diesem Bereich unentbehrlich. Am besten sucht man sich einen Teilbereich, der in der Firma noch nicht abgedeckt ist und konzentriert sich darauf. Damit schafft man sich eine USP, eine Unique Selling Proposition, das schätzen wir als Unternehmen sehr. Wenn der Praktikant dort gut arbeitet, möchte die Firma, dass auf diesem Sektor immer so gut gearbeitet wird. Das führt dazu, dass man Folgejobs oder im Idealfall sogar eine Festanstellung erhält. Der größte Fehler, den ein Praktikant dabei machen kann, ist, sich einen zu großen Aufgabenbereich auszusuchen oder so zu tun, als könnte man schon alles.

»Ein schlauer Praktikant greift sich einen Teilaspekt heraus und macht sich in diesem Bereich unentbehrlich. Damit schafft man sich eine Unique Selling Proposition«

Und Ihre Tipps für angehende Praktikanten?

Das erste Problem ist die hohe Menge an Bewerbungen. Der Bewerber sollte sich daher überlegen, wie er schon optisch auffallen kann. Bewerber sollten sich über die CI, die Corperate Identity der Firma informieren und diese in die Bewerbung einfließen lassen. Das war bereits zur Zeit meiner Bewerbung als Junior A & R und Product Manager bei Polydor so: Meine Bewerbungsunterlagen hatten nicht das übliche DIN-A4-Format, sondern A2- und Querformat. Da die CI der damaligen Polydor rot gestaltet war, habe ich versucht, mich an dieser Farbe zu orientieren, und meine Unterlagen mit diesem Rot gestaltet. Dadurch fiel ich von vornherein mit relativ geringem Aufwand extrem auf. Später wurde mir erzählt, dass meine Unterlagen auch sehr ins Auge stachen, weil sie aus den Mappen, die alle Bewerbungen enthielten, immer heraushingen. Wenn ich heute ein Gespräch mit einem Bewerber führe, achte ich sehr darauf, wie selbstbewusst er auftritt. Das ist der schmale Grat, den es zu meistern gilt: Tritt ein Bewerber sehr zurückhaltend und eingeschüchtert auf, hat er keine Chance. Genauso aussichtslos ist ein Gespräch mit einem Bewerber, der der Meinung ist, ohnehin schon Bescheid zu wissen oder gar zeigen zu müssen, wo und wie verbessert werden kann. Man muss das Feingefühl haben, selbstbewusst genug aufzutreten und sich nicht unterbuttern zu lassen, aber auf keinen Fall besserwisserisch zu wirken.

Style und Klamotten sind doch sicher auch wichtig im Musikbusiness?

Es ist wichtig, die Waage zu halten zwischen Selbstbewusstsein und angebrachter Zurückhaltung. Ein anderer entscheidender Faktor beim Gespräch ist der Dresscode. Gerade in der Medienbranche sieht man relativ schnell, wenn jemand schauspielert, ob der Bewerber etwas trägt, was er normalerweise nie tragen würde. Mein Tipp ist daher, sich so zu kleiden, wie man es im Alltag auch macht und wie man später zur Arbeit erscheinen wird. Leute, die mit Kreativen zu tun haben, sind darauf geschult, zu erkennen, ob sich das Gegenüber verstellt und vorgibt, anders zu sein. Es ist wichtig, die eigene Persönlichkeit auch durch das äußere Erscheinungsbild zu betonen und zu unterstreichen. Das gilt natürlich nur für Berufe innerhalb der Medienbranche, bei einer Bewerbung in einer Bank ist sicher ein Anzug angebracht.

5. | Gut gesucht ist schnell gefunden

Gewusst wie. Du hast drei Möglichkeiten, an ein Praktikum zu kommen: Indem du suchst, fragst oder gefunden wirst. Das Ganze multipliziert sich, wenn du intelligent vorgehst.

Erst wenn dir klar ist, welche Ausrichtung dein Praktikum haben soll, kann die Suche beginnen. Ausgehend von den Zielen und Wünschen gilt es, den konkreten Rahmen abzustecken:

- Welche Branche?
- Welche Unternehmensgröße?
- Welche Funktion und welche Abteilung?
- Welche Stadt?
- Welche Wunschunternehmen?

Und weil schon der britische Schriftsteller Aldous Huxley wusste: »Kluge Menschen suchen sich die Erfahrungen selbst aus, die sie zu machen wünschen«, solltest du bei der Auswahl eines Praktikumsplatzes nicht auf den Zufall und das liebe Glück vertrauen. Grundsätzlich gibt es drei Wege, an ein Praktikum zu kommen:

- die gezielte Suche.
- das konkrete Fragen.
- die Möglichkeit, gefunden zu werden.

Das »Suchen« ist die klassische Methode: Du schickst auf ein Stellenangebot hin deine Bewerbungsunterlagen. Auch »Fragen« ist erlaubt: Wer ein Wunschunternehmen im Blick hat, kann natürlich einmal bei der Personalabteilung nachfragen, ob sich eine Initiativbewerbung lohnt, obwohl es augenscheinlich keine Stellenausschreibung gibt. Und das »Gefundenwerden« ist ebenfalls einen Versuch wert: Stelle dein Profil in einige Internetbörsen – vielleicht meldet sich ja ein »Headhunter«.

Je nach Studienfortschritt und Berufserfahrung solltest du dein Praktikum über verschiedene Wege suchen.

Je nachdem an welchem Punkt du stehst, solltest du beim Suchen nach Praktikumsstellen unterschiedliche Prioritäten setzen. Wer sich orientieren will und überhaupt noch nicht weiß, in welcher Branche und in welchem

Beruf er landen wird, kann getrost einen Nachmittag in einer der Internetbörsen surfen. Hier hat man eine große Auswahl, aber natürlich auch viele Konkurrenten – ist doch der Klick der vermeintlich schnellste Weg zu einem Praktikum. Doch der einfachste Weg ist nicht immer der beste. Wer über das allgemeine Berufesuchen hinaus ist und tiefer in eine bestimmte Branche einsteigen will, der sollte das Augenmerk nicht mehr auf branchenübergreifende Magazine oder Internetportale legen, sondern sich in der Branche selbst umschauen: auf spezifischen Websites und in Fachzeitschriften.

5.1. Der *PraktikumsKnigge*

Der *PraktikumsKnigge* bietet im Serviceteil grundlegende Informationen zu interessanten Unternehmen.

Du findest im Serviceteil am Ende des *PraktikumsKnigge* qualifizierte Unternehmen: in Firmenprofilen ausführlich vorgestellt, im Index mit den wichtigsten Fakten für eine erste Einschätzung aufgelistet. Die Firmenprofile stellen spannende Unternehmen aus vielen Branchen ausführlich dar und beschreiben detailliert Anforderungen und Chancen für Praktikanten und Berufseinsteiger. Die Unternehmen wurden ausgewählt nach inhaltlichen Kriterien wie Marktposition, Intensität des Recruitings und nicht zuletzt nach der Corporate Culture als wichtigem zukunftsweisenden Merkmal.

5.2. »Vitamin B« – Das Netzwerk

»Wenn du jemanden kennst, der einen kennt, der einen kennt ...«, dann hast du wahrscheinlich schon gewonnen und musst dich nicht mehr unbedingt mit Bewerbungsmodalitäten herumschlagen. »Vitamin B« sagte man früher abschätzig dazu und meinte damit: »Die kriegt den Job, weil sie mit

Extra

Keine Lust auf Nichtstun? Stellenanzeigen genau lesen!

Ein Praktikum sollte qualifiziert sein und dir fundiertes Wissen aus einer Branche vermitteln (vgl. Kapitel 3). Wie aber kann man Leerlaufzeiten und unqualifizierte Tätigkeiten vermeiden? Ganz einfach: durch genaues Lesen der Anzeige, mit der ein Unternehmen seine Praktikanten sucht. Je detaillierter darin die Aufgaben und die vorausgesetzten Qualifikationen des zukünftigen Praktikanten beschrieben sind, desto unwahrscheinlicher ist es, dass du später mit unqualifizierten Tätigkeiten beschäftigt sein wirst. »Wir schreiben Praktikumsstellen sehr spezifisch aus«, sagt Tobias Nickel, Recruitung Manager bei BMW. »Der jeweilige Fachbereich meldet zunächst einen Bedarf, den er qualifiziert beschreiben muss – das ist eine Arbeit, die er sich nicht macht, wenn es nicht um etwas geht. Dann folgt die genaue Beschreibung des Arbeitsgebietes, das der Praktikant zu bearbeiten hat. Damit entstehen die Voraussetzungen dafür, dass der Praktikant qualifizierte Tätigkeiten bekommt.«

dem Boss in die Kiste steigt.« Heute heißt das rein berufliche Kontakteknüpfen Networking und wird rein positiv interpretiert: Auf dem Arbeitsmarkt kämpfen viele kompetente Arbeitskräfte um interessante Stellen, und dabei kann keiner auf ein gut funktionierendes Netzwerk verzichten. Es arbeitet nach dem biblischen Prinzip »Geben und Nehmen«. Jeder unterstützt jeden, man gibt sich gegenseitig Tipps und vermittelt konkrete Angebote. Der Nebeneffekt: Netzwerken macht Spaß, sofern einen der Kontakt zu vielen anderen Menschen bereichert. Sei offen zu den Leuten um dich herum, gehe zu Messen und Branchenevents – und zögere beispielsweise nicht, einen Bekannten zu fragen, ob du in seinem Unternehmen ein Praktikum machen kannst.

Im Spruch »Es kommt weniger darauf an, was du kannst, sondern wen du kennst« steckt mehr als nur ein Funke Wahrheit.

5.3. Printmedien

Unternehmen suchen ihre künftigen Praktikanten gerne über Anzeigen in zielgruppenorientierten Zeitschriften. Am häufigsten im *Hochschulanzeiger* der *Frankfurter Allgemeinen Zeitung* (*FAZ*) (www.chancen.net), in *Karriere* und im Studentenmagazin *Unicum*. Der Stellenteil in Tageszeitungen dagegen richtet sich meist an Absolventen und Arbeitskräfte mit Berufserfahrung – und nicht an Praktikanten in spe. Dennoch schadet das Suchen dort nicht, lassen sich doch bei den Stellenanzeigen oft Unternehmensstrukturen und Ansprechpartner samt Durchwahlen herauslesen.

5.4. Internet

Die Stellenbörsen im Internet unterscheiden sich vor allem in Anzahl und Aktualität der Angebote und auch in punkto Genauigkeit der Stellenbeschreibung. Überprüfe also stets, ob das jeweilige Angebot überhaupt noch gültig ist. Auf gut gepflegten Praktikumsbörsen ist das Datum angegeben, ab dem das Angebot gilt – und ab wann eine Bewerbung keinen Sinn mehr macht. Das Grundproblem: Bei einer Bewerbung über eine Anzeige im Internet musst du dich meist gegen unzählige Konkurrenten durchsetzen. Eine Auswahl gut gepflegter, tagesaktueller Praktikumsbörsen findest du unter www.praktikumsknigge.de.

Die besten Online-Praktikumsbörsen haben wir auf www.praktikumsknigge.de zusammengefasst.

5.5. Branchenmedien

Passgenau auf bestimmte Berufe sind die Stellenanzeigen in den jeweiligen Branchenblättern zugeschnitten. Egal, ob das Bäckerhandwerk oder die metallverarbeitende Industrie: Jeder Berufsstand und jede Branche hat einen eigenen Verband und ein eigenes Magazin. Zwei Beispiele:

Apotheken und Pharmakonzerne suchen Praktikanten in der *Deutschen Apotheker Zeitung* (www.deutscher-apotheker-verlag.de/DAZ/) oder im Anzeigenteil der *Pharmazeutischen Zeitung*, übrigens dem größten Stellenmarkt für pharmazeutisches Personal hierzulande.

Auch im Medienbereich gibt es diverse Fachmagazine – gerade Journalisten beleuchten gerne den eigenen Berufsstand. Marktführer sind die beiden Blätter der Standesvertretungen: *M – Menschen machen Medien* (auch kostenlos im Netz unter www.verdi.de/m) und *Journalist*. Als das Praxisblatt für Radio- und TV-Journalisten gilt die zweimonatlich erscheinende Zeitschrift *Cut*, die Pflichtlektüre für die Bereiche Marketing und Werbung ist *w&v – werben und verkaufen*, die jede Woche neben aktuellen Fachinformationen auch den umfangreichsten Stellenmarkt der Branche bietet und ebenfalls im Internet zu finden ist: www.wuv.de.

In der Institutsbibliothek liegen die wichtigsten Branchenblätter aus – eine gute Fundquelle zumindest für die Bereiche Medien und Naturwissenschaften.

Generell gilt: Für jedes Interessensgebiet gibt es deutschsprachige Branchenblätter. Verzeichnet sind fast alle unter www.fachzeitung.com – samt Link zur jeweiligen Homepage. Das Portal listet etwa über 100 Medienmagazine auf, aber bewertet sie leider nicht nach Relevanz und Aktualität. Deswegen lohnt ein Blick in die Institutsbibliothek: Dort liegen die jeweils wichtigsten Fachmagazine aus. Wer regelmäßig ein Branchenblatt liest, ist über die Entwicklungen in Forschung und Praxis informiert, kennt die wichtigsten Zahlen, Fakten und Personen und nicht zuletzt die Situation im spezifischen Arbeitsmarkt – übrigens auch ein guter Wissensfundus bei Bewerbungsgesprächen, Netzwerkevents und auf Messen. Einen guten Überblick über sämtliche deutsche Branchenverbände bietet der *Oeckl, Taschenbuch des Öffentlichen Lebens* (Festland, 88,50 Euro). Ein kostenloses Pendant bietet das Verbändeforum unter www.verbaende.com.

5.6. Stellengesuche

In manchen Jobbörsen kannst du dein Profil und Stellengesuch registrieren lassen – beispielsweise auf www.alma-mater.de, www.jobpilot.de oder www.jobverbund.de. Der Vorteil: Der Spieß dreht sich um – auf deine Anzeige hin können sich nun interessierte Unternehmen melden. Der Nachteil: Rechne nicht damit, hier »entdeckt« zu werden. Zumeist überschwemmen Mappen aktiver Bewerber die Schreibtische der Personalverantwortlichen, die selbst nur auf die Suche gehen, wenn sie Führungskräfte und Experten suchen. Außerdem: In standardisierten Fragebögen, wie in den meisten Jobbörsen, kannst du deine Persönlichkeit nur unvollständig darstellen.

5.7. Unternehmenswebsites

Gerne greifen Unternehmen beim Publizieren ihrer Stellenangebote auf die eigene Webseite zurück, denn billiger und schneller können sie nirgendwo sonst ihren Bedarf anmelden. Immer öfter sind auch direkte Bewerbungen per Webformular erwünscht – meist ist dies aber nicht empfehlenswert, gibt es doch für den Bewerber keine Möglichkeit mehr, sich abzuheben, etwa durch einen ansprechend gestalteten Lebenslauf im PDF-Format oder ein individuelles Anschreiben.

5.8. Career Center und Uni-Initiativen

An vielen Hochschulen vermitteln Initiativen das, was in theorielastigen Studiengängen oft aus dem Blick gerät: Berufsorientierung beispielsweise oder EDV-Kenntnisse, Präsentationstechniken und eben Praktika. An der Uni Duisburg-Essen fördert das Akademische Zentrum für Studium und Beruf (www.uni-duisburg.de/Akzent/) die Berufsorientierung im Studium sowie den Berufseinstieg. Das Institut Student und Arbeitsmarkt der Münchner Ludwig-Maximilians-Universität (www.s-a.uni-muenchen.de) stellt Kooperationen zwischen Universität, Arbeitsamt und Wirtschaft her und bietet praktische Workshops. Solche Career Center haben sich inzwischen an einigen Hochschulen nach US-amerikanischem Vorbild als Schnittstelle zwischen Uni und Unternehmen durchgesetzt. Gibt es kein Career Center an deiner Uni, dann können immer noch die Dozenten oder das Schwarze Brett (bzw. das Onlinependant) helfen: In der Regel bestehen Kontakte zwischen den verschiedenen Fachbereichen und der Wirtschaft. Der Wert eines Praktikumsplatzes, den die Uni vermittelt, kann jedenfalls nicht hoch genug eingeschätzt werden: Theorie und Praxis passen ideal zusammen, der Praktikant kann exakt erkennen, in welchen Job sein Studienabschluss münden kann.

Wenn die Uni Praktika vermittelt, passen Theorie und Praxis in der Regel perfekt zusammen.

Extra

Karriereförderung an Unis: »Ein Stiefkind«

Die Career Center an deutschen Hochschulen sind im Vergleich zu den US-amerikanischen – positiv formuliert – ausbaufähig. An der American University in Washington D.C. beantworten 30 feste Mitarbeiter die Karrierefragen der 9.000 Studierenden. In deutschen Career Centern arbeiten dagegen durchschnittlich nur 1,1 Menschen – und oft dazu noch ABM-Kräfte, was eine kontinuierliche Arbeit erschwert, so eine Umfrage des Centrums für Hochschulentwicklung (CHE) aus dem Jahr 2002. Am besten besetzt sind die Career Center an der privaten Universität Witten/Herdecke (sechs Mitarbeiter) und an der TU Dresden. Mehr als jede vierte deutsche Hochschule hat angegeben, dass keine speziellen Budgets für die Praxisfragen der Studierenden zur Verfügung stehen. »Der Arbeitsmarkt ist immer noch ein Stiefkind der Universitäten«, urteilt deshalb Gero Federkeil, der die CHE-Studie geleitet hat.

5.9. Fachmessen

Absolventen-, Job-, Praktikums- und Recruitingmessen sind das Parkett für den Berufseinstieg. Unternehmen von Aldi bis ZDF zeigen hier Flagge. Ziehe dir ein sauberes Hemd an und bereite dich auf die Messe vor wie auf ein Vorstellungsgespräch – gerade im Hinblick auf die vier Kernfragen: Wer bin ich? Was kann ich? Was will ich wissen? Wie kann ich mich einbringen? Achtung: Es zählt der erste Eindruck.

Wir haben die Termine der besten Fachmessen für 2005/2006 notiert:

bonding

8./9.11.2005	Firmenkontaktmesse in Berlin
21./22.11.2005	Firmenkontaktmesse in Hamburg
5./6.12.2005	Firmenkontaktmesse in Aachen
13./14.12.2005	Firmenkontaktmesse in Kaiserslautern
24./25.1.2006	Firmenkontaktmesse in Braunschweig
24./25.4.2006	Firmenkontaktmesse in Dresden
2./3.5.2006	Firmenkontaktmesse in Bochum
15./16.5.2006	Firmenkontaktmesse in Karlsruhe
20./21.6.2006	Firmenkontaktmesse in Erlangen
27./28.6.2006	Firmenkontaktmesse in Stuttgart

»bonding« ist eine Hochschulinitiative, die aus einer Idee Aachener Studenten entwickelt wurde. Bonding versteht sich als ein Verein, der Hochschulgruppen aktiv bei Firmenkontaktmessen unterstützt. www.bonding.de.

CampusChances

1.12.2005	in Bremen, Ort wird noch bekannt gegeben
6.12.2005	in München, LMU
13.12.2005	in Mannheim, Congress Centrum
15.12.2005	in Münster, Congress Centrum,
24.1.2006	in Köln, Fachhochschule Ingenieurzentrum
30.5.2006	in Köln, Maritim Hotel
13.6.2006	in Hamburg, Messe

»CampusChances« richten sich an Studierende und Absolventen aller Fachbereiche und Semester und bieten ein ideales Forum, mit Unternehmen in Kontakt zu treten. Lebenslauf-Check und Karriereberatung durch die Career Assistants runden das Angebot ab und bieten wertvolle Orientierung im Bewerbungsprozess. www.campuschances.de.

azubitage

7./8.10.2005	in Frankfurt/M., Messegelände Frankfurt/M.
14./15.10.2005	in Mannheim, Multihalle im Herzogenriedpark
21./22.10.2005	in Nürnberg, Nürnberg Messe
4./5.10.2005	in Leipzig, Neue Messe Leipzig
11./12.10.2005	in Essen, Messe Essen
2./3.10.2005	in Hannover, congress centrum
24./25.3.2006	in Stuttgart, Messe Stuttgart International
31.3./1.4.2006	in München, M,O,C, München
28./29.4.2006	in Chemnitz, Messe Chemnitz

Auf den »azubi- & studientagen« präsentieren Unternehmen die in ihrem Hause angebotenen Ausbildungsberufe und Studiengänge. Mit dabei: alle Branchen, Innungen, Verbände, Behörden, Institutionen und Hochschulen. Der Schwerpunkt liegt auf einer praxisnahen Darstellung der Berufsbilder. Zielgruppe sind vor allem Schüler der letzten beiden Klassenstufen aller Schularten. www.azubitage.de.

Einstieg

23./24.9.2005	in Berlin, EINSTIEG Abi
4./5.11.2005	in Köln, Berufe live Rheinland
17./18.2.2006	in Hamburg, EINSTIEG für alle Schulformen
17./18.3.2006	in Köln, EINSTIEG Abi
5./6.5.2006	in Karlsruhe, EINSTIEG Abi
22./23.9.2006	in Berlin, EINSTIEG Abi
13./14.10.2006	in München, EINSTIEG Abi
24./25.11.2006	in Düsseldorf, Berufe live Rheinland

Auf den Abiturientenmessen von »Einstieg« finden Schulabgänger zahlreiche Infos zur Berufswahl. Das Portal www.einstieg.com und die dreimal jährlich erscheinende Zeitschrift *Einstieg Abi* informieren umfangreich über alle Aspekte rund um Ausbildung und Studium. Das Beratungscenter mit zahlreichen Workshops zu Berufsfindung, Bewerbung und Selbstpräsentation rundet das Angebot ab.

6. | Hier bin ich! Von der richtigen Eigenwerbung

Sinn und Zweck des Praktikums sind geklärt, ein ideales Unternehmen oder noch besser: eine Stellenanzeige gefunden. Jetzt gilt es, Werbung in eigener Sache zu machen.

Die Basis für einen Werbefeldzug in eigener Sache sind Kenntnisse über die Branche und das Unternehmen.

Dazu gehört ein präzise formuliertes Anschreiben, in dem die eigenen Stärken, Interessen und vor allem der mögliche Nutzen durch dich für das Unternehmen dargestellt werden. Ergänzt durch einen professionellen Lebenslauf samt richtiger Anlagen kann eigentlich nicht mehr viel schief gehen. Außer dem Vorstellungsgespräch, bei dem dasselbe gilt: Erkläre deine Interessen und Stärken genau und zeige dich als wachsende Persönlichkeit, die mehr über die jeweilige Branche, die Arbeitsfelder und das Unternehmen lernen will. Aber die bereits ein Basiswissen mitbringt: Du solltest dir möglichst ausführliche Kenntnisse über die Branche und das Unternehmen aneignen, bevor du dein Anschreiben verfasst und später zum Vorstellungsgespräch gehst. Aktives Interesse und selbstständige Recherche sind von dem gefordert, der sich von der Masse abheben will.

6.1. Vorab-Erkundigungen

Wem die Bewerbungsmodalitäten oder die genauen Tätigkeitsbereiche des Unternehmens unklar sind, sollte diese Fragen noch vor der schriftlichen Bewerbung klären – zuerst durch Recherchen im Internet und später gegebenenfalls telefonisch. Eine gute Möglichkeit, um kompakt an Infos zu kommen, sind übrigens Pressemeldungen des Unternehmens (oft unter dem Link »Presse« auf der Website zu finden).

Spontanbesuch

Auch wer sich bei einem Unternehmen bewirbt, das in derselben Stadt ist, sollte sich einen unangemeldeten Spontanbesuch sparen. Nicht umsonst macht man im Geschäftsleben Termine aus, denn meist passen Überraschungsbesuche nicht in den Tagesplan. Auch zu Hause jubelt man schließlich nicht in jedem Fall, wenn es unangemeldet klingelt – selbst, wenn Freunde vor der Tür stehen.

Anruf

»Ein Anruf geht immer«, sagen viele Personaler – und geben daher häufig in ihren Stellenanzeigen eine Telefonnummer an. Trotzdem freut sich der Ressortleiter einer Tageszeitung nicht, wenn er kurz vor Redaktionsschluss angerufen wird, und auch Musikmanager gehen um 12.30 Uhr lieber Mittagessen als ans Telefon. Wer nicht als Störenfried gelten will, sollte zu jeder Uhrzeit nachfragen, ob er stört: »Ich heiße ... und würde gerne ein Praktikum bei Ihnen machen. Haben Sie fünf Minuten Zeit?« Auch den weiteren Gesprächsverlauf solltest du vorbereiten, damit du nicht ins Stottern gerätst und vielleicht die entscheidenden Fragen vergisst. Gewappnet mit einem Notizzettel, auf dem das Anliegen formuliert ist, wird dir der Anruf ohnehin leichter fallen.

Übrigens: Wer zum Hörer greift, sollte vorher ins Netz geklickt haben – Fragen, die auf der Unternehmenshomepage oder in der Stellenanzeige beantwortet werden, sollten nicht nochmal am Telefon gestellt werden. Und nicht vergessen: Musik ausschalten und aufrecht sitzen. Mit einer guten Stimme und einer ruhigen Anfrage kannst du bereits erste Sympathien auf dich ziehen. Und vergiss nicht, den exakten Namen deines Telefonpartners zu notieren (oder besser noch: ihn buchstabieren zu lassen) – für eventuelle weitere Rückfragen oder das Anschreiben.

Bevor du anrufst, solltest du ausführlich im Internet nach Antworten recherchieren.

E-Mail-Anfrage

Beim Erstkontakt ist Anrufen besser als E-Mailen, sagt Bewerbungsberater Gerhard Winkler. »Es ist persönlicher und man bringt seine Person besser rüber.« Wenn du dich allerdings gar nicht überwinden kannst, anzurufen, oder wenn der Gesprächspartner übers Telefon einfach nicht zu erreichen ist – dann stelle deine Fragen per E-Mail. Versuche vorher, die persönliche E-Mail-Adresse des Personalverantwortlichen herauszubekommen: Eine Anfrage an info@firma.de landet oft im Papierkorb. Und zügle dich: Smileys oder Emoticons haben im Geschäftsverkehr nichts zu suchen. Mehr noch: Verwende dieselben Formulierungen, die du auch bei einer offiziellen Anfrage auf Papier verwenden würdest. Weitere Tipps zur E-Mail-Bewerbung findest du in Kapitel 8.3.5.

Wenn du eine E-Mail schreibst, dann an einen konkreten Ansprechpartner und nicht an info@firma.de.

Checkliste Von der richtigen Eigenwerbung

- ☐ **Sinnvolle Fragen: Du zeigst Interesse und erhältst Material fürs Anschreiben.**
- ☐ **Gute Vorbereitung: Es gibt keine zweite Chance für den ersten Eindruck.**
- ☐ **Terminplanung: Spontanbesuche solltest du dir sparen.**

6.2. Bewerben – Wann und wie?

Dass ein Praktikum den eigenen Lebensweg nachhaltig verändern kann, ist nicht erst seit Monica Lewinsky bekannt. »Es gibt bei uns auch Manager, die als Praktikanten angefangen haben«, sagt beispielsweise Harald Mayer, Personalleiter des Software-Unternehmens Varetis. Bei Monica ebenso wie bei den Managern hat der Bewerbungsprozess sicher mit einer viel versprechenden Bewerbungsmappe begonnen, bei der es nicht nur auf die Verpackung, sondern vor allem auf den Inhalt ankam.

Wann starten?

Wer sich während des Semesters Zeit für ein Praktikum reserviert, hat weniger Bewerberkonkurrenz.

Drei bis sechs Monate vor dem gewünschten Starttermin solltest du mit der Bewerbung loslegen. Wer einen heiß begehrten Praktikumsplatz will, etwa in der Redaktion der *Süddeutschen Zeitung*, muss sich sogar ein oder zwei Jahre vorher bewerben und auf einer Warteliste einreihen. Das sind Extremfälle, die es auch andersherum gibt: Es kann dir beim Erstkontakt passieren, dass es heißt: »Fangen Sie am besten gleich morgen bei uns an.« »Vieles geschieht bei Unternehmen spontan«, erklärt Anna-Maria Engelsdorfer (Arbeitsagentur München). »Wenn die Firma mitten in einem Projekt merkt, dass sie mit einem solch enormen Aufwand nicht gerechnet hat, dann sucht sie hierfür oft kurzfristig Praktikanten. Die Anzeige dafür wird schnell ins Netz gestellt.« Wer sich während des Semesters Zeit frei hält, hat weniger Konkurrenz – während der Bedarf in den Unternehmen gleich bleibt. Die Hochschulen gewähren für Praktika oft Urlaubssemester, in denen du immatrikuliert bleibst, die aber nicht als Fachsemester angerechnet werden.

Grundsätzliche Bewerbungsarten

Will die Softwarefirma eine Bewerbung auf CD-Rom? Oder Viva TV einen selbst gedrehten Fernsehspot? Und sollte man für die Bewerbung bei Legoland Baukünste im Paket mitschicken? Das ist alles möglich – finden sich

Extra

Dein Erstkontakt: Personaler, Geschäftsführer oder Abteilungsleiter

Die Begriffe sind vielfältig, letztendlich bedeuten sie alle dasselbe. Ob Personalverantwortlicher, Personaler, Personalmanager, Personalentscheider oder Recruiting Officer – in einem großen Unternehmen wirst du es bei deiner Bewerbung mit Fachleuten zu tun haben, die in der Personalabteilung sitzen. Ob diplomierte Politologen oder Betriebswirtschaftler: Wer in der Personalabteilung arbeitet, interessiert sich für Menschen und hat den ganzen Tag mit Bewerbungen zu tun, die oft fehlerhaft sind. Entsprechend freut sich ein Personaler, wenn du freundlich, aber verbindlich auftrittst, klar sagst, wer du bist, was du kannst, was du willst – und vor allem vollständige Bewerbungsunterlagen einsendest. Bei kleineren Unternehmen kommt es dagegen häufig vor, dass der Geschäftsführer oder ein Abteilungsleiter die Praktikantenbewerbungen bearbeitet. Hier gilt noch mehr: Schnell und präzise auf den Punkt kommen, um dem potenziellen Arbeitgeber Zeit zu sparen.

jedoch keine entsprechenden Hinweise in der Annonce oder auf der Firmenwebsite, dann solltest du im Zweifel nachfragen und eine klassische Bewerbungsmappe senden – damit bist du in jedem Fall auf der sicheren Seite.

Die klassische Bewerbung

umfasst die »üblichen Unterlagen«: ein individuelles Anschreiben, den Lebenslauf mit Lichtbild und Kopien der wichtigsten Zeugnisse (vorheriger Arbeitgeber, Schulabschlüsse, Examenszeugnis, umfangreiche Weiterbildungen). Je nach Branche und Anforderung können noch Arbeitsproben beigefügt und Angaben zum möglichen Eintrittstermin gemacht werden.

Die Kurzbewerbung

umfasst dagegen nur den Lebenslauf und ein individuelles Anschreiben, in dem man anbietet, bei Interesse eine klassische Bewerbung zuzusenden. Diese Kurzform solltest du verschicken, wenn du dich unaufgefordert bewirbst – also keine Stellenausschreibung vorliegt und du auch telefonisch nicht in Erfahrung bringen konntest, ob ein Praktikumsplatz frei ist.

Die Kreativbewerbung

Überformate, farbiges Papier und andere kreative Spielereien sollte man sich sparen. »Bei 99 Prozent aller Bewerbungen macht eine Kreativbewerbung keinen Sinn. Denkbar wäre sie in den Bereichen Design, Architektur, Werbung. Oder bei einer Firma von 20-Jährigen, die extrem flapsig auftritt. Sonst aber kommst du nur gut an, wenn du dich an die formalen Regeln hältst«, sagt Bewerbungstrainer Gerhard Winkler. Den »kreativen Knüller« habe er ohnehin noch nie gesehen. Die Kreativität sollte sich aus den beigefügten Arbeitsproben ergeben und nicht aus dem Briefpapier.

Extra

Bewerben ohne Ausschreibung: Blind und initiativ

Viele Unternehmen schreiben ihre freien Stellen nicht aus, weil sie ohnehin genug Anfragen bekommen. Manche nehmen erst eine interessante Bewerbung zum Anlass, eine Stelle zu schaffen. Wer erfahren will, ob das Unternehmen Praktikanten sucht, muss nachfragen, also am besten anrufen und sich in wenigen knappen Sätzen vorstellen. Gibt es Praktikumsplätze und war das Telefonat überzeugend, gilt es, die schriftliche Bewerbung nachzuschicken – direkt an den Gesprächspartner. Also: Namen notieren. Wenn du in den *Gelben Seiten* blätterst und auf gut Glück an alle gelisteten EDV-Unternehmen Bewerbungsunterlagen schickst, dann ist das eine Blindbewerbung nach dem Gießkannenprinzip, die in erster Linie viel Porto kostet. Die Erfolgschancen sind aber sehr gering, denn du weißt kaum etwas über das Unternehmen, die richtigen Ansprechpartner, die gewünschte Bewerbungsform und den Bedarf an Praktikanten. Entsprechend unmotiviert und unspezifisch wird dein Anschreiben sein, entsprechend uninteressant bist du wohl für den Personalentscheider. Schriftliche Blind- und Initiativbewerbungen bestehen übrigens nur aus dem Anschreiben und dem Lebenslauf, die Anlagen solltest du erst auf Nachfrage schicken. Bei Blindbewerbungen besteht auch kein Anspruch auf Rücksendung der Unterlagen.

6.3. Die Bewerbungsunterlagen

Pro Jahr gehen bei DAX-geführten Großunternehmen im Schnitt 20.000 Praktikumsbewerbungen ein. Kein Wunder also, dass zwei Drittel aller Bewerber mehr als sechs Mappen verschicken müssen, bis sie eine Zusage bekommen. Die Mappe sollte dem Personaler Zeit sparen und ihn zugleich neugierig machen. Erstelle das Anschreiben und die Unterlagen mit viel Ruhe – sie sind der erste entscheidende Schlüssel zum Praktikum. Und bedenke: Bewerbungsunterlagen von Praktikanten und Berufseinsteigern werden höchstens fünf Minuten durchgeblättert. Deshalb müssen alle Papiere stimmig, prägnant und aussagekräftig sein.

Dazu gehören:

- das Anschreiben
- der Lebenslauf samt Foto

sowie als Anlagen:

- Zeugnisse
- und eventuell Arbeitsproben.

6.3.1. Das Anschreiben

Das Anschreiben ist der schwierigste Teil der Bewerbungsunterlagen, aber der wesentliche, um sich von Mitbewerbern abzuheben. Mach dir be-

Extra

Jede dritte Bewerbung ist »unbefriedigend«

Nur jede fünfte Bewerbung wird fehlerfrei verschickt, das ergab eine Untersuchung der Unternehmensberatung Rundstedt und Partner, bei der 2004 rund 1.000 Unternehmen in Deutschland befragt wurden. Mehr als jede dritte Bewerbung bewerten Personalverantwortliche in den Unternehmen gar mit »unbefriedigend«. An Berufsstarter hatten die befragten Personalverantwortlichen vor allem zwei Wünsche: Neugierde im Vorstellungsgespräch und vollständige Bewerbungsunterlagen ohne Rechtschreibfehler. Wer hier mitdenkt, hat auch das Bauchgefühl des möglichen Arbeitgebers »auf seiner Seite« – und das ist nicht unwesentlich, wie Rundstedt herausgefunden hat: 46 Prozent der Unternehmen geben an, dass die Einstellungsentscheidung zwischen 30 und 50 Prozent davon abhängt, 23 Prozent sagen sogar, die Stimmung entscheide die Hälfte. »Ein positives Bauchgefühl entsteht durch Anerkennung und Wertschätzung des Anderen, des Unternehmens und seiner Mitarbeiter«, verrät von Rundstedt. Dazu gehören eben einwandfreie Unterlagen und Kenntnisse über Branche und Produkte.

Die häufigsten Bewerbungsfehler bei Berufseinsteigern:

- 55 % der Anschreiben passen nicht auf das Jobprofil .
- 38 % der Unterlagen hatten Rechtschreibfehler.
- 33 % der Lebensläufe waren nicht aussagekräftig.
- 30 % der Anschreiben waren zu übertrieben.

wusst, dass es vermutlich das Erste ist, was dein künftiger Personalchef liest: Hier steht, wer du bist, was du willst und wie du dem Unternehmen nützlich werden kannst. Das Anschreiben wird übrigens nicht in die Mappe geheftet: Der Empfänger sollte es leicht herausnehmen können, denn er behält es auch bei einer Absage.

Die Form

»Die Form ist nicht wichtiger als der Inhalt«, sagt Harald Mayer (Varetis). »Aber sie kann ein Ausschlusskriterium sein.« Halte dich also an folgende Regeln:

- Wähle eine gut lesbare Schrift (Arial oder Garamond in Größe 10 Punkt).
- Greife zum ganz normalen, weißen Briefpapier.
- Lasse einen Innenrand zum Abheften frei (etwa zwei Zentimeter).
- Schreibe mehr als drei Sätze, aber höchstens eine Seite.
- Lasse andere Korrektur lesen – als Schreiber übersieht man Fehler.

Und spare dir Hervorhebungen – außer bei der Betreffzeile – oder bunte Farben. Das hilft dem Entscheider nicht, sondern lenkt ihn nur ab, hat er doch seine eigenen Kriterien, nach denen er vorgeht und an denen sich deine Markierungen wahrscheinlich reiben.

Der Inhalt

Packe den ersten Absatz deines Anschreibens nicht mit leeren Hülsen voll wie: »Mit Interesse habe ich Ihre Stellenanzeige in der *Süddeutschen Zeitung* gelesen. Hiermit möchte ich mich um eine Praktikantenstelle bewerben.« Das wurde ohnehin bereits in der Betreffzeile geklärt. »Ich würde keine Einleitung schreiben, die wird immer überlesen. Ich würde das stärkste Argument, das für mich spricht, an den Anfang setzen, das zweitstärkste als zweites, das drittstärkste als drittes nennen – und zwar die stärksten Argumente aus Sicht des Praktikumsanbieters«, empfiehlt Bewerbungsberater Gerhard Winkler. »Der Personaler wird überrascht sein, plötzlich ein Anschreiben auf den Tisch zu bekommen, in dem sich der Bewerber Gedanken macht, wie er dem Unternehmen nutzen kann!«

Der Personaler wird erfreut sein, wenn sich der Bewerber Gedanken über das Unternehmen macht.

Damit du weißt, welche deiner Fähigkeiten gefragt sind, analysiere die Stellenanzeige oder die Homepage des Unternehmens nach folgenden Gesichtspunkten: Wie kannst du dich einbringen? Welche Projekte könnten dir liegen? Wo gibt es Überschneidungen zwischen Studieninhalten und Unternehmensbereichen? Zeige, dass du dich mit den Unternehmenszielen, der Philosophie, den Produkten oder Dienstleistungen, der Branche und den Konkurrenzunternehmen auseinander gesetzt hast.

1\. Hanna Hente
Humboldtallee 17
37073 Göttingen
Telefon: 0551/4 73 78
Mobil: 0175/4 92 83 83
E-Mail: hanna.hente@gmx.de

3\. 12. Oktober 2005

2\. Unterfränkisches Dialektinstitut
Frau Dr. Sabine Krämer-Neubert
Am Hubland

97074 Würzburg

4\. **Bewerbung um ein Praktikum im Unterfränkischen Dialektinstitut**
Ihre Anzeige vom 10. Oktober in der Süddeutschen Zeitung

5\. Sehr geehrte Frau Dr. Krämer-Neubert,

6\. gerne würde ich als Praktikantin in Ihrem Dialektinstitut mitarbeiten. In meinem Studium habe ich mir das Handwerkszeug zur Analyse von Sprache erworben. Ich bin höchst motiviert, dieses in der Praxis auszuprobieren und weiterzuentwickeln.

Ich studiere im 5. Semester Sprachwissenschaft an der Georg-August-Universität Göttingen und habe gerade erfolgreich meine Zwischenprüfung absolviert. Als wissenschaftliche Mitarbeiterin am Lehrstuhl für Allgemeine Sprachwissenschaft habe ich für das Projekt »De Frosch gaad usem Glaas« gemeinsam mit Kommilitonen Interviews mit Dialektsprechern aus der Schweiz ausgewertet, um herauszufinden, wie sie beschreiben, wo sich jemand aufhält.

Den ersten Schritt in die Sprachforschung als Hauptberuf würde ich am liebsten an einem Dialektinstitut tun. Vor allem die Recherche und Dokumentation verloren geglaubter Mundartdialekte reizt mich dabei.

Ein Praktikum im Unterfränkischen Dialektinstitut erscheint mir für meine berufliche Weiterbildung besonders interessant: Sie erforschen eine der hierzulande wichtigsten Mundartgrenzen, die zwischen dem Oberdeutschen und dem Mitteldeutschen. Ich habe darüber ein Seminar an der Universität besucht und würde meine Kenntnisse hierüber gerne theoretisch wie praktisch vertiefen.

Ist es möglich, bei Ihnen ein Praktikum – am besten in den Semesterferien vom 1. März bis 15. Mai 2006 – zu absolvieren? Ich freue mich über eine Einladung zum Vorstellungsgespräch.

7\. Mit freundlichen Grüßen,

Hanna Hente

8\.

Anlagen

Die Anleitung zum formal richtigen Bewerbungsanschreiben

1. Links oben steht der Absender, und zwar mit der kompletten Adresse, der Telefonnummer, der Faxnummer (falls vorhanden), der Handynummer und der E-Mail-Adresse. Gib letztere allerdings nur an, wenn du deine E-Mails täglich abrufst. Richte dir im Zweifelsfall eine seriöse E-Mail-Adresse ein (siehe Kapitel 6.3.5.).

2. Darunter lässt du zwei Zeilen frei und schreibst dann die Adresse des Empfängers an den linken Rand. Adressiere den Brief an die Person, die in der Stellenanzeige genannt ist. Falls kein Personalverantwortlicher angegeben ist oder du eine Initiativbewerbung schreibst, erkundige dich vorab telefonisch, wer dein Ansprechpartner ist. Achte penibel darauf, dass du alle Namen richtig schreibst.

3. Das Datum steht rechts oben in der Ecke. Modern ist, das Datum ohne Ort anzugeben, statt beispielsweise »Göttingen, den 12. Oktober 2005« zu schreiben.

4. Das Wort »Betreff« gilt als veraltet. Schreib stattdessen: »Bewerbung um ein Praktikum im Unterfränkischen Dialektinstitut« in die Betreffzeile am linken Rand zwischen die Empfängeradresse und das eigentliche Anschreiben – und zwar in gefetteten Buchstaben. Falls du dich in deiner Bewerbung auf eine Anzeige oder ein Telefonat beziehst, solltest du das hier erwähnen.

5. Jetzt folgt die Anrede. »Sehr geehrte Damen und Herren« sollte aber die Ausnahme sein. Auch hier gilt es, den Empfänger mit Namen anzusprechen: »Sehr geehrte Frau Dr. Krämer-Neubert«. Zur »sehr geehrten« gibt es übrigens kaum Alternativen: »Guten Tag, Frau Dr. Krämer-Neubert – das wäre Verkäufer-Talk«, findet Bewerbungstrainer Gerhard Winkler. »Hallo – das ist zu persönlich. Einem konservativen Personalchef könntest du damit auf den Schlips treten.« Setze mit Anrede und Schlusssatz einen Standardrahmen, mit dem du zeigst, dass du die formalen Regeln beherrschst. Dein eigenes Profil baust du im Text dazwischen auf.

6. Formuliere den Text deines Anschreibens klar und knapp, mache keine Schachtelsätze und streiche Füllwörter wie »nämlich«, »nun« oder »meiner Meinung nach«. Während sich Deutschlehrer freuen, wenn der Gymnasiast zehn Zeilen lange Sätze schreibt, steigt der Personaler dabei aus und legt die Bewerbungsmappe aus der Hand. Gliedere in logische Abschnitte. Vermeide Passivsätze und Substantivierungen. Formuliere lebendig und persönlich, spare dir leere Floskeln. Und sei vorsichtig mit Fremdwörtern, die du nicht hundertprozentig verstehst. Falls du mit deinem Text keine ganze Seite füllst, ist das in Ordnung und keine Aufforderung, ihn mit Nichtigkeiten aufzublasen. Mehr dazu auf der folgenden Seite.

7. Etwa vier, fünf Zeilen vor Seitenende verabschiedest du dich »mit freundlichen Grüßen« oder »mit herzlichen Grüßen« und unterschreibst mit Vor- und Familiennamen, am besten mit blauer Tinte oder Kugelschreiber: Psychologen behaupten, dass damit in Zeiten schwarzer Ausdrucke Sympathiepunkte gewonnen werden.

8. Anlagen werden heutzutage nicht mehr einzeln im Anschreiben aufgelistet. Du solltest lediglich das Wort »Anlagen« an den Rand links unten schreiben.

Neben der äußeren Form kommt es beim Bewerbungsanschreiben vor allem auf den Inhalt und eine prägnante Sprache an:

Gerne würde ich als Praktikantin in Ihrem Dialektinstitut mitarbeiten. In meinem Studium habe ich mir das Handwerkszeug zur Analyse von Sprache erworben. Ich bin höchst motiviert, dieses in der Praxis auszuprobieren und weiterzuentwickeln.

Du erklärst dein Fachwissen und Engagement. Außerdem zeigst du dich selbstbewusst, hast aber nicht über deine »hervorragenden Fachkenntnisse« geschrieben. Mit Prahlerei schießt man übers Ziel hinaus. Wenn, dann musst du – beispielsweise in einer Bestätigung für ein absolviertes Seminar – einen Dritten schreiben lassen, wie »herausragend« du arbeitest.

Beschreibe nach diesem einführenden Absatz deine Ausbildungsdaten: Was hast du gemacht, wo stehst du jetzt?

Ich studiere im 5. Semester Sprachwissenschaft an der Georg-August-Universität Göttingen und habe gerade erfolgreich meine Zwischenprüfung absolviert. Als wissenschaftliche Mitarbeiterin am Lehrstuhl für Allgemeine Sprachwissenschaft habe ich für das Projekt »De Frosch gaad usem Glaas« gemeinsam mit Kommilitonen Interviews mit Dialektsprechern aus der Schweiz ausgewertet, um herauszufinden, wie sie beschreiben, wo sich jemand aufhält.

Statt üblicher Floskeln hast du greifbar gemacht, dass du teamfähig bist.

Als Nächstes solltest du dein Berufsziel ansprechen: Warum studierst du dein Fach? Warum willst du gerade dieses Praktikum absolvieren?

Den Schritt in die Sprachforschung als Hauptberuf würde ich am liebsten an einem Dialektinstitut tun. Vor allem die Recherche und Dokumentation verloren geglaubter Mundartdialekte reizt mich dabei.

Und warum willst du gerade im Unterfränkischen Dialektinstitut Praxiserfahrung sammeln? Was reizt dich an der Abteilung, in der du arbeiten willst? Ein Unternehmen schätzt Mitarbeiter, die sich gezielt bewerben – im Gegensatz zu jenen, die einfach irgendeine Stelle haben wollen.

Ein Praktikum im Unterfränkischen Dialektinstitut erscheint mir für meine berufliche Weiterbildung besonders interessant: Sie erforschen eine der hierzulande wichtigsten Mundartgrenzen, die zwischen dem Oberdeutschen und dem Mitteldeutschen. Ich habe darüber ein Seminar an der Universität besucht und würde meine Kenntnisse hierüber gerne theoretisch wie praktisch vertiefen.

Wünsche und Vorgaben bezüglich der Zeit können natürlich auch geäußert werden:

Ist es möglich, bei Ihnen ein Praktikum – am besten in den Semesterferien vom 1. März bis 15. Mai 2006 – zu absolvieren?

Und zu guter Letzt solltest du Selbstbewusstsein zeigen. Verzichte im Schlusssatz auf »würde« und »möchte«. Das lässt dich unsicher erscheinen, dabei bist du kein Bittsteller. Also:

Ich freue mich über eine Einladung zum Vorstellungsgespräch. Mit freundlichen Grüßen, Hanna Hente.

Achtung: Die vorliegenden Formulierungen dienten nur als Beispiel. Du musst dir selbst überlegen, wie du dein Anschreiben maßschneiderst. Und pass besonders auf, wenn es deine allererste Bewerbung ist: »Der schlimmste Fehler, den junge Leute machen, ist, dass sie Bewerbungen aus Ratgebern komplett abschreiben«, sagt Bewerbungsberater Gerhard Winkler. »Sie haben Angst davor, die Rituale der Erwachsenen nicht zu erfüllen. Sie glauben, das Wichtigste sei, sich an formale Pflichten zu halten, und sie ignorieren, dass eine Bewerbung die individuelle Präsentation ihres eigenen Profils und der eigenen Bewerberpersönlichkeit darstellen soll.«

Der schlimmste Fehler ist es, die eigene Bewerbung komplett aus Ratgebern abzuschreiben.

6.3.2. Der Lebenslauf

Dieter Bohlen hat es getan, Bill Clinton hat es getan, Boris Becker hat es getan, und auch du kannst eine Autobiografie schreiben – aber bitte nicht in deiner Bewerbung. Der Lebenslauf soll den Personalentscheider schnell und übersichtlich über den persönlichen und beruflichen Werdegang informieren. In der Regel ist ein Lebenslauf chronologisch aufgebaut: Er beschreibt in Gliederungspunkten wie »Persönliche Daten« und »Ausbildung« die wichtigsten Stationen vom Geburtsort über den Schulabschluss bis hin zu eventuellen Jobs.

Eine Dateivorlage für den Lebenslauf findest du unter www.praktikumsknigge.de.

Hanna Hente

Geboren am 30. August 1981 in Augsburg

Anschrift: Humboldtallee 17, 37073 Göttingen
Telefon: 0551/4 73 78
Mobil: 0175/4 92 83 83
E-Mail: hanna.hente@gmx.de

Ausbildung

1993–2002	Holbein-Gymnasium Augsburg Abschluss: Allgemeine Hochschulreife (2,4)
seit 2002	Studium der Sprachwissenschaft (Hauptfach), der Neueren Deutschen Literatur und Amerikanistik (Nebenfächer) an der Georg-August-Universität Göttingen
4/2005:	Zwischenprüfung (1,8) Studienschwerpunkt: Dialektforschung in Deutschland

Berufserfahrung/Praktika

8–10/2003	Praktikum am Institut für niederdeutsche Sprache in Bremen
7/2004-10/20005	Wissenschaftliche Mitarbeit beim Projekt »De Frosch gaad usem Glaas« am Göttinger Lehrstuhl für Allgemeine Sprachwissenschaft: Auswertung von Interviews mit Dialektsprechern aus der Schweiz

Engagement

7/2000–8/2000	Leitung einer evangelischen Jugendgruppe in Korsika

Weitere Kenntnisse

Computer: MS Office, Internet, diverse Anwender-Software

Sprachen: Englisch (fließend), Französisch (reanimierbar)

Hanna Hente

Göttingen, 12. Oktober 2005

Die Anleitung zum formal richtigen Lebenslauf

Ganz oben, häufig unter dem Punkt »Persönliche Daten«, stehen als Grundinformation:

- Vorname, Name
- Anschrift
- Telefon und falls vorhanden: Fax und Handy
- E-Mail-Adresse (aber nur, wenn du deine E-Mails täglich abrufst)
- Geburtsdatum und Geburtsort
- Angaben zu den Eltern und deren Berufen sind heutzutage nicht mehr üblich.

Der nächste Punkt gehört den wichtigen Stationen deines Studiums oder deiner Ausbildung, die chronologisch geordnet sind (bei internationalen Unternehmen übrigens in umgekehrter Reihenfolge). Wenn dein Lebenslauf »Lücken« aufweist, du beispielsweise erst zwei Jahre nach dem Abitur mit dem Studium begonnen und in der Zwischenzeit die Welt bereist hast, dann steh dazu. Überlege dir, wie du die Reise positiv erklären kannst, etwa, indem du erläuterst, was du alles (kennen) gelernt hast.

Deine mögliche Berufserfahrung und deine bisherigen Praktika werden als Nächstes chronologisch aufgelistet – am besten mit genauen Angaben zu Tätigkeit, Abteilung und Arbeitgeber.

Auch wer noch keinen festen Job hatte, muss nicht auf den Gliederungspunkt »Berufserfahrung« verzichten. Hier können Ferienjobs angegeben werden, die Leitung einer Jugendgruppe oder die Mitarbeit bei der Schülerzeitung. (Die beiden letzten Beispiele könntest du auch unter den Punkten »Ehrenamtliches« oder »Engagement« auflisten.) Durch solchen Einsatz zeigst du Stärken, die nicht explizit genannt werden, den Personalchefs von heute aber sehr wichtig sind: Die so genannten »Soft Skills«, jene Eigenschaften, die über die fachliche Qualifikation hinausgehen und viel über die Persönlichkeit des Bewerbers aussagen: über seine Belastbarkeit beispielsweise, seine Kreativität und Teamfähigkeit. Liste also ruhig Tätigkeiten auf, die dir nicht unbedingt passend erscheinen für die Branche, für die du dich bewirbst. Wer bis jetzt noch gar nicht aktiv war, sollte im Punkt »Ausbildung« ausführlicher auf die Schwerpunkte des Studiums zu sprechen kommen und damit zeigen, in welche Richtung die beruflichen Interessen gehen.

Die letzten Punkte sind den »weiteren Kenntnissen« (Computer-Know-how, Führerschein, Fremdsprachen) und den »Hobbys« vorbehalten. Letztere sind keine Pflicht, können aber das Bild abrunden, das von dir auf dem Papier entstanden ist. Zudem verweisen sie auf »Soft Skills«: Wer gerne malt, ist wohl zumindest in Ansätzen kreativ.

Den Lebenslauf unterschreibst du neben der maschinengeschriebenen Orts- und Datumsangabe – am besten mit blauem Kuli oder Füller.

In die rechte obere Ecke des Lebenslaufs kommt ein professionelles Portraitfoto. Vergiss nicht: Bei der Bewerbung geht es um Werbung, da muss auch das Bild mithalten. Banal, aber oft vergessen: Wer mit Kunden zusammenarbeiten will, sollte schon auf dem Bewerbungsfoto lächeln.

6.3.3. Die Anlagen

Hinter das Anschreiben und den Lebenslauf kommen die Anlagen. Relevant sind das letzte Schulzeugnis und Hochschulnachweise. Füge aber nicht jeden Proseminarschein hinzu, sondern nur Übersichten oder Zwischenberichte. Zu den Anlagen gehören auch Bestätigungen über Weiterbildungsmaßnahmen oder Zeugnisse von früheren Praktikumsstellen.

- Verschicke keine Originale, sondern ordentliche Kopien.
- Hefte das aktuellste Dokument zuoberst ein.
- Fremdsprachige Dokumente brauchen eine deutsche Übersetzung.

Arbeitsproben sollten ordentlich und nicht als lose Zeitungsschnipsel verschickt werden.

Neben diesen Standardanlagen kannst du je nach Branche noch Arbeitsproben beilegen. Wer in den Journalismus gehen will, fügt – sorgfältig ausgewählte! – Textproben hinzu; wer in einer Grafikagentur hospitieren will, sollte einige Skizzen und Entwürfe mitschicken. Wichtig dabei: Stecke keine lose Schnipselsammlung in den Umschlag, sondern verwende saubere Din-A4-Kopien oder scanne die Arbeitsproben ein und drucke sie – mit dünnem Strich umrandet – aus. Vergiss dabei nicht die Quellenangaben (etwa bei journalistischen Arbeitsproben: Erscheinungsort, Publikation, Ressort, Datum. Bei grafischen Arbeitsproben: Erscheinungsort, Auflage, Verteilung, Zielgruppe, Datum – sofern die Arbeiten an die Öffentlichkeit gelangt sind).

6.3.4. Die Mappe

Bei der Mappe solltest du auf Schweinsleder verzichten: »Sonst denken die Personalchefs von dir: Ich bin von Beruf Sohn und mein Papi ist Generaldirektor«, so Bewerbungsberaterin Ute Albrecht. Ihr Tipp: Verwende eine Mappe aus Kunststoff mit transparentem Deckel, Klemmschiene und in einer neutralen Farbe.

6.3.5. Die Online-Bewerbung

Bewerben per E-Mail spart zwar Porto, aber nur selten Zeit.

Sie ist billiger, praktischer, schneller, und sie bekommt keine Eselsohren. Eine Onlinebewerbung ist zwar noch nicht in jedem Unternehmen gern gesehen, aber wenn dir eine Bewerbung »per Computer« angeboten wird, solltest du das nutzen – es spart Portokosten. Das einfache Verschicken ohne große Kosten darf aber nicht dazu führen, unpersonalisierte Standardmails zu verschicken. Im Gegenteil: In einer E-Mail kann man nicht mehr durch eine besonders sorgfältig gestaltete Mappe glänzen – ein E-Mail-Text schaut immer gleich aus. Um so wichtiger ist eine aussagekräftige Betreffzeile, der richtige Adressat – ein E-Mail an info@unternehmen.de landet bei der Telefonzentrale, aber nicht beim Personalverantwortlichen – und ein personalisiertes Anschreiben, das direkt in der E-Mail steht und nochmals zusammen mit dem Lebenslauf als (sinnvoll benanntes!) PDF angehängt ist. Denke also gar nicht daran, dass du durch das »schnelle Internet« Zeit sparst – wer eine E-Mail-Bewerbung schneller schreibt als »analog« per Post, hat etwas falsch gemacht. Weitere Anlagen solltest du nur auf Nachfrage verschicken – allzu

Der richtige Adressat ist essentiell: Mails an info@unternehmen.de landen bei der Telefonzentrale.

große Mails verstopfen das E-Mail-Postfach und verärgern den Personaler. Eine Richtgröße für die gesamte Mail ist etwa 500 KB. HTML-Formatierungen sind tabu – die E-Mail sollte eine reine Textnachricht sein (in manchen Programmen auch »Plain« genannt. Beachte, dass viele Freemail-Anbieter oft automatisch HTML-Mails verschicken). Und vergiss nicht, am Ende der E-Mail deine Kontaktdaten zu notieren – dein Gegenüber möchte dich vielleicht anrufen oder dir Unterlagen per Post zuschicken. Mailadressen wie kuschelbaer@herzschmerz.de sind natürlich nicht geeignet zum geschäftlichen E-Mail-Verkehr. Nutze entweder die E-Mail-Adresse deiner Hochschule oder die Adresse eines seriösen Portals wie gmx.de.

Manche Unternehmen bieten auf ihrer Homepage auch Bewerbungsformulare an, die man online ausfüllen soll. Trotzdem solltest du es vorziehen, dich in einem gewöhnlichen (E-Mail-)Anschreiben vorzustellen: Darin kannst du deine Persönlichkeit besser darstellen als in einem standardisierten Fragebogen. Das erzeugt zwar mehr Arbeit, wird aber vom Personaler intensiver wahrgenommen.

PDF ist ein gängiges Dateiformat für Präsentationen. Kostenlose Tools wie »WordtoPDF« oder »CIB pdf brewer« machen aus deiner Doc-Datei ein PDF.

Die vermeintlich fortschrittlichste Bewerbungsform, der eigene Internetauftritt, ist ein No-Go, so das Ergebnis einer Umfrage des Magazins *Karriere*: Die Personalchefs haben nichts in der Hand, was sie Kollegen weiter reichen können.

Checkliste Von der richtigen Eigenwerbung

- ☐ Starte die Bewerbung mindestens drei bis sechs Monate vor Beginn.
- ☐ Erkundige dich vorab, welche Bewerbungsform bevorzugt wird.
- ☐ Nimm dir genügend Zeit, deine Bewerbungsmappe zu erstellen.
- ☐ Gehe im Anschreiben konkret auf das Unternehmen ein.
- ☐ Unterschrift nicht vergessen, am besten mit blauem Füller schreiben.
- ☐ Alle Unterlagen gehören in eine funktionale, ordentliche Mappe.
- ☐ Mindestens eine Person sollte das Anschreiben gegenlesen.
- ☐ Sind alle Namen richtig geschrieben und die Unterlagen vollständig?
- ☐ Handschriftliche Adressierung (und: »zu Händen« des Ansprechpartners).
- ☐ Alles ungefaltet in einen stabilen, sauberen Umschlag stecken.

6.4. Das Vorstellungsgespräch

Das Unternehmen interessiert sich für dich, sonst wärst du nicht zum Vorstellungsgespräch eingeladen. Die gute Nachricht: Du hast die Masse der Bewerber ausgestochen. Die schlechte: Jetzt konkurrierst du mit den Favoriten um den Praktikumsplatz.

6.4.1. Die Vorbereitung

Sei authentisch, dann überzeugst du beim Vorstellungsgespräch. »Es gibt ein Bauchgefühl«, sagt Harald Mayer (Varetis). »Man merkt, wenn jemand krampfhaft versucht, etwas zu verschweigen. Oder wenn einem ein Bewerber ständig nach dem Mund redet. Der wird aber nicht genommen. Genommen wird der, der natürlich ist und weiß, was er will.« Bewerbungsberaterin Ute Albrecht ergänzt: »Es geht nicht darum, den Personalern genau das zu erzählen, was sie hören wollen, es geht um das, wie man ist, wie man arbeitet. Du kriegst die Stelle ohnehin nicht, wenn du nicht hinter dem stehst, was du sagst. Deine Körpersprache verrät dich.« Also:

Sei dir deiner selbst bewusst. Deine Körpersprache verrät dich, wenn du schauspielerst.

- Aufrecht gehen.
- In die Augen schauen.
- Hände locker ineinander legen und nicht in die Hosentasche stecken.
- Präsenz zeigen: Nicht in die Raumecke stellen.
- Wer was in der Hand haben muss: Ein Kuli tut's auch.
- Mit verschränkten Armen dasitzen heißt: Abwehr und Angst.

Spätestens beim Vorstellungsgespräch musst du Bescheid wissen, wie die Branche und das Unternehmen ticken.

In dem Moment, in dem du zum Vorstellungsgespräch antrittst, musst du bestens Bescheid wissen über das Unternehmen: Wie viele Mitarbeiter werden in Deutschland beschäftigt, wie ist die Struktur, was sind die Arbeitsfelder, wer sind die Konkurrenten und wie geht es der Branche im Allgemeinen? Ein paar Stunden im Internet oder in der Bibliothek sollte man schon in die Recherche investieren. Und wenn dabei einige Fragen unbeantwortet bleiben, hast du schon eigene Punkte für das Vorstellungsgespräch, bei dem auch der Bewerber Fragen stellen soll.

6.4.2. Fragen und Antworten

Jeder Chef stellt die Fragen auf seine eigene Art. Gemein ist allen Vorstellungsgesprächen, dass das Unternehmen einen persönlichen Eindruck vom Bewerber bekommen will. Entsprechend solltest du inhaltlich sinnvoll und souverän auf alle Fragen und Bemerkungen reagieren können. Das Wichtigste dabei: Sei dir deiner Stärken und Schwächen bewusst und gib einigermaßen ehrlich Auskunft darüber. Du solltest wissen, wer du bist, was du kannst, was du willst und lernen möchtest und in welchem Unternehmen du gerade sitzt. Dann können dich auch folgende Fragen nicht aus der Ruhe bringen:

Wenn du über dich und das Unternehmen Bescheid weißt, können dich auch scharfe Fragen nicht aus der Ruhe bringen.

Schießen Sie los: Was führt Sie zu uns?

- Ihr Unternehmen arbeitet in einer spannenden Branche ...
- Ihre Firmenphilosophie sagt mir zu, weil ...

Warum dauert Ihr Studium so lange?

- Weil ich es sinnvoll finde, neben Theorie und Uni auch die Welt kennen zu lernen. Deswegen bin ich viel gereist, habe andere Kulturen und Sprachen kennen gelernt, etwa ...
- Ich muss mir mein Studium selbst finanzieren. Das kostet Zeit.

Welche Praktika haben Sie schon gemacht? Was waren Ihre Aufgaben? Was hat Ihnen dabei gefallen?

- Vorsicht: In der Regel wird es nicht gern gesehen, wenn du über andere Unternehmen lästerst. »Wahrscheinlich wird er uns später auch in keinem besseren Licht erscheinen lassen«, fürchten die Personalchefs.

Was schätzen Ihre Freunde an Ihnen? Ihre Stärken? Ihre Schwächen?

- Sag jetzt bitte nicht, dass »Ungeduld« und »zu viel Ehrgeiz« zu deinen größten Schwächen zählen – das wissen deine Gesprächspartner auch, dass diese beiden Eigenschaften in den meisten Bewerbungsratgebern als »positive Schwäche« angegeben sind, und hören dies daher bei fast jedem Gespräch. »Früh aufstehen« beispielsweise ist da glaubwürdiger. Und weil du als findiger Praktikant immer an dir arbeitest, hast du auch eine Lösung für deine »große« Schwäche parat: »Seit ich mir zwei Wecker stelle, stehe ich leichter auf. Und nach der kalten Dusche bin ich wirklich fit.«

Haben Sie weitere Bewerbungen laufen?

- Hier solltest du ehrlich sein. Es steigert aber natürlich deinen »Marktwert«, wenn du auf andere Vorstellungsgespräche hinweist.

Sind Sie ein guter Teamplayer?

- In der Uni gelang mir das bisher eigentlich immer ganz gut – ich habe erfolgreich in Lerngruppen gearbeitet ...
- Als Linksaußen ist man zwar immer ein Einzelkämpfer auf dem Platz, aber natürlich muss man gut aufpassen, wann die Mannschaftskameraden einen Pass spielen. Scheint ganz gut geklappt zu haben – wir haben oft gewonnen, aber auch gelernt, nach einem harten Kampf zu verlieren.

Sie wissen, dass wir auch abends und an den Wochenenden arbeiten. Ist das ein Problem für Sie?

- Wenn es ein Problem für dich ist, jedes Wochenende zu arbeiten, solltest du das jetzt sagen.

Der Personalverantwortliche könnte dir außerdem Fragen wie die hier folgenden stellen:

- Wo sehen Sie sich beruflich in fünf Jahren?
- Was gehört für Sie zu einem guten Betriebsklima?
- Warum wollen Sie in diesem Beruf arbeiten? Was wollen Sie hier lernen?
- Warum haben Sie sich ausgerechnet für dieses Studium entschieden?

»Schwächen« und Lücken im Lebenslauf reizen Personaler zum Nachfragen, also bereite dich vor. »Ich wollte nicht gleich nach dem Abitur mit dem Studium beginnen, weil ich erst herausfinden wollte, was das richtige Studienfach für mich ist. Daher habe ich mir Zeit gelassen für Gespräche mit Berufsberatern und habe verschiedenste Vorlesungen besucht. Dafür weiß ich inzwischen genau, was ich will.«

Aufgepasst, wenn Personaler beim Bewerbungsgespräch scheinbar locker plaudern!

Wiege dich nicht in Sicherheit, wenn der Personaler scheinbar nur plaudern will: Er ist Profi, und verfolgt seine Hintergedanken. Harald Mayer (Varetis) lässt sich beispielsweise Situationen aus dem letzten Praktikum schildern, um herauszufinden, wie der Bewerber auf bestimmte Situationen reagiert. Und ob es stimmig ist, was er erzählt. Zum Beispiel; »Wie sind Sie vorgegangen, wenn Probleme aufgetaucht sind?« Harald Mayer ist überzeugt, dass ihm jemand nach einer solchen Frage die Wahrheit erzählt: »Der Praktikant plaudert dann meist drauf los, weil er denkt, er redet über die Vergangenheit.« Der Varetis-Personalchef aber schließt vor allem auf die Zukunft: »Wenn jemand auf eine bestimmte Art gehandelt hat, wird er es wahrscheinlich später wieder tun. Ich muss mir dann überlegen: Finde ich das gut oder schlecht?«

6.4.3. Wer nicht fragt, bleibt dumm?

Vermutlich ermuntert dich der Personaler im Laufe des Vorstellungsgesprächs dazu, eigene Fragen zu stellen. Das solltest du auch dann tun, wenn du nicht dazu aufgefordert wirst – natürlich, ohne dem Interviewer deshalb ins Wort zu fallen. Schließlich ist ein Praktikum nicht nur ein Geschenk an

Extra

Unerlaubte Fragen

Es gibt auch Fragen, die per Gesetz nicht erlaubt sind. Tabu sind: Fragen nach Religions- und Parteizugehörigkeit, Schwangerschaft, Partnerschaft. Fragen nach gesundheitlichen Beeinträchtigungen sind nur zulässig, wenn sie deine Einsatzfähigkeit betreffen. Wird dir eine unzulässige Frage gestellt, hast du das Recht zu lügen. Sei darauf vorbereitet: Selbst gegenüber dem *PraktikumsKnigge* hat ein Personalchef zugegeben, dass er sich keine Gedanken darüber mache, welche Fragen verboten sind und welche nicht: Er frage einfach nach allem, was ihn interessiere. Der Bewerber könne ja flunkern. Höchst souverän wäre der Bewerber, der klar anspricht, dass ihm eine Frage zu weit geht.

dich – auch du investierst einige Wochen oder Monate in das Unternehmen, vielleicht sogar ohne Bezahlung. Und nicht zuletzt merkt der Personaler an deinen Fragen, dass du dich wirklich für das Unternehmen interessierst. Aus einem guten Interview könnte sich schließlich sogar eine angeregte Unterhaltung auf gleicher Augenhöhe entwickeln. Pass aber auf: Das Sprichwort »Es gibt keine dummen Fragen, nur dumme Antworten« trifft im Vorstellungsgespräch nicht zu. Was bereits in der Stellenanzeige, in Pressemeldungen oder Onlineforen beantwortet ist, solltest du natürlich nicht fragen. Es geht im Gespräch auch weniger um die Verhandlung banaler Rahmenbedingungen, sondern vor allem darum, dass du Motivation bekundest:

Das Sprichwort »Es gibt keine dummen Fragen, nur dumme Antworten« gilt nicht beim Vorstellungsgespräch. Was du etwa im Internet herausfinden kannst, solltest du nicht fragen.

- Wie muss ich mir die Arbeitsabläufe in der Abteilung vorstellen?
- Was kann ich bei Ihnen lernen?
- Gibt es einen Praktikumsplan und feste Ansprechpartner?
- Kann ich einen Blick in die Abteilung werfen, um die es geht?

Falls das leidige Thema Geld bis zum Schluss von deinem künftigen Vorgesetzten ausgespart wurde, dann bist du jetzt – aber wirklich erst jetzt – an der Reihe, nachzufragen: »Ich habe eine letzte Frage, die für mich wichtig ist, weil ich mein Studium selbst finanzieren muss: Gibt es eine Form der Entlohnung?«

6.4.4. Weitere Dos and Donts

Zu einem gelungenen Bewerbungs-Showdown gehört aber noch mehr, als auf das Frage- und Antwortspiel vorbereitet zu sein:

- Nimm die Hände aus den Hosentaschen – das ist flapsig und unhöflich. Schaue deinem Gegenüber in die Augen. Höre zu, anstatt jedes Wort mitzuschreiben.
- Mache keinen Rückzieher: Wenn du angegeben hast, ab 1. April für vier Monate zur Verfügung zu stehen, dann halte dich daran. Auch das Unternehmen plant mit dir.
- Relativiere Sorgen des Unternehmens: »Viele Firmen befürchten, dass Praktikanten zu sehr an der Hand genommen werden müssen, dass sie zu viele Fragen stellen und dass dadurch ihre Mitarbeiter, die ohnehin viel zu tun haben, zu sehr belastet werden«, sagt Harro Honolka (LMU München). »Daher solltest du deinem Gegenüber im Vorstellungsgespräch klar machen: Ich werde nicht an Ihrem Rockzipfel hängen, ich werde selbstständig arbeiten, da werden Sie keine Probleme haben.« Vergiss trotzdem nicht: »Gerade ein Praktikant hat es noch nicht nötig, perfekt zu sein«, so Harald Mayer (Varetis).

Mache deinem Gegenüber klar, dass du nicht ständig an seinem Rockzipfel hängen wirst, sondern dem Unternehmen nützen kannst.

6.4.5. Jacke wie Hose: Der Dresscode

Beim Vorstellungsgespräch geht es nicht um ein modisches Schaulaufen. »Die Faustregel ist: Ziehe dich ordentlich und gepflegt an, ein bisschen

Ein bisschen schicker als normal ist genau richtig. Lasse aber den Konfirmandenanzug im Schrank hängen.

schicker als normal, das ist perfekt«, sagt Bewerbungsberaterin Ute Albrecht. Harald Mayer (Varetis) empfiehlt, sich nicht zu sehr zu verstellen: »Manche Bewerber sehen aus, als hätte man sie in einen Konfirmandenanzug gezwungen. Genau so fühlen sie sich auch«, sagt er. »Sie sind dann im Gespräch nicht souverän, weil sie sich verkleidet vorkommen. Andererseits aber fühlt sich auch niemand wohl, der in Jeans und T-Shirt ankommt, während seine Gesprächspartner Anzüge tragen.« Daher sollte man auf den Dresscode im Unternehmen achten und sich daran anpassen. Wer im Praktikum mit Kunden zu tun haben könnte, sollte sich schon beim Vorstellungsgespräch so anziehen, als würde er die Firma vertreten. Das kann übrigens auch bedeuten, dass du statt zum Anzug zur trendigen Secondhand-Ware greifst, wie Musikmanager Tim Renner im Interview ab Seite 38 erläutert: »Es ist wichtig, die eigene Persönlichkeit auch durch das äußere Erscheinungsbild zu betonen.«

6.4.6. Der Termin

Damit du dir drei Meter vor dem Ziel kein Bein stellst, hier ein paar allerletzte Tipps:

Busse und Bahnen können sich verspäten – gehe also frühzeitig aus dem Haus.

- Wenn das Geld nicht reicht, um zum Vorstellungsgespräch zu fahren, solltest du nachfragen, ob das Unternehmen die Fahrtkosten übernimmt. Das muss es sowieso, wenn es dich persönlich zum Termin einlädt. Und zwar unabhängig davon, wie das Vorstellungsgespräch ausgeht (§ 670 BGB). Aber Vorsicht: Der Arbeitgeber hat das Recht, von vornherein auszuschließen, die Bewerbungskosten zu übernehmen. Das muss er jedoch bei der Einladung zum Vorstellungsgespräch bekannt geben.
- Wenn du – ehrlich?! – krank bist, dann sage so früh wie möglich ab und bitte um einen neuen Termin.
- Das akademische Viertel gilt nicht beim Vorstellungsgespräch. Nichts zeigt mehr Desinteresse als Zuspätkommen. Berechne, wie lange du für den Hinweg brauchst – samt Puffer. Bedenke: In großen Unternehmenskomplexen verläuft man sich ebenso leicht wie in der Uni. Falls du trotzdem zu spät kommst, greife noch auf dem Weg zum Handy, gib Bescheid und entschuldige dich!
- Du bist nervös? Das macht dich sympathisch und zeigt, dass dir der Praktikumsplatz wichtig ist. Greife nicht zu Beruhigungspillen, du musst klar im Kopf sein.
- Schalte dein Handy aus.
- Und vergiss bei aller Berufseinsteigerei nicht: Du willst ein Praktikum und (noch) keine Anstellung als Manager! Wenn etwas schief läuft, gibt es wohl noch keine Familie, die Hunger leiden muss.

6.4.7. ... und was soll das Ganze?

Harald Mayer (Varetis) will beim Vorstellungsgespräch herausfinden, wie der Bewerber tickt. Was ist wichtig für ihn? Passt er in das Unternehmen, passt er in die Abteilung? Welches Umfeld braucht er, um erfolgreich zu sein? Bietet das Unternehmen dieses Umfeld? Wenn nicht, macht eine Zusammenarbeit keinen Sinn. »Es geht ja nicht, dass sich die Firma an den Praktikanten anpasst.« Andersherum geht es aber auch nur begrenzt. Der Varetis-Personalchef rät daher: »Versuche nicht, irgendwas im Gespräch darzustellen. Es führt zu nichts: Du kannst dich nicht zwölf Wochen lang verstellen, bloß, weil du dich im Interview so dargestellt hast und die Chefs nun erwarten, dass du so bist. Die Firma muss dich wollen, wie du bist. Wenn ihr nicht zusammenpasst, dann passt es nicht. Dieses Selbstbewusstsein solltest du entwickeln, denn letzten Endes bist du sonst unglücklich – und damit nicht erfolgreich. Suche dann lieber weiter, bis du das Richtige gefunden hast.«

»Die Firma muss dich wollen, wie du bist. Wenn ihr nicht zusammenpasst, dann passt es nicht« Harald Mayer (Varetis)

6.4.8. Was tun, wenn's nicht klappt?

Wenn es nicht klappt, solltest du den Kopf nicht in den Sand stecken. Hast du selbst abgesagt nach dem Vorstellungsgespräch, ist dein Selbstbewusstsein sowieso auf dem richtigen Level. Falls dich das Unternehmen abgelehnt hat, solltest du herausfinden, was der – ehrliche – Grund hierfür war, vielleicht kannst du bei der nächsten Bewerbung etwas besser machen. Bevor du aber zum Hörer greifst, solltest du am besten eine Nacht drüber schlafen. Niemand will mit einem aufgebrachten Beinahe-Praktikanten diskutieren. Frage aber beispielsweise, wenn du wieder ruhig bist:

Dein Gesprächspartner hat sicherlich keine Lust, mit einem beleidigten Beinahe-Praktikanten zu streiten.

- »Ich will auf jeden Fall Journalist werden. Was muss ich dazulernen, um meine Chancen auf ein Praktikum zu verbessern?"
- »Was habe ich im Gegensatz zu meinen Mitbewerbern nicht geboten?"
- »Können Sie mir ein Unternehmen empfehlen, bei dem ich auch mit wenig praktischer Erfahrung eine Praktikantenstelle bekommen kann?"

Checkliste Bewerbungsgespräch

☑

- ☐ **Sei authentisch – der Personaler durchschaut Verstellungen.**
- ☐ **Sei bestens über das Unternehmen informiert.**
- ☐ **Sei dir über dich und deine Ziele im Klaren.**
- ☐ **Überlege kluge Fragen, die dein Interesse und Engagement zeigen.**
- ☐ **Passe dich dem Dresscode des Unternehmens an.**

»Tja, blöd gelaufen! Ich hab am ersten Tag prompt verpennt«

Glück gehabt! Jan Ludwig (Jahrgang 1984) kam am ersten Tag seines Praktikums bei dem Fotografen Maximilian Mutzhas in München gleich mal drei Stunden zu spät. Er hat eine zweite Chance bekommen und konnte nicht nur beweisen, dass er doch ein zuverlässiger Praktikant ist, sondern auch ein talentierter Fotograf.

Im Sommer 2004 hatte ich mein Abitur in der Tasche und die Schule hinter mich gebracht. Nur die Frage, wie es jetzt weitergehen soll, war noch offen. Ich entschied mich, meinem Interesse nachzugehen. Fotografieren war schon lange etwas, mit dem ich mich intensiv auseinander gesetzt hatte –was könnte also besser sein, als sein Hobby zur Profession zu machen. Mein Cousin hat mir die Nummer eines Fotografen aus München gegeben, bei dem ich mich nach einer Praktikumsstelle erkundigen könnte. Um herauszufinden, ob Fotografie wirklich das Richtige ist, wäre das perfekt. Also habe ich im Atelier von Maximilian Mutzhas angerufen und dann persönlich, mit meiner Mappe unterm Arm, vorbeigeschaut. Er hat sich meine Arbeiten angeschaut, kurz erklärt, wie sein Betrieb funktioniert – und ich hatte meinen Praktikumsplatz. Ich denke, es gehört in dieser Branche zum guten Ton, zumindest eine kleine Mappe mit eigenen Arbeiten vorzuzeigen. Am Tag vor Beginn meines Praktikums ging ich mit bester Motivation ins Bett. Tja, blöd gelaufen! Ich hab an meinem ersten Tag prompt verpennt. Nachdem ich dann drei Stunden zu spät eingetrudelt bin, war ich meinen heiß begehrten Praktikumsplatz fast schon wieder los, aber zum Glück bekam ich eine zweite Chance.

Das war dann auch das vorerst letzte Zuspätkommen! Abgsehen von diesem Patzer lief alles von Anfang an sehr gut. »Maximilian Mutzhas Fotografie« ist ein Ein-Mann-Betrieb und zum Glück hatten wir beide die selbe Wellenlänge. Allein schon, weil wir einen ähnlichen Musikgeschmack hatten, denn mit Musik arbeitet es sich wesentlich effektiver als ohne, besonders mit Iggy Pop oder The Music im Hintergrund. Geld gab es keins, aber ich wurde immer zum Mittagessen eingeladen. Nach meinem verpatzten Anfang hat Max sich daran gemacht, mir das Studio zu erklären – den Umgang mit Studioblitzen oder das Fotografieren mit der Großformatkamera beispielsweise. Dann kamen Sachen wie die digitale Bildbearbeitung oder das Scannen von analogem Bildmaterial dazu. Nach und nach wurde ich immer fitter. Wenn Aufträge reinkamen, haben wir zusammen daran gearbeitet, er als Fotograf, ich als Assistent. Stress kam bei der Arbeit selten auf, und es war für mich fast immer möglich, Fragen zu stellen. Die Qualität meiner Arbeiten hat sich stark gesteigert, technisch und handwerklich. Aber auch wenn der Job mir super gefallen hat, sind mir die Schattenseiten eines Freiberuflerdaseins und der Branche überhaupt klar geworden. Abschrecken kann mich das noch lange nicht. Über Max konnte ich mir nach meinem Praktikum einige Aufträge an Land ziehen, mit denen ich genug Geld verdienen konnte, um nach New York zu fliegen und mich und meine Mappe dort bei einigen Fotografen vorzustellen. Ich hab sogar einen Job bei einem Mode-Fotografen bekommen. Dafür gibt es in New York leider keine Biergärten …

7. | Recht unkompliziert

Ob Krankenversicherung, Unfallschutz, Kindergeld oder die Steuer: Ein Praktikum hat viele Konsequenzen in komplizierten Sachgebieten. Du solltest zumindest grob einschätzen können, was dir blühen kann.

Im Praktikum wirst du möglicherweise zum ersten Mal mit den Feinheiten des deutschen Rechts- und Sozialsystems konfrontiert. Womöglich auch gleich mit allen juristischen Finessen. Die Übersicht über das Sozialrecht, die das Bundessozialministerium 2005 als hauseigenen Kommentar herausgegeben hat, gesteht hier Schwierigkeiten ein, angefangen bei der Definition: »Generell lässt sich sagen, dass die Ableistung eines in einer Studien- oder Prüfungsordnung vorgesehenen Praktikums versicherungsfrei ist, andere Praktika dagegen als Beschäftigung und damit versicherungspflichtig zu bewerten sind. (...) Im Einzelfall empfiehlt es sich bei diesen Fallgestaltungen, die für die Beurteilung zuständige Krankenkasse einzuschalten.«

Oberste Priorität vor dem Beginn eines Praktikums hat die Überprüfung deiner Krankenversicherung. Vergewissere dich, dass du im Krankheitsfall wirklich finanziell abgesichert bist. Ist ein Praktikum nämlich mehr Arbeit als Berufsqualifizierung, kann es sein, dass du aus der studentischen Pflichtversicherung oder der Familienversicherung fällst. Auch aus diesem Grund solltest du stets darauf achten, dass dein Praktikum keine Ausbeutung wird. Aber auch, wenn es um Arbeitnehmerrechte oder Steuern geht, ist es wichtig zu wissen, welchen Status du als Praktikant hast – ob du Arbeitnehmer mit »richtigen« Arbeitnehmerrechten bist oder etwa »nur« Student.

Ein Arbeitnehmer hat Pflichten gegenüber dem Arbeitgeber (Arbeits-, Gehorsams- oder Treuepflicht), doch er hat auch umfangreiche Rechte. Etwa auf Urlaub (siehe Kapitel 10.15), auf Lohnfortzahlung im Krankheitsfall, ein schriftliches Zeugnis (siehe Kapitel 12.4) oder die Beteiligung am Betriebsrat.

7.1. Werde ich Arbeitnehmer sein?

Grundsätzlich sind Praktikanten Arbeitnehmer, egal ob bezahlt oder unbezahlt. Voraussetzung ist in erster Linie, dass du in die Betriebsstrukturen (Arbeitsplatz, Arbeitszeiten) integriert bist und weisungsgebunden handelst.

§

Die Definition des Arbeitsgerichtsgesetzes (§ 5):
»Arbeitnehmer im Sinne dieses Gesetzes sind Arbeiter und Angestellte sowie die zu ihrer Berufsausbildung Beschäftigten. Als Arbeitnehmer gelten auch die in Heimarbeit Beschäftigten und die ihnen Gleichgestellten (§ 1 des Heimarbeitsgesetzes vom 14. März 1951 – Bundesgesetzbl. I S. 191 –) sowie sonstige Personen, die wegen ihrer wirtschaftlichen Unselbstständigkeit als arbeitnehmerähnliche Personen anzusehen sind.«

§

Auch wer nicht in einer Berufsausbildung steckt, wird vom Gesetzgeber erfasst – und zwar durch das Berufsbildungsgesetz (BBiG), das Rechte und Pflichten ähnlich zum normalen Arbeitsrecht einräumt oder darauf verweist (§ 3): *»Auf den Berufsausbildungsvertrag sind, soweit sich aus seinem Wesen und Zweck und aus diesem Gesetz nichts anderes ergibt, die für den Arbeitsvertrag geltenden Rechtsvorschriften und Rechtsgrundsätze anzuwenden.«*

In § 19 ist definiert, dass dieses Bundesgesetz unter Berufsausbildung nicht nur die klassische Lehre versteht: *»Soweit nicht ein Arbeitsverhältnis vereinbart ist, gelten für Personen, die eingestellt werden, um berufliche Kenntnisse, Fertigkeiten oder Erfahrungen zu erwerben, ohne dass es sich um eine Berufsausbildung im Sinne dieses Gesetzes handelt, die §§ 3 bis 18 (...).«* Nach herrschender Meinung umfasst dieser Satz auch Praktikanten, sofern die Qualifizierung im Vordergrund steht.

Allerdings greifen bestimmte Arbeitsgesetze erst bei einer entlohnten Beschäftigung, etwa die Pflicht zu einem schriftlichen Vertragsschluss oder der Kündigungsschutz. Unerheblich ist die Höhe des Praktikumsgehalts: Ob 100 oder 1.000 Euro – bezahlt ist bezahlt.

Fast »rechtlos«: Kein Anspruch auf Urlaub oder Lohnfortzahlung bei studentischen Pflichtpraktika.

Und wer im Rahmen einer Studien- oder Praktikantenordnung in einem Unternehmen Arbeit tut, ist noch »rechtloser«. Er bleibt in der Hauptsache Student und hat keinen Anspruch auf Urlaub oder Lohnfortzahlung. Gewisse elementare Arbeitnehmerrechte stehen aber natürlich auch studentischen Pflichtpraktikanten zu: eine angemessene Ruhezeit etwa oder ein Arbeitsplatz ohne Gesundheitsrisiken.

7.2. Brauche ich einen Vertrag?

§

Nicht zwingend muss ein Praktikum schriftlich dokumentiert werden, etwa dann nicht, wenn es unentgeltlich geleistet wird. Es gilt dann, wie bei so vielen Dingen im Zivilrecht: »Ein mündlicher Vertrag ist auch ein Vertrag.« Das Praktikum schafft eben Fakten: »Wenn du drei Tage bei einer Firma arbeitest, ist das Vertragsverhältnis ohnehin faktisch gegeben", so Harro Honolka (LMU München). »Falls das Praktikum schief geht, wirst

Mit einem schriftlichen Vertrag steigt die Sicherheit, gut ausgebildet zu werden.

du außerdem kaum eine Verbesserung einklagen können. Du hast dann schlichtweg Pech gehabt, mit und ohne Vertrag.« Dennoch sollten, rät Honolka, potenzielle Streit- oder Problempunkte vorab geklärt werden, beispielsweise Fahrtkostenzuschüsse, Arbeitszeiten und Überstunden. Anna-Maria Engelsdorfer (Arbeitsagentur München) empfiehlt, einen schriftlichen Vertrag abzuschließen: »Der Praktikant bekommt auf diese Weise mehr Sicherheit, gut ausgebildet zu werden.«

In Anlehnung an das Berufsbildungsgesetz sollte ein Praktikumsvertrag mindestens folgende Punkte enthalten:

- Lernziele
- Verweis auf das Studium (vor allem bei einem Pflichtpraktikum)
- Die Abteilungen, in denen du eingesetzt werden sollst
- Beginn, Dauer und eventuelle Probezeiten
- Arbeitszeiten (siehe Kapitel 11.2)
- Vergütungen (oder der erklärte Verzicht) und Kostenerstattungen von z.B. Fahrtkosten (siehe Kapitel 6.4.6)
- Urlaub (siehe Kapitel 10.15)
- Kündigungsfristen (siehe Kapitel 11.7)
- Haftungsfragen (siehe Kasten auf Seite 87)
- Unfallschutz (siehe Kapitel 7.3)
- Die Erstellung eines Praktikumsplans (siehe Kapitel 9.2)

Wichtig ist die Erwähnung von Lernelementen und Qualifizierungszielen, damit auf dem Papier festgelegt ist, dass dein Praktikum tatsächlich eine Art der Berufsausbildung ist. Das ist entscheidend im Kleinen (Wertmarke für den ÖPNV, siehe Kasten auf Seite 28) und im Großen. (Dadurch behältst du das Kindergeld oder auch den günstigen Krankenversicherungstarif, siehe die Tabelle weiter unten in diesem Kapitel.)

Wichtig beim Vertrag: die Festlegung von Lernelementen und Qualifizierungszielen.

Auch »sonstige Vereinbarungen« können in den Vertrag eingebaut werden, zum Beispiel folgender Satz: »Für während dieser Praktikumszeit gefertigte Arbeiten wird dem Praktikumsbetrieb ein einfaches Nutzungsrecht eingeräumt, soweit sie urheberrechtlich geschützt sind.«

§

Übrigens hat auch die Vertragsfreiheit Grenzen: Wenn der Arbeitsplatz die Gesundheit gefährdet, die Arbeitszeiten das zumutbare Maß überschreiten oder gar gegen die »guten Sitten« (siehe Kasten auf Seite 98) verstoßen wird, treten übergeordnete Gesetzesregelungen in Kraft – egal, ob der Betroffene studentischer Pflichtpraktikant ist oder Arbeitnehmer. Allerdings lohnt sich bei einem Praktikum ein Gang vor das Arbeitsgericht in den seltensten Fällen, ist das Vertragsverhältnis zwischen Praktikanten und Arbeitsstelle doch von vornherein befristet und bewusst niedrig vergütet. Kommst du dir allerdings massiv ausgebeutet vor und fordert der Arbeitgeber bei einer

Der Gang vor das Arbeitsgericht lohnt sich als Praktikant nur selten.

Ob von Gewerkschaftsbund oder Anwalt: Bei massiver Ausbeutung solltest du dir Hilfe holen.

Kündigung gar Schadenersatz, dann solltest du selbstverständlich reagieren. (Hier gilt übrigens zumeist § 19 Berufsbildungsgesetz: Schadenersatz kann vom Praktikanten nicht verlangt werden). Hole dir Rat bei den Gewerkschaften (Deutscher Gewerkschaftsbund: www.dgb.de) oder im schlimmsten Falle bei einem Anwalt – und um Geld zu sparen hilft vielleicht auch ein eingeschriebener Brief, in dem du auf den Verstoß gegen die »guten Sitten« (§ 138) verweist und auf Problemlösung drängst. Dieser Paragraph ist weit auslegbar und macht schwarzen Schafen oft und berechtigt Angst.

7.3. Wie bin ich versichert?

Beinahe für alle Arbeitnehmer schreibt das Sozialgesetzbuch eine Teilnahme an den vier Säulen der Sozialversicherung vor (Arbeitslosen-, Renten-, Kranken- und Pflegeversicherung). Für Praktikanten gelten aber meist Ausnahmeregelungen, die sich vor allem aus Praxis und Rechtsprechung entwickelt haben. Wir haben die wichtigsten Fälle zusammengefasst.

Vorgeschriebenes Pflichtpraktikum

Wenn du ein vorgeschriebenes Pflichtpraktikum während des Studiums oder der Ausbildung ableistest, musst du dich nicht um die Versicherungen (Arbeitslosigkeit, Rente, Pflege, Krankheit) kümmern. Dann unterliegen weder du noch dein Arbeitgeber einer Versicherungspflicht (abgesehen von der gesetzlichen Unfallversicherung – siehe weiter unten).

Absolvierst du ein Praktikum vor oder nach dem Studium, das jedoch in der Studienordnung vorgeschrieben ist, befindest du dich rechtlich in der Berufsausbildung. Damit bist du – unabhängig vom Gehalt – sozialversicherungspflichtig.

Freiwilliges Praktikum

Bei einem unentgeltlichen Praktikum unterliegst du keiner Versicherungspflicht.

Auch wenn du während des Studiums freiwillig ein Praktikum absolvierst, besteht möglicherweise Versicherungsfreiheit. Machst du ein komplett unentgeltliches Praktikum, unterliegst du keinerlei Versicherungspflicht. Sofern du während des Semesters ein entlohntes Praktikum absolvierst, ist nur einen Pauschalbeitrag zur Krankenversicherung fällig. Weitere Beiträge (Rente, Arbeitslosigkeit, Pflege) fallen nicht an. Dasselbe gilt auch während der Semesterferien – dann gilt aber keinerlei Gehaltsgrenze.

Versicherungspflichtig wirst du bei zwei Konstellationen – vorausgesetzt, das Praktikantengehalt übersteigt 400 Euro monatlich:

- Innerhalb der letzten 12 Monate hast du während der Vorlesungszeit mehr als 26 Wochen jeweils 20 Wochenstunden gearbeitet. Dann giltst du dem »äußeren Erscheinungsbild« nach als Arbeitnehmer und nicht mehr als Student und bist bei allen Beschäftigungen – ob Job oder Praktikum – versicherungspflichtig.

- Das freiwillige Praktikum während der Vorlesungszeit dauert länger als zwei Monate (oder 50 Arbeitstage) und die Wochenarbeitszeit beträgt zugleich mehr als 20 Stunden.

Absolvierst du »ganz freiwillig« ein Praktikum – also komplett unabhängig von Studienordnungen oder einer Ausbildungsordnung, etwa zur Orientierung nach dem Abitur oder in einer Leerlaufphase nach dem Studium, dann bist du ein echter »Minijobber«, sofern das Praktikumsentgelt 400 Euro monatlich nicht übersteigt. Der Arbeitgeber hat in diesem Fall Pauschalbeträge zur Renten- und Krankenversicherung zu zahlen – du musst dich um nichts kümmern. Wenn du mehr als 800 Euro pro Monat verdienst, bist du laut Sozialgesetzbuch ein ganz normaler Arbeitnehmer. Zwischen 400 und 800 Euro gilt eine so genannte Gleitzonen-Regelung, die dich schrittweise an den Sozialabgaben beteiligt.

Verdienst du maximal 400 Euro, hast du einen »Minijob« – und musst dich nicht um Renten- und Krankenversicherung kümmern.

Krankenversicherung

Zur Erinnerung: Auszubildende sind Pflichtmitglieder einer gesetzlichen Krankenkasse – und auch Studenten sind bis zum 14. Fachsemester oder »längstens bis zum Ende des Semesters, in dem das 30. Lebensjahr vollendet wird«, pflichtversichert (wobei Ausnahme-Tatbestände eine Verlängerung dieser Zeitfristen erlauben). Sofern du also immatrikuliert bist, bist du meist selbst Mitglied einer privaten oder gesetzlichen Krankenversicherung bzw.

Als Student bist du selbst oder bei deiner Familie mitversichert – ein Praktikum ändert daran in der Regel nichts.

Tabelle: Übersicht über die Sozialversicherungen

Art		Kranken- und Pflegeversicherung	Rentenversicherung	Arbeitslosenversicherung
Freiwilliges Praktikum vor oder nach einer Ausbildung oder einem Studium	Unbezahlt	Versicherungsfrei	Versicherungsfrei	Versicherungsfrei
	Bezahlt	Pflichtversichert als Arbeitnehmer	Pflichtversichert als Arbeitnehmer	Pflichtversichert als Arbeitnehmer
Freiwilliges Praktikum während einer Ausbildung oder eines Studiums	Unbezahlt	20-Stunden-Regel	Versicherungsfrei	20-Stunden-Regel
	Bezahlt (bis 400 Euro)	20-Stunden-Regel	Versicherungsfrei	20-Stunden-Regel
	Bezahlt (bis 800 Euro)	20-Stunden-Regel	Pflichtversichert als Arbeitnehmer	20-Stunden-Regel
Pflichtpraktikum vor oder nach einer Ausbildung oder einem Studium	Unbezahlt	Versicherungsfrei, ggf. besondere Versicherungspflicht nach §5 I Nr. 10 SGB V bzw. §20 I Nr. 10 SGB XI	Pflichtversichert als Arbeitnehmer	Pflichtversichert als Arbeitnehmer
	Bezahlt	Pflichtversichert als Arbeitnehmer	Pflichtversichert als Arbeitnehmer	Pflichtversichert als Arbeitnehmer

noch bei der Familie mitversichert. Ein Praktikum ändert daran in der Regel nichts, zur Sicherheit kannst du jedoch nochmals bei deiner Krankenversicherung nachfragen. Über den Arbeitsplatz pflichtversichert ist dagegen meist, wer nicht bei einer Hochschule eingeschrieben ist oder ein Vor- oder Nachpraktikum absolviert.

Unfallversicherung

Beinhaltet dein Praktikum eine »Einbindung in Arbeitsprozesse«, greift die gesetzliche Unfallversicherung.

Während deines Praktikums fällt dir ein Monitor auf den Fuß oder du verbrühst dich an der Kaffeemaschine: zwei Fälle für die gesetzliche Unfallversicherung. Alle ordentlich eingeschriebenen Studenten sind zwar während der Aus- und Fortbildung an Hochschulen gesetzlich unfallversichert (§ 2 Abs. 1, Sozialgesetzbuch VII), sofern ihr Studium nachweislich die Hauptbeschäftigung ist. Doch dieser Schutz erstreckt sich zeitlich und räumlich nur direkt auf die Hochschule – Firmenbesuche und damit auch Praktika sind damit (meist) nicht abgedeckt. Bei einem Praktikum greift die Regelung, dass der Gesetzgeber ein Praktikum als »betriebliche Berufsbildung« wertet – unabhängig von Entlohnung oder Praktikumsdauer (§ 7 Abs. 2, Sozialgesetzbuch IV). Damit bist du über die gesetzliche Unfallversicherung versichert – ohne Anmeldung und Antrag. Einzige Voraussetzung: Das Praktikum darf kein ungezwungener Unternehmensbesuch sein. Kriterien sind Weisungsgebundenheit und Einbindung in die Arbeitsprozesse. Sofern du auf dem Weg zum Praktikum oder bei der Arbeit eine Verletzung oder Erkrankung erlitten hast, musst du das im Krankenhaus oder beim Arzt und natürlich bei deinem Arbeitgeber melden, damit die Meldungen und Abrechnungen den richtigen Weg (zur Unfallkasse) nehmen.

7.4. Steuern

Erhältst du für dein Praktikum ein Entgelt und übersteigt dies zusätzlich zu deinen übrigen Einkünften 7.664 Euro (Veranlagungszeitraum 2005), dann musst du im Grundsatz wie jeder Arbeitnehmer Einkommensteuer zahlen. Es gibt allerdings einige Ausnahmen und Steuerfreistellungen; das Finanzamt kann dich hier beraten. Eine Steuererklärung musst du aber dennoch nicht unbedingt abgeben. Normalerweise reicht die Lohnsteuerkarte (wird von der Gemeinde ausgestellt, bei der du gemeldet bist), die du deinem Arbeitgeber bei Praktikumsbeginn vorlegst. Auf ihr ist vermerkt, wie hoch dein voraussichtlicher Steuersatz ist. Dein Arbeitgeber wird dann die entsprechende Lohnsteuer (= Einkommensteuer auf Arbeitseinkünfte) für dich an das Finanzamt abführen. Hast du daneben keine weiteren Einkünfte, ist die Sache damit eigentlich erledigt. Da die Berechnung des Steuersatzes durch die Lohnsteuerkarte aber ungenau sein kann, empfiehlt es sich zu überprüfen, ob am Ende des Jahres auf das ganze Jahr gerechnet nicht zu viel Lohnsteuer abgeführt wurde. In diesem Fall bekommt man durch eine

Einkommensteuererklärung die zu viel gezahlte Steuer vom Finanzamt zurück. Jeden Freitag ist übrigens bundesweit »Steuertag« der Finanzämter. Unter der Telefonnummer 0180/3 100 210 (0,12 Euro pro Minute) beantworten Experten von Amts wegen kostenlos alle Steuerfragen von 9 bis 14 Uhr.

7.5. Was sonst noch zu beachten ist!

Bafög

Wer Bafög bekommt und ein bezahltes Praktikum absolviert, muss eventuell mit einer Kürzung des staatlichen Zuschusses rechnen, zumindest wenn das Praktikum in der Studienordnung verpflichtend vorgeschrieben ist. Dann darfst du von deinem Lohn zwar den so genannten Arbeitnehmer-Pauschbetrag – 920 Euro pro Jahr – zusätzlich zum Bafög behalten und vom danach verbleibenden Betrag (Lohn minus Pauschbetrag) noch eine Sozialpauschale von 21,5 Prozent. Was bleibt, wird allerdings mit dem Bafög verrechnet. Übersteigt dieser Restbetrag das Bafög, kannst du wiederum den Überschuss behalten.

Ein bezahltes Pflichtpraktikum kann zur Kürzung des Bafögs führen.

Ein Beispiel: Du bekommst für sechs Monate Pflichtpraktikum ein Gehalt von 1.800 Euro überwiesen. Davon ziehst du den anteiligen Arbeitnehmer-Pauschbetrag von 460 Euro für ein halbes Jahr ab. Somit bleiben 1.340 Euro. Von denen ziehst du 21,5 Prozent Sozialpauschale ab, das sind 288,10 Euro. Die restlichen 1.051,90 Euro behält der Staat.

Bafög-Empfänger, die ein freiwilliges Praktikum absolvieren, das nicht zur vorgeschriebenen Ausbildung gehört, sind hier besser dran: Weil der Gesetzgeber ein solches Praktikum als reinen Nebenjob betrachtet, steht ihnen ein Einkommensfreibetrag zu. Bafög-Empfänger können in einem freiwilligen Praktikum monatlich 350 Euro brutto dazuverdienen, ohne dass sie auf ihr Bafög verzichten müssen. »Diese 350 Euro brutto sind ein durchschnittlicher Wert: Wenn ein Bafög-Empfänger elf Monate nichts verdient, und in einem Monat 4.200 Euro brutto erhält – dann bekommt er ebenfalls sein gesamtes Bafög überwiesen«, erklärt Friedhelm Hartmann, Leiter der Abteilung Ausbildungsförderung des Studentenwerks in Göttingen. Dieser Freibetrag von insgesamt 4.200 Euro bezieht sich in den meisten Fällen auf den Zeitraum zwischen 1. Oktober und 30. September des Folgejahres, er gilt also zwei Semester lang.

Bei einem freiwilligen Praktikum dürfen Bafög-Empfänger monatlich 350 Euro brutto dazuverdienen.

Kindergeld

Falls du Kindergeld beziehst, hat das Praktikum keine ungewöhnlichen Auswirkungen. Ein etwaiges Praktikumsgehalt wird zu deinen anderen Einkünften addiert. Die Summe darf 7.680 Euro pro Jahr (Stand 2005) allerdings nicht überschreiten, sonst fällt das Kindergeld weg.

8. | Der Countdown läuft: Kurz vor dem Praktikum

Beinahe alles ist perfekt: Die Suche nach einem geeigneten Praktikumspatz war erfolgreich, das Bewerbungsgespräch hast du gut überstanden. Der Praktikumsvertrag liegt unterschrieben auf dem Schreibtisch, das neue Hemd frisch gebügelt über der Stuhllehne. Trotzdem bist du ein wenig unsicher.

Komme ich mit den Aufgaben zurecht? Was mache ich, wenn ich mit den Kollegen nicht klarkomme? Und ist dieses Praktikum vielleicht der Schlüssel zum späteren Job?

Keine Panik am Abend davor. Man erwartet von dir keine perfekte Arbeitskraft.

Bleib ruhig! Du warst nicht der einzige Bewerber, bist aber genommen worden. Man erhofft sich Gutes von dir, aber erwartet dennoch keine bereits perfekte Arbeitskraft – wenn doch, dann solltest du schnellstmöglich das Weite suchen. Ein vernünftiges Praktikum ist ein Geben und Nehmen. »Die Verantwortung für das Gelingen eines Praktikums hat auch der Praktikant«, sagt Anna-Maria Engelsdorfer (Arbeitsagentur München). »Es gibt also nicht nur eine Bringschuld von Seiten des Unternehmens, sondern auch eine Holschuld des Praktikanten.« Sei dir also deiner selbst bewusst, aber gerate nicht auf einen Egotrip.

Ganz entspannt: Der Abend davor

Ein Praktikum ist etwas anderes als ein studentischer Nebenjob, den man vor allem des Geldes wegen ausübt und bei dem sich kleine Pannen nicht gleich in einem späteren Zeugnis niederschlagen. Ein Praktikum kann Türen öffnen, die für die weitere berufliche Laufbahn von wesentlicher Bedeutung sind. Wie überall im Leben zählt auch beim Praktikum der erste Eindruck. Nichts ist überflüssiger, als gleich am ersten Arbeitstag zu spät zu kommen, im schlimmsten Fall auch noch außer Atem und verschwitzt.

Wahrscheinlich ungewohnt: Ein Arbeitstag von 9 bis 17 Uhr

Fit für den Achtstundentag: Entspannt bleiben und früh ins Bett.

Mach dir bewusst, dass ein Praktikum die – wenn auch nur vorübergehende – Aufgabe des studentischen Lebensstils bedeutet. Wer ein lockeres Magisterstudium absolviert, unterschätzt häufig die Belastung, die mit einem achtstündigen Arbeitstag einhergeht. Gehe also ganz einfach früh ins

Bett, damit du einigermaßen fit auf der Matte stehst. Am ersten Arbeitstag wird die S-Bahn sicher Verspätung haben und die Autobahn verstopft sein. Also plane einen Zeitpuffer ein und spare dir damit unnötige Hektik.

Wie beim Besuch der Erbtante: Die richtige Kleidung

Der goldene Mittelweg bei der Kleidung: Ordentlich, aber nicht zu schick.

Ein Patentrezept für den passenden Griff in den Kleiderschrank gibt es nicht, das ist abhängig von der Branche, in der du arbeiten wirst, und von der Tätigkeit, die du ausübst. Bei Kundenkontakten – beispielsweise in einer Bank – ist Businesskleidung angesagt (Anzug samt Krawatte beziehungsweise Kostüm). Anders sieht es bei Praktika in Branchen aus, in denen es »kreativ« zugeht: in Verlagen, Plattenfirmen oder Werbeagenturen. »Wir suchen Praktikanten mit Ideen und keine Models. Das heißt, solange man nicht völlig verlottert auftaucht, ist bei uns alles erlaubt, was gefällt«, sagt beispielsweise Jannis Tsalikis, Personalreferent der Werbeagentur Scholz & Friends.

Für Büropraktika ohne Kundenkontakt und öffentliche Termine gilt: »Man kann nie etwas falsch machen, wenn man einen Mittelweg wählt«, so Manuela Ebbes-Barr, Recruiting Manager bei Bertelsmann. »Es gibt Kleidung, die nicht hochoffiziell, aber auch keine Freizeitkleidung ist.« Im Grunde kann man sich als Praktikant anziehen wie beim Besuch der Erbtante, durchaus schick, aber nicht übertrieben.

Von Praktikanten erwartet man »angemessene«, nicht »angeglichene« Kleidung.

Am besten ist es natürlich, die Frage nach dem firmeninternen Dresscode bereits im Vorstellungsgespräch oder durch einen kurzen Anruf in der Personalabteilung zu klären. Trotz gewisser Zugeständnisse an die herrschende Kleiderordnung in einem Unternehmen solltest du dich aber immer wohl fühlen und »authentisch« bleiben. Von Praktikanten erwartet ein Unternehmen in der Regel höchstens »angemessene«, nicht aber »angeglichene« Kleiung. Ausnahmen sind Unternehmensberatungen oder Personaldienstleister.

Checkliste Kurz vor dem Praktikum

- ☐ **Sei selbstbewusst: Du bist schließlich genommen worden.**
- ☐ **Plane Zeitpuffer ein und gehe am Abend zuvor früh ins Bett.**
- ☐ **Orientiere dich am unternehmensinternen Dresscode.**

»Ich habe angerufen, wurde eingestellt und habe angefangen. Und zwar richtig«

Auszeit vom Studium – Vollzeit in der Arbeitswelt. Während der Semesterferien stürzte sich der BWL-Student Thomas Preuß (Jahrgang 1980) in einen Zwölf-Stunden-Tag bei der Unternehmensberatung Arthur D. Little in Zürich.

Um überhaupt einen Praktikumplatz in der Wirtschaftsbranche zu bekommen, muss man formal einiges vorweisen können. Aber auch mit Vordiplom in der Tasche und überdurchschnittlichen Noten gibt es noch keine Garantie. Es folgen Qualifikationsrunden – oder es kommt das Quäntchen Glück, wie ich es hatte: Genau dann nachzufragen, wenn dringend jemand gebraucht wird. An einem Freitag habe ich bei der Züricher Niederlassung von Arthur D. Little angerufen, wurde prompt »eingestellt« und habe am Montag darauf angefangen. Und zwar richtig.

Ab Start war ich in die laufenden Projekte, das Tagesgeschäft und die dort übliche 60-Stunden-Woche integriert! Das war am Anfang ziemlich heftig und hat mich unheimlich viel Selbstdisziplin gekostet. Zwei Wochen hat es gedauert, bis ich mehr oder weniger problemlos den ganzen Tag durcharbeiten konnte, bis die täglichen Abläufe auch für mich zur Routine wurden. Das gewöhnungsbedürftige Schwyzerdütsch hat es nicht einfacher gemacht. In der Zeit wurde die »F1-Taste«, die das Hilfemenü aufruft, mein bester Freund. Denn von Anfang an war klar, dass sehr gute PC-Kenntnisse Pflicht sind – und das geht über das Briefeschreiben in Word und die MS Office-Programme hinaus. Grundsätzlich hat mich mein Ansprechpartner sehr genau in meine Aufgaben eingeführt und mir alles erklärt. In dieser Branche ist man permanent mit Kunden in Kontakt, da muss jeder – auch der Praktikant – gut informiert sein. Also bekam ich vor jedem Kundenmeeting ein internes Briefing. Konkret bedeutete »Meeting« für mich: Präsentationen erarbeiten und teilweise selber vorstellen, Protokoll führen oder mich um die Zwischenberichte des Projekts kümmern, die der Kunde dann erhalten hat. Präsentieren will geübt sein – und das konnte ich auch. Wenn es gerade mal ruhiger war, bekam ich ein umfangreiches Thema gestellt, das ich dann selber recherchierte, beantwortete und dem Team vorstellte. Im Vergleich zu den Kundenaufträgen waren das zwar nur kleine Projekte, für mich waren sie aber tagesausfüllend und aufregend. Durch das Feedback auf meine eigenständigen Projekte bin ich ziemlich schnell mit meinen Arbeiten vorangekommen und ich denke, dass ich einiges an sicherem Auftreten dazugelernt habe – und bei Powerpoint macht mir jetzt nicht mehr so schnell jemand etwas vor! Als Berater steht man ständig unter Druck, deswegen kam ich mir manchmal vor wie in einem Bienenstock. Es gibt straffe Zeitpläne, die erledigt werden müssen, aber trotz Hochspannung war das Arbeitsklima sehr kollegial und gut. Nach zwei Monaten war ich zwar wirklich froh, vom Zwölf-Stunden-Tag erlöst zu werden, aber die Selbstorganisation und Selbstdisziplin, die ich mir dort angeeignet habe, haben mir sehr oft weitergeholfen und das nicht zuletzt in meinem Studium. Ab und zu telefoniere ich sogar noch mit meinem alten Chef.

9. | Das ABC am ersten Tag

Geschafft! Du bist drin in deinem Wunschunternehmen und voller Motivation und Tatendrang. Doch gleich zu Beginn können kleine Hindernisse den Anfangselan ausbremsen. Dann heißt es handeln, immer höflich, aber bestimmt.

9.1. A wie Ansprechpartner

Nicht ohne meinen Betreuer: Eine ständige Ansprechperson muss sein.

Da kann das Unternehmen noch so großartig, der neue Anzug noch so schick, die Motivation noch so hoch sein – wenn sich ein Praktikant wochenlang allein durch seine Aufgabengebiete schlagen und um jede Kollegenhilfe betteln muss, kann der Anfangselan bald in Frust umschlagen. Ideal ist deshalb ein Betreuer, an den du dich jederzeit wenden kannst, der dir am ersten Tag die Kollegen vorstellt und den zukünftigen Arbeitsplatz zeigt. Und zu dem du vielleicht ein gewisses Vertrauensverhältnis aufbaust – ist der Praktikumsbetreuer doch mindestens mitentscheidend bei einem möglichen Schritt nach oben im Unternehmen nach dem Praktikum. Gerade in größeren Unternehmen, wo Neulinge schon mal untergehen können zwischen all den Angestellten, Abteilungen und Arbeitsabläufen, ist eine solche Bezugsperson fast unerlässlich.

Falls sich ein solcher Ansprechpartner nicht herauskristallisiert, solltest du »auf jeden Fall nachfragen, da ein direkter Ansprechpartner für den Erfolg eines Projektes bzw. Praktikums unverzichtbar ist«, so Manuela Ebbes-Barr (Bertelsmann). Am besten ist es, mit dem Betreuer einen festen Termin in der Woche zu vereinbaren, an dem man sich kurz austauscht und Probleme löst. Perfekt organisiert ist das Praktikum, wenn es zusätzlich zu Betreuer und Jour fixe auch noch einen Praktikumsplan gibt, der die Inhalte des Praktikums beschreibt und Ziele vorgibt, so, wie im folgenden Punkt beschrieben.

»Durchbeißen« statt Dauerfragen: Eigenverantwortlichkeit ist gefragt.

Ein Praktikumsbetreuer ist natürlich kein persönlicher Coach, der dich acht Stunden lang geduldig von Aufgabe zu Aufgabe begleitet und dir permanent über die Schulter schaut. Es werden immer wieder Situationen auftreten, in denen man sich alleine »durchbeißen« und eigenverantwortlich handeln muss. Ein Ansprechpartner sollte nur zu Rate gezogen werden, »sobald ein Unsicherheitsfaktor entsteht, der den Arbeitsprozess entweder stoppt oder einschränkt«, sagt Manuela Ebbes-Barr (Bertelsmann). Im Klartext heißt das: Fragen, die den Inhalt der Arbeit oder das Unternehmen an sich betreffen, kann man jederzeit stellen, hier gilt sogar der alte Grundsatz, dass es keine dummen Fragen gibt. Viele andere Dinge lassen sich häufig mit gesundem Menschenverstand oder einem Tipp vom Tischnachbarn lösen. Natürlich kann ein Praktikum auch ohne Betreuer – zu dem Unternehmen nicht verpflichtet sind – gelingen. Besonders in kleinen Betrieben mit intimerer Arbeitsatmosphäre ist ein spezieller Ansprechpartner häufig gar nicht notwendig: Da Praktikanten dort meist viel stärker in das gesamte Team integriert werden, können einem im Grunde alle Kollegen mit Rat und Tat zur Seite stehen. Hilfreich sind meist auch andere Praktikanten – sie haben garantiert alle schon einmal mit einem Papierstau gekämpft und kennen auch die Eigenheiten der Kollegen.

Bei kleineren Problemen ruhig die Praktikanten fragen, die schon länger da sind.

9.2. B wie Bildungsauftrag

Schafft Überblick, hilft bei der Zielsetzung: der Praktikumsplan.

Bei Pflichtpraktika ist er eine Selbstverständlichkeit, und auch bei freiwilligen Praktika kann ein Praktikumsplan sehr hilfreich sein – wenn er nicht nur pro forma erstellt, sondern auch einigermaßen eingehalten wird. Anders als ein Vertrag, der vor allem den zeitlichen Rahmen und die Vergütung des Praktikums festlegt, beschreibt dieser Plan die Lernziele, Tätigkeiten und Abteilungen, die du in der Zeit des Praktikums kennen lernen sollst. Mit diesem Papier in der Hand wird es unwahrscheinlich, dass du wochenlang eine stupide Arbeit erledigen musst. Im Zweifel hilft natürlich nicht das Blatt allein, sondern das Gespräch mit dem Praktikumsbetreuer, bei dem du konsequent die Planungen ansprichst. Ein knappes Beispiel für einen Praktikumsplan aus der Verlagsbranche befindet sich auf der nächsten Seite. Am besten ist es natürlich, im Praktikumsvertrag gleich die Erstellung eines Praktikumsplans festzuschreiben, dann besteht eine gewisse Verbindlichkeit, auf die du verweisen kannst – auch wenn klar sein muss, dass Betriebserfordernisse oder vielleicht auch deine Neigung manchmal ein Umdenken erfor-

Extra

Strukturiere dich selbst

Auch wenn von Arbeitgeberseite kein Praktikumsplan erstellt wird, kannst du das Grundprinzip für dich nutzen. Schreibe dir regelmäßig, am besten jeden Tag, auf, was du während deines Praktikums gemacht hast und was du auf jeden Fall noch machen und lernen willst. Damit kannst du selbst überprüfen, ob das Praktikum nur aus Hilfstätigkeiten besteht oder auch tatsächlich einen Lerneffekt mit sich bringt. Und du setzt dich selbst ein wenig unter Druck, Eigeninitiative zu entwickeln. Natürlich gilt auch hier: immer freundlich bleiben und nicht aus lauter Überschwang Dinge anpacken, die dich nichts angehen. Zur professionellen Selbstorganisation gehört auch, dass du die Arbeitsmaterialien und -ergebnisse sinnvoll ablegst und strukturierst. Auch wenn es nicht gefordert wird, solltest du konsequent mit Ordnern, Trennblättern oder Hängemappen arbeiten.

Zeitraum	Abteilung	Inhalt	Betreuer
01.03. bis 31.04.	Lektorat Belletristik	Einführung in allg. Verlagsvorgänge Anfertigung von Klappentexten und Programmvorschauen Teilnahme an Vertreterkonferenzen	Hr. Hinz
01.05. bis 15.05.	Presseabteilung	Anfertigung von Pressetexten Hilfe bei Vorbereitung einer Autorenlesung	Fr. Kunz
16.05. bis 23.05.	Herstellung	Einführung in Grafikprogramme	Hr. Mayer
24.05. bis 31.05.	Lizenzabteilung	Einführung in das Vertragswesen	Fr. Müller

dern. Grundsätzlich sollte ein Praktikumsplan Folgendes enthalten: deinen Vor- und Nachnamen, den Zeitpunkt deines Praktikums, den Ansprechpartner, die einzelnen Abteilungen, die du durchläufst und die Tätigkeiten, die dort ausüben oder lernen sollst.

9.3. C wie Computer

Ob Einzelzimmer oder Großraumbüro, wichtig ist, dass du vernünftig arbeiten kannst.

Lehrjahre sind keine Herrenjahre, und das zeigt sich während eines Praktikums – neben der Bezahlung – mitunter auch am Arbeitsplatz, den du zugewiesen bekommst. In den schlechtesten Fällen kann von Arbeitsplatz auch gar keine Rede sein – dann nämlich, wenn du einfach an ein Stück freie Tischfläche vor einen flimmernden Monitor gesetzt wirst. Natürlich kannst du dich einem solchen Fall – selbstverständlich höflich – beschweren, versichere dich aber vorher, dass du wirklich deutlich schlechter wegkommst als die angestellten Kollegen. Schließlich gibt es durchaus Betriebe, in denen alle unter sehr beengten oder technisch veralteten Bedingungen arbeiten und man als Praktikant natürlich keine »Extrawünsche« äußern sollte. Nur wenn die rechtlichen Vorgaben, die ein Arbeitsplatz erfüllen muss, eklatant verletzt werden, ist ein Einspruch wirklich gerechtfertigt.

Die Befürchtung, als Praktikant generell schlechte Arbeitsbedingungen eingeräumt zu bekommen, ist allerdings unbegründet. In den meisten Unternehmen sind Praktikanten einkalkuliert und bekommen ohne Probleme einen ordentlichen Arbeitsplatz – genau wie die freien Mitarbeiter oder Teilzeitangestellten. Auch ein Einzelzimmer kann dann durchaus mal herausspringen, aber das ist trotz der vermeintlichen Annehmlichkeiten gar nicht so günstig: Einem erfahrenen Kollegen gegenüber zu sitzen und den einen oder anderen Arbeitsablauf »live« zu beobachten, bringt im Endeffekt viel mehr, als allein im Kämmerchen ungestört telefonieren und unbegrenzt im Internet surfen zu können.

Sehr häufig bekommen Praktikanten auch den Schreibtisch eines Kollegen, der gerade in Urlaub ist. Diese sehr gängige »Parkplatzmethode« hat zwar den Nachteil, dass man im Ein- oder Zweiwochenrhythmus den Platz räumen muss, andererseits lernst du durch dieses Rotationsprinzip deutlich mehr Kollegen kennen.

Wichtig am ersten Tag: Wie melde ich mich am Telefon, wo finde ich Büromaterial?

Informieren solltest du dich gleich am ersten Tag, wie du dich im Arbeitsalltag am Telefon melden sollst und ob die Gespräche protokolliert werden müssen. Erkundige dich außerdem, wie man innerhalb des Hauses verbindet. Die meisten Unternehmen haben ein eigenes Briefpapier, das bei jedem Schriftverkehr zum Einsatz kommt und das du selbstverständlich auch benutzen solltest – allerdings nur nach Absprache und unter Verwendung der entsprechenden Dateivorlagen mit passendem Briefkopf. Und frage selbstständig im Sekretariat nach, falls Papier, Stifte oder Büroklammern fehlen oder du eine E-Mail-Adresse brauchst.

9.4. Was sonst noch wichtig ist!

Wichtig in der ersten Woche: zuhören, zusehen, sich langsam einbringen.

Der erste Tag und auch die erste Woche bringen sicher noch keine Erfolgserlebnisse oder großen Erkenntnisse. Du musst dich einfinden in das Unternehmen und das Team, mit dem du zu tun hast. Lerne, wie das Unternehmen nach außen auftritt, versuche zuzuhören und zuzuschauen, damit du bald weißt, wie die Leute um dich herum ticken – und ticken sollten. Und vergiss nicht, dich selbst langsam, aber sicher einzubringen. Es geht um dezente Selbstdarstellung – im positiven Sinn. Deine Kollegen sollten dich nach ein paar Tagen kennen und im besten Fall schon für unentbehrlich halten. Also nutze das gemeinsame Mittagessen und andere Gelegenheiten, um – unaufdringlich – Kontakte aufzubauen. Auch solltest du Briefings und Projektunterlagen sammeln und in einem eigenen Ordner abheften. Das spart Zeit und macht einen guten – eben organisierten – Eindruck.

Checkliste Das ABC am ersten Tag

- ☐ **Kläre, wer dein Ansprechpartner ist.**
- ☐ **Erstelle gemeinsam mit dem Unternehmen einen Praktikumsplan.**
- ☐ **Organisiere deine Arbeitsmaterialien unaufgefordert.**
- ☐ **Erst zuhören und lernen, dann einbringen.**
- ☐ **Finde heraus, wie das Team im Arbeitsalltag tickt und füge dich ein.**

»Meine Zurückhaltung stand mir im Weg«

Carolin (Jahrgang 1981, Name der Redaktion bekannt) wollte auf Empfehlung ihrer Uni ein Praktikum im Sozialbereich machen und hatte dabei große Namen wie Amnesty International und Terre des Hommes vor Augen. Durch Zufall landete sie beim Münchner Flüchtlingsrat – und hatte dort nicht nur mit sozialen Themen, sondern auch mit sich selbst zu kämpfen. Dennoch und deswegen: eine gute Schule.

In meinem Politikstudium ist es kein Muss, ein Praktikum zu absolvieren – daher unterstützt uns die Münchner Ludwig-Maximilians-Universität bei der Suche nach geeigneten Stellen auch nicht sonderlich. Eigeninitiative ist also gefragt, will man Berufserfahrung sammeln. Ich hoffte daher, bei einem Themenabend über Menschenrechte eine Organisation zu finden, bei der ich soziale Arbeitsbereiche kennen lernen kann. Zuerst war ich enttäuscht: Mitarbeiter größerer Organisationen gaben mir an ihren Ständen keine hilfreichen Auskünfte. Dann entdeckte ich den Münchner Flüchtlingsrat, dort stellte mir die Praktikantin Sabrina die Projekte vor und ermutigte mich gleich per E-Mail eine Bewerbung zu schicken – eine Praktikantin war wohl gerade abgesprungen.

Der Münchner Flüchtlingsrat ist eine sehr kleine Organisation, also lief das weitere Prozedere unbürokratisch ab: Ich wurde bereits nach der E-Mail und einem kurzen Gespräch »eingestellt«. Ich glaube, eine solche Vorgehensweise ist ein Vorteil kleiner Betriebe. Ein weiterer Vorteil: Man ist schnell integriert, wenn man sich keine Steine in den Weg legt. Genau das habe ich aber gemacht. Zum Beispiel hatte ich nach drei Monaten immer noch Hemmungen, Vorgesetzte zu duzen – im Gegensatz zu Sabrina. Während sie beispielsweise sehr offen an die Projekte heranging, stand ich mir mit meiner Zurückhaltung und Reserviertheit im Weg – obwohl mich meine Chefin immer tatkräftig bei der Projektarbeit unterstützt hatte. Eine lockere Art hätte mir die Arbeit immens erleichtert, denn ich musste Kontakt zu Menschen suchen, Interviews führen und Aufklärungsarbeit an unseren Ständen leisten.

Auch wenn mich meine Zurückhaltung immer noch ärgert – ich konnte trotzdem jede Menge lernen. Mir ist jetzt bewusst, wie Deutschlands Bürokratie und Politik funktioniert, wie Flüchtlinge hierzulande behandelt werden. Außerdem konnten wir uns ständig einbringen: Mit Sabrina schrieb ich beispielsweise eine Arbeit über die Situation von minderjährigen Flüchtlingen in München und gestaltete ein Infoposter über die Lage im Irak. Und das war nur ein Bruchteil der Projekte, die wir selbstständig bearbeitet hatten. Das Ende des Praktikums bedeutete nicht das Aus meines Kontakts zum Team: Ich durfte beispielsweise anschließend bei einem Film über den Flüchtlingsrat mithelfen. Und letztens habe ich einer Freundin ein Praktikum dort vermittelt.

Für meinen weiteren beruflichen Werdegang habe ich mir vorgenommen, das nächste Mal offener und mutiger auf Leute zuzugehen. Ob ich das umsetzen kann, ist eine andere Frage. Ich hoffe es jedenfalls!

10. | Richtig oder falsch? Der Knigge im Praktikum

Mit der Zusage für ein Praktikum entsteht ein neues Problem: Die Angst vor eigenem Fehlverhalten, unfreundlichen Kollegen, unqualifizierten Tätigkeiten. Doch keine Sorge: Probleme lassen sich lösen.

Wer unten ist (also Praktikant) kann nicht weit fallen. In der Tat ist es unwahrscheinlich, dass durch einen Praktikanten ganze Projekte aus dem Tritt geraten oder Unternehmen in den Ruin getrieben werden. Das Einzige, was du dir wirklich verbauen kannst, ist das Zeugnis und eine mögliche berufliche Zukunft in dem Unternehmen, in dem du gerade bist. Das kannst du vermeiden:

- durch engagierte Arbeit.
- durch korrektes, höfliches Verhalten gegenüber den Kollegen.
- durch vernünftigen Umgang mit Hierarchien und Entscheidungen.
- durch Zuhören, Zuschauen und Anpassen an Firmenrituale und Gepflogenheiten. Wenn etwa alle reihum Kaffeetassen abspülen, dann hat das der Praktikant selbstverständlich auch zu machen – ungefragt.

Keine Extrabehandlung: Für Praktikanten gilt der gleiche »Verhaltenskodex« wie für alle anderen.

Das sind keine Regeln, die ausschließlich für Praktikanten bestimmt sind, im Gegenteil: Für Praktikanten gilt »der gleiche Verhaltenskodex wie für jeden Mitarbeiter auch«, sagt Manuela Ebbes-Barr (Bertelsmann). Trotzdem wiegen Fehler im zwischenmenschlichen Bereich bei Praktikanten oftmals schwerer: Einen Festangestellten, der nie grüßt und grundsätzlich vor elf Uhr nicht spricht, kann man deswegen nicht entlassen – ein Praktikant, der sich so verhält, wird es in diesem Unternehmen gar nicht erst zum Festangestellten bringen. Es lohnt sich also, einige elementare Regeln im täglichen Miteinander zu beachten.

10.1. Die lieben Kollegen: Alles Duzfreunde?

Früher war die Sache einfacher. Da siezten sich die Menschen in einem Unternehmen grundsätzlich, und es war klar geregelt, wer wem das »Du«

anbieten darf: die Dame dem Herrn, der Ältere dem Jüngeren, der Geschäftsführer dem Abteilungsleiter, der Abteilungsleiter dem Praktikanten, sprich: der Höherrangige dem Nachrangigen. Dann kam die »New Economy« und spülte die guten alten Benimmregeln einfach weg – oder weichte sie zumindest auf. Mittlerweile gelten die klassischen Anredeverhältnisse nur noch in konservativen Branchen – in Banken und Versicherungen beispielsweise –, während in Medienunternehmen oder Werbeagenturen meist ein lockerer Umgang gepflegt wird. Deutschland hat sich dadurch zu einem Land der »unbegrenzten Möglichkeiten« entwickelt: Alle siezen alle, alle duzen alle, alle siezen den Chef, während der alle anderen duzt ... In vielen Unternehmen setzt sich auch allmählich die – aus den USA importierte – Anrede mit dem Vornamen bei gleichzeitigem Siezen durch. Was bedeutet das für dich als Praktikant, wenn du neu in einem Team bist und im Umgang mit den Kollegen weder spießig noch frech wirken willst? »Auf keinen Fall sollte man am ersten Tag reingehen und die Leute duzen – egal, welcher Altersgruppe man begegnet«, rät Anna-Maria Engelsdorfer (Arbeitsagentur München). Ausnahmen gelten, wenn du als Praktikant auf deinesgleichen stößt oder wenn sich bereits während des Vorstellungsgesprächs gezeigt hat, dass sich in dem zukünftigen Team grundsätzlich alle duzen. Es ist aber sicher besser, nach einer ersten »Sie«-Anrede lachend darauf hingewiesen zu werden, dass man ruhig duzen könne. Nach einem lockeren »Du« den konsternierten Hinweis zu bekommen, dass in diesem Unternehmen grundsätzlich gesiezt werde, ist dagegen schon unangenehmer.

Besser erst mal altmodisch: Siezen, bis das »Du« angeboten wird.

10.2. Assistenten und Sekretärinnen

Nicht nur freundlich grüßen, sondern darüber hinaus stets zuvorkommend und charmant behandeln solltest du jene Personen, deren Position oft unterschätzt wird: die Assistenten und Sekretärinnen. Ihnen vertraut so mancher Chef mehr als unmittelbaren Kollegen, deswegen ist das Sekretariat häufig die eigentliche Machtzentrale eines Unternehmens. Hier laufen die Fäden zusammen, hier sind Informationen bekannt, die – wenn überhaupt – erst später nach draußen gelangen: Welche Stelle soll demnächst ausgeschrieben werden? Auf wen ist der Chef derzeit nicht gut zu sprechen? Wessen Stuhl wackelt? Und die Informationen wandern in Sekretariaten nicht nur von oben und nach unten: Da die Bosse in der Regel einen guten Draht zu ihren »Vorzimmerdamen« haben, bekommen sie sehr wohl mit, wenn diese – beiläufig? – einen Kollegen kritisieren, der sich in ihren Augen schlecht benimmt. Also: Es lohnt sich, freundlich zu Sekretärinnen zu sein und gelegentlich einen Plausch mit ihnen zu halten – nicht nur wegen der beruflichen Perspektiven im Unternehmen. Schließlich können dir die Damen meistens noch in ganz anderen Situationen helfen: Wenn du eine Ansprechperson für ein bestimmtes Thema suchst, wenn du frustriert bist, weil dein Praktikum

Die Machtzentrale eines Unternehmens: Ein guter Draht zum Sekretariat lohnt sich.

nicht nach Vorstellung verläuft, oder einfach, wenn dir wieder einmal die Büroklammern ausgegangen sind.

10.3. Wie man in den Wald grüßt …

Vom Abteilungsleiter bis zum Azubi: Jeder muss gegrüßt werden.

Wenn du nicht grüßt, hast du schon verloren: Sympathiepunkte, Ansehen und vielleicht auch die Chance, bei deinem Unternehmen nach dem Praktikum Fuß zu fassen. Denn das Grüßen gehört zu den kleinen, aber elementarsten Dingen im (Arbeits-)Alltag. Grundsätzlich gilt, dass der »Rangniedrigere« den »Ranghöheren« zuerst grüßen sollte, ganz egal, ob man sich duzt oder siezt, egal, ob man »Hallo« oder »Guten Tag« sagt. Wichtig ist allerdings, dass du den Namen der betreffenden Person nur dann aussprichst, wenn du ganz sicher bist, dass sie auch so heißt – sonst könnte es peinlich werden. Für dich als Praktikant, der sich auf der betriebsinternen Rangordnung nun mal unten bewegt, gibt es in einem Unternehmen eigentlich niemanden, den du nicht zuerst grüßen solltest – selbstverständlich inklusive Pförtner, Hausmeister und Sekretärin.

10.4. Die Hand zum Gruße

Vortritt für den Vorgesetzten: Nur der Höherrangige darf die Hand zum Gruße reichen.

Wenn du deinem zukünftigen Chef strahlend und mit ausgestrecktem Arm entgegengehst, mag das zwar offen und freundlich wirken, ist aber nach klassischen Benimmregeln falsch. Genauso wie dir der Vorgesetzte zuerst das »Du« anbietet, reicht er dir auch zuerst die Hand. Das ist vielleicht paradox angesichts der Regel, dass der Praktikant verbal zuerst grüßen soll, gilt aber gerade in konservativen Branchen weiterhin. Korrektes Verhalten bei Vorstellungen oder Begrüßungen beinhaltet übrigens auch, dass du aufstehst, wenn eine höherrangige Person den Raum betritt. Ob, wann und auch wie lange (am ersten Tag etwa) diese formalen Regeln gelten, muss dir aber letztendlich dein Gespür und Menschenverstand sagen.

10.5. Ask or Error

Nur keine Scheu: Kluge Fragen sind immer erlaubt.

Kollegen und Vorgesetzte sind auch nur Menschen. Sie haben gute und schlechte Tage, manchmal viel Zeit, um sich um einen Praktikanten zu kümmern, manchmal gar keine. Du dagegen hast womöglich laufend Fragen, brauchst ständig Feedback und Rückversicherung – und bist dann enttäuscht über die eine oder andere schroffe oder entmutigende Reaktion eines Kollegen. Ist so etwas zu vermeiden? »Es ist eine Gratwanderung«, sagt Harro Honolka (LMU München). »Die Leute sind alle ziemlich im Stress, die Arbeitsverpflichtung ist riesig. Wenn einer da ist, der dauernd fragt, wird man das als Störung empfinden.« Anna-Maria Engelsdorfer (Arbeitsagentur München) rät dagegen, keine falsche Scheu zu haben: »Der Praktikant ist ja da, weil er etwas lernen will. Und das darf ruhig deutlich gemacht werden und zwar von Anfang an.« Der goldene Mittelweg ist auch hier die vernünftigste Lösung: Kollegen bei Problemen um Hilfe bitten? Ja, aber nur – wie bereits erwähnt – bei Problemen, die den »Arbeitsprozess entweder stoppen oder einschränken« (siehe Kapitel 9.2). Auf den Umstand hinweisen, dass du hier bist, um etwas zu lernen und dich im Moment etwas alleingelassen fühlst? Natürlich, aber bleibe dabei immer höflich und berücksichtige den Umstand, dass sich dein Gegenüber möglicherweise gerade kurz vor einem Termin befindet und dementsprechend unter Druck steht. Und mache dir bewusst, dass eine etwas knappere Antwort meist keine Abwertung deiner Person oder Arbeit bedeutet.

10.6. Scherben und Tränen

Gerade beim Praktikum sind Fehler nicht so schlimm, sie tragen vor allem zum Lernprozess bei. Aber das macht Fehler nicht zu Lapalien und zersprungene Teller nicht wieder ganz. Darum solltest du von Beginn deines Praktikums an aufpassen, wenn du etwa zeitkritische Prozesse bearbeitest: Wenn die Powerpoint-Präsentation »aus Versehen« gelöscht ist, obwohl sie morgen beim Kunden sein muss, ist das mehr als unangenehm – eine Nachtschicht solltest du dann nicht ablehnen. Also Vorsicht bei allen digitalen Daten: Sie sind schnell verschwunden. Wenn also wirklich einmal etwas gelöscht oder runtergefallen ist – melde das sofort dem Verantwortlichen. Vielleicht ist ja noch etwas zu retten, etwa durch ein Computer-Backup – oder

Irren ist menschlich: Fehler am Anfang sind kein Beinbruch.

Extra

Der rechtliche Rahmen: Haftung bei Fehlern

Solange man im Rahmen der Vernunft und der allgemeinen Lebensweisheit arbeitet, kann einen niemand erfolgreich belangen bei Fehlern, die während eines Praktikums entstanden sind. Es macht Sinn, diesen Punkt auch in den Praktikumsvertrag mit aufzunehmen: »Die Haftung des Praktikanten beschränkt sich auf Vorsatz und grobe Fahrlässigkeit.« Wenn du vorsätzlich Menschen oder Dinge schädigst oder grob fahrlässig handelst (etwa wenn du bewusst mehrmals auf »Löschen« klickst, um eigenmächtig die Festplatte aufzuräumen), kann der Arbeitgeber allerdings Schadenersatz verlangen, und auch eine private Haftpflichtversicherung wird dir dann nicht beistehen. Die solltest du auf jeden Fall abgeschlossen haben, um auch bei »Fehlern trotz Vernunft« wirklich auf der sicheren Seite zu sein. Nach außen hin bist du im Übrigen nie verantwortlich. Jegliche Forderungen von Kunden oder Kooperationspartnern sind direkt an das Unternehmen gerichtet und nicht an dich als individuellen »Erfüllungsgehilfen«.

mit Sekundenkleber. Und warte nicht darauf, dass der Fehler im Dickicht des Betriebsalltags untergeht: Jeder macht einmal etwas falsch – aus Unkenntnis oder aus Versehen.

10.7. Kritik: Aufmucken oder Akzeptieren?

Bei Kritik nicht gleich frustriert sein - oft ist sie hilfreich.

Den perfekten Praktikanten gibt es nicht. Und gäbe es ihn, dann müsste er eigentlich kein Praktikum mehr machen – weil er schon alles kann und weiß. Natürlich wirkt Kritik immer erst einmal wie eine Kränkung, wie eine Abwertung der eigenen Leistung oder Person. Trotzdem solltest du Kritik als Versuch sehen, deine Leistung zu verbessern. Keiner kann ausschließlich durch Lob und Schmeicheleien etwas lernen, also besteht kein Grund, auf Kritik allergisch oder ablehnend zu reagieren – das kommt gar nicht gut an. Natürlich sollte die Kritik, die du bekommst, fair und begründet sein. Wirst du permanent ungerecht kritisiert oder haben dich bestimmte Kollegen regelrecht auf dem Kieker, solltest du das mit deinem Praktikumsbetreuer besprechen. Wirkt das nicht auf Anhieb, nimm das Wort »Mobbing« in den Mund – ein seriöses Unternehmen reagiert spätestens dann auf deine Beschwerden.

10.8. Das richtige Selbstbewusstsein

Der richtige Umgang mit Kollegen: weder devot noch dauerkritisch.

Den offensichtlich misslungenen Entwurf des Chefdesigners loben? Dem schlecht gelaunten Abteilungsleiter seine Tassen hinterher tragen? Besser nicht. Devotes Verhalten kann sich als »Schleimerei« in den Köpfen der festangestellten Kollegen festsetzen. Du solltest als Praktikant deine ehrliche Meinung vertreten – bei Teamsitzungen beispielsweise, in denen sich alle zu einem Projekt äußern (siehe Kapitel 10.9), oder wenn Kollegen dich ausdrücklich um ein Urteil in einer Angelegenheit bitten. Falsche Freundlichkeit ist da von deiner Seite aus unangebracht, auch weil gerade deine unverbrauchte Urteilsfähigkeit geschätzt wird. Aber Vorsicht: Kritik ist nicht gleich Kritik. Ein laxes »Nö, find ich nicht gut« bringt keinen weiter. Versuche konstruktiv und auf die Sache bezogen Kritik zu üben, deine Einwände zu begründen und Verbesserungsvorschläge zu machen. Denn ein schlechtes Wort wiegt auch im Unternehmen viel schwerer als zehn gute. Sparsam umgehen solltest du allerdings mit Einwänden, um die dich keiner gebeten hat. Unaufgefordert zu kritisieren, an Kollegen und Projekten herumzunörgeln und den Anschein zu erwecken, du wüsstest als Einziger, wie der Hase läuft, ist schlecht – weil Besserwisser nirgends gerne gesehen werden. Weder in Besprechungen noch beim gemeinsamen Mittagessen.

10.9. Rein in die Meetings

Nirgends gewinnst du als Praktikant besseren Einblick in interne Unternehmensabläufe als in Besprechungen. Deswegen: Nichts wie rein in die Meetings, wenn sich die Chance dazu bietet – selbst, wenn du nur als Beisitzer, sprich stummer Zuhörer, teilnehmen darfst. Falls du dich aktiv beteiligen sollst – um so besser: Ein Meeting ist eine ideale Bühne, um fachliche Kompetenz, unbeschwerte Kreativität, Analysefähigkeit und vielleicht Diplomatie zu beweisen. Zu keinem anderen Zeitpunkt werden dir so viele auf einmal zuhören, wenn du kritisierst oder Vorschläge machst. Überlege dir aber gut, was du sagst, schließlich wird selbst bei kleineren Sitzungen meistens ein Protokoll geführt, in dem jede kluge und weniger kluge Äußerung schriftlich festgelegt wird. Falls du dich nützlich machen willst, kannst du natürlich anbieten, das – meist ungeliebte – Protokoll zu führen. Und natürlich solltest du der Erste sein, der die Hand hebt, wenn danach gefragt wird.

Beste Möglichkeit, sich zu beweisen: die Teilnahme an Sitzungen.

10.10. Mahlzeit! Aber wie lange?

Auch wer volljährig ist, darf nicht bis zum Umfallen arbeiten. § 4 des Arbeitszeitgesetzes schreibt bei einer Arbeitszeit von acht Stunden eine Ruhepause von mindestens 30 Minuten am Tag vor (bei einer Arbeitszeit von neun Stunden mindestens 45 Minuten). Länger als sechs Stunden am Stück darf dabei nicht gearbeitet werden. Meistens wird diese Ruhepause in Form einer Mittagspause in Anspruch genommen, und natürlich kann diese auch länger als 30 Minuten dauern – solange sich die vertraglich oder mündlich vereinbarte tägliche Arbeitszeit deswegen nicht verkürzt. In einigen – gerade größeren – Betrieben kommt auch bei der Mittagspause die Stechuhr zum Einsatz. Wenn das nicht der Fall ist und auch aus dem Praktikumsvertrag nicht explizit hervorgeht, wie lange die Mittagspause dauert, solltest du

Pause muss sein – aber in geregelten Maßen.

Extra

Protokollschreiben: Mache dich nützlich

In der Regel wird zwischen zwei Arten von Protokollen unterschieden: dem ergebnisorientierten, in dem in erster Linie die (Diskussions-)Ergebnisse festgehalten werden, und dem ausführlichen Verlaufsprotokoll, das darüber hinaus die Diskussionsentwicklung, Streitpunkte und einzelne Wortmeldungen enthalten sollte. Versichere dich vorher, welche Art von Protokoll du anfertigen musst. Am besten lässt du dir ein Protokoll einer vergangenen Sitzung geben und dazu die entsprechende Dateivorlage. Meist wird ein Protokoll zum Abnicken jeweils nochmals an die Teilnehmer verschickt, bevor es offiziell wird – das allerdings unterscheidet sich je nach Unternehmen und Wichtigkeit des Meetings. Aber egal, wie die Details geregelt sind: Das Entscheidende beim Protokollieren sind Aufgaben, die zugeteilt werden (wer, mit wem, was, bis wann?) und Entscheidungen, die getroffen werden.

Ob in der Kantine oder auf dem Flur: Informationen kursieren überall.

deinen Betreuer oder deine Kollegen fragen, wann und wie lange sie in der Regel »zu Tisch« sind. Aber egal, ob Stechuhr oder nicht, du solltest die Mittagspause nützen, um mit Kollegen ins Gespräch zu kommen und Kontakte zu knüpfen – denn interessante Themen werden nicht nur in Konferenzen, sondern oft auch beim Essen angesprochen. Oder danach: Nicht unterschätzen solltest du die Informationen, die beispielsweise beim Rückweg von der Kantine in die Büroräume oder beim beiläufigen Gespräch auf dem Flur ausgetauscht werden. Für dich als Praktikanten sind alle Informationen neue Informationen, und auch beim scheinbaren Smalltalk zwischen Tür und Angel können sich interessante Details auftun. Also: Augen und Ohren auf – und zwar nicht nur beim Einzelgespräch mit dem Chef in seinem Büro.

10.11. Interna: Wer redet, fliegt!

Schweigen ist Gold: Beim Plaudern über Betriebsgeheimnisse droht die Kündigung.

Mitarbeiterrundschreiben, geheime Abläufe, Konkurrenzanalysen und Projektpläne müssen bleiben, wo sie sind: im Unternehmen. Es gilt generell, die Interessen des Betriebes zu wahren und über wesentliche und nicht allgemein bekannte Betriebsvorgänge Stillschweigen zu bewahren. Betriebsgeheimnisse sind Dinge wie Patente oder Rezepte, Entscheidungsprozesse, Entscheidungskriterien, Produktionsmechanismen und Preise, Kunden- und Lohnlisten – eben Dinge, die einem Unternehmen möglicherweise den entscheidenden Vorsprung vor der Konkurrenz verschaffen können. Und die dürfen das Betriebsgelände nicht verlassen – weder per E-Mail noch auf dem Papier. Und auch beim Ausplaudern von Interna droht dir eine fristlose Kündigung und eventuell eine zivilrechtliche Schadenersatzklage. Dabei ist es ganz egal, ob eine solche Vereinbarung im Vertrag festgelegt wurde oder es lediglich mündliche Absprachen gibt.

Extra

Geschäftsgeheimnisse – Das sagt das Gesetz

Auch wenn du nur in den seltensten Fällen als Arbeitnehmer giltst, ist ein Urteil des Berliner Landesarbeitsgerichts aus dem Jahr 2004 relevant: Demnach kann fristlos gekündigt und auf Schadenersatz verklagt werden, wer als Arbeitnehmer Geschäftsgeheimnisse verrät (Aktenzeichen: 16 Sa 545/03). Der vorsätzliche Verrat von Firmeninterna an ein Konkurrenzunternehmen stelle einen wichtigen Kündigungsgrund im Sinne von § 626 BGB (Fristlose Kündigung) dar. Einer Abmahnung bedürfe es in diesem Falle nicht, auch kann die Geschwätzigkeit eine zivilrechtliche Schadenersatzklage nach sich ziehen. Ein Arbeitsverhältnis könne nicht nur auf den Austausch geldwerter Leistungen reduziert werden, sondern schließe eine Fülle von Nebenverpflichtungen ein, urteilten die Richter. Der Arbeitgeber habe beispielsweise eine Fürsorgepflicht, der Arbeitnehmer eine Treue- und Loyalitätspflicht. Und auch, wenn ein Praktikant zwar nicht immer als Arbeitnehmer gilt, behalten derlei Rechte und Pflichten analog ihre Gültigkeit.

10.12. Schweigen ist Gold, Lästern tabu!

Auch wenn's Spaß macht: Lästern ist kein Kavaliersdelik und kann böse enden.

Was ist schon dabei, mit Kollegin A ein bisschen über den Bierbauch des Chefs zu witzeln und mit Kollege B über die unbeholfenen Anbandelungsversuche des Abteilungsleiters bei der Sekretärin. Lästern ist eine sehr menschliche Angewohnheit – aber im Berufsleben auch eine mit möglicherweise fatalen Folgen. Wenn dein Chef davon erfährt, wirst du nie über den Praktikantenstatus hinauskommen, egal, wie herausragend du in fachlicher Hinsicht sein magst. Und sei sicher: Lästereien kommen ans Tageslicht. Wieso sollten die Kollegen Diskretion walten lassen, wenn du es selbst nicht tust? Lästern ist die eine Sache. Als Praktikant seine Nase in sehr private Dinge hineinzustecken eine andere. Es gibt Themen, die man unter Freunden anspricht, nicht aber unter (noch völlig fremden) Kollegen:

- Das Privatleben.
- Das liebe Geld. Niemanden geht es etwas an, was der andere verdient.

Übrigens: Das Lästern bei der Zigarette ist manchmal schwer beweisbar – im Gegensatz zur vermeintlich privaten E-Mail. Wie leicht geht eine eigentlich kleine Nachricht in das Intranet des Unternehmens, wird bösartig weitergeleitet oder aus Versehen per »CC« an vorher unbeteiligte Kollegen geschickt.

10.13. Paff-Pause zwischendurch

Geraucht wird anderswo: Zigaretten im Büro sind mittlerweile tabu.

Über zwei Dinge musst du dir als Praktikant (und als Arbeitnehmer generell) nicht mehr den Kopf zerbrechen: Als Raucher über die Frage, wann du dich wieder mit Gleichgesinnten genüsslich auf eine Zigarette im Flur treffen kannst. Als (empfindlicher) Nichtraucher darüber, wie du dem Dauerqualmer am Schreibtisch gegenüber klar machen kannst, dass er den Glimmstängel ausmachen soll. Denn seit Oktober 2002 sind Arbeitgeber gesetzlich dazu verpflichtet, Nichtraucher im Unternehmen vor den Gefahren des Passivrauchens zu schützen (§3a Arbeitsstättenverordnung). Vielerorts treffen sich Nikotinabhängige seitdem in abgetrennten Raucherzonen und freuen sich, dass sie für die Pause zwischendurch zumindest nicht ins Freie müssen – eine Regelung, die in Amerika üblich und in Deutschland auf dem Vormarsch ist. Als Praktikant solltest du äußerst penibel auf diese Vorschriften achten und auf gar keinen Fall in den Unternehmensräumen rauchen. Auch bei Geschäftsessen oder in einem Einzelbüro solltest du immer vorher erst fragen, ob dein Rauchen stört.

10.14. Privat surfen und telefonieren

»Natürlich darf ein Praktikant auch mal ein privates Telefonat führen oder E-Mails schreiben«, sagt Jannis Tsalikis (Scholz & Friends). »Solange das in einem vernünftigen Maß geschieht, wird keiner losschreien.« Beachte die offiziellen oder ungeschriebenen Vorgaben im jeweiligen Unternehmen. Ist das private Surfen erlaubt, darf der Arbeitgeber nur in dienstliche E-Mails schauen (also alle Mails, die in dem Postfach sind, die dir das Unternehmen gestellt hat). Ist es komplett untersagt, geht das Recht des Arbeitgebers auf Kontrolle aber sehr viel weiter: Er kann dann durchaus kontrollieren, auf welchen Internetseiten du warst und ob du privat gemailt hast. Das ist peinlich und kann zur Kündigung führen. Die einfachste Lösung: Das Verbot beachten und das Vertrauen des Arbeitgebers nicht missbrauchen.

Tabu: das Herunterladen von riesigen Dateien.

Eine offizielle Erlaubnis ist im Gegenzug natürlich kein Freibrief für stundenlanges privates Surfen. Auch Praktikanten verpflichten sich (ob durch Vertrag oder mündliche Absprache) zu einer Arbeitsleistung, die sie dann auch erbringen müssen. Demzufolge sollte sich deine private Internetnutzung auf Pausenzeiten beschränken. Tabu sind natürlich auch dann Dateidownloads oder Programminstallationen, die das Netzwerk lähmen können oder Viren auf die Rechner bringen. Beim privaten Telefonieren kannst du alles mit gesundem Menschenverstand regeln: Freunde vom Firmentelefon aus anzurufen, wenn gerade einmal nichts zu tun ist und der Kollege das gemeinsame Büro verlassen hat, mag reizvoll sein, wird aber nicht gern gesehen. Solche Gespräche solltest du von deinem Handy aus führen und auch das nur in Pausenzeiten. Ansonsten ist es am besten, das Mobiltelefon auszuschalten – als Praktikant muss man in der Regel nicht für wichtige Geschäftspartner aus anderen Firmen »permanent erreichbar« sein.

10.15. Urlaub und Krankheit

Urlaub während des Praktikums solltest du unbedingt vorher abklären.

Einen vollen Urlaubsanspruch (mindestens 24 Werktage im Jahr bei der 6-Tage-Woche) hat ein Arbeitnehmer erst ab einem sechs Monate dauernden Arbeitsverhältnis (§ 4 Bundesurlaubsgesetz). Vorher besteht Anspruch auf ein Zwölftel des Jahresurlaubs (Teilurlaub) für jeden vollen Monat, in dem das Arbeitsverhältnis besteht. Scheidet ein Arbeitnehmer nach drei Monaten aus dem Arbeitsverhältnis aus, ohne vorher diesen Teilurlaub (insgesamt sechs Tage) in Anspruch genommen zu haben, hat er Anrecht auf Urlaubsabgeltung. Er kann dann entweder sechs Tage vor Ablauf der drei Monate das Unternehmen verlassen oder sich danach die sechs Tage Urlaub auszahlen lassen. Und wie ist das bei Praktikanten? »Ein Praktikant hat immer arbeitnehmerähnliche Ansprüche, wenn sein Praktikantenverhältnis einem Arbeitsverhältnis entspricht«, sagt Christina Hüge-Hornauer

(Arbeitsagentur München). Allerdings steht bei einem Praktikum der Erwerb beruflicher Kenntnisse, Fertigkeiten und Erfahrungen im Vordergrund, bei einem Arbeitsverhältnis dagegen das Erbringen einer Arbeitsleistung gegen Entgelt. Ergo hat ein Praktikant keinen Anspruch auf Urlaub, wenn er ein Praktikum absolviert, das per Studienordnung vorgeschrieben ist. Ist dein Praktikum jedoch rechtlich gesehen ein Minijob (siehe Kapitel 7), Teil einer Berufsausbildung oder einer Berufsausbildung ähnlich, dann hast du den üblichen Urlaubsanspruch mindestens im Sinne des Bundesurlaubsgesetzes oder gemäß der geltenden tarifrechtlichen oder betriebsinternen Regelung.

So verworren das klingt – in der Realität funktioniert alles meistens unkomplizierter. Auch dann, wenn dir als Praktikant nach Recht oder Vertrag kein Urlaub zusteht, sind die meisten Arbeitgeber doch kulant genug, dir für einen wichtigen Termin frei zu geben. In manchen Unternehmen gilt für Praktikanten sogar ganz automatisch das Anrecht auf Teilurlaub – auch, wenn es gesetzlich nicht vorgeschrieben ist. Am besten ist es, mögliche Urlaubstage in einem Praktikumsvertrag von vornherein festzulegen. Im Krankheitsfall sollte ein Praktikant die gleichen Regeln befolgen wie Festangestellte: Das Fernbleiben durch Krankheit am ersten Tag melden und ab dem dritten Fehltag ein ärztliches Attest vorweisen. Verpflichtend ist dies für Praktikanten, die als Minijobber gelten (§ 5 Entgeltfortzahlungsgesetz). Regelungen im Praktikumsvertrag sind jedoch auch gültig.

Krank? Anrufen und zum Arzt gehen. Unentschuldigtes Fehlen ist tabu.

Ein ausführliches Beispiel eines Praktikumsvertrages findest du unter: www.praktikumsknigge.de

Checkliste Der Knigge im Praktikum

- ☐ Sieze deine Kollegen, bis sie dir das »Du« anbieten.
- ☐ Grüße jeden freundlich, vom Azubi bis zum Abteilungsleiter.
- ☐ Stelle dich deinen Kollegen ordentlich mit Vor- und Nachnamen vor.
- ☐ Der Vorgesetzte gibt dir bei der Begrüßung zuerst die Hand.
- ☐ Rede Tacheles, wenn nach deiner ehrlichen Meinung gefragt wird.
- ☐ Versuche aus konstruktiver Kritik zu lernen.
- ☐ Plaudere keine Unternehmensinterna aus.
- ☐ Nutze die Mittagspause, um deine Kollegen kennen zu lernen.
- ☐ Beteilige dich nicht an Lästerrunden unter Kollegen.
- ☐ Gehe zum Rauchen in dafür vorgesehene »Raucherzonen« oder ins Freie.
- ☐ Beachte die internen Vorgaben zum Telefonieren, E-Mailen und Surfen.
- ☐ Kündige frühzeitig an, wenn du einen Tag frei haben willst.

11. | Probleme und ihre Lösungen

Zu wenig, zu viel – oder die falsche Arbeit: Im Praktikum gibt es einige Situationen, in denen du augenblicklich reagieren musst, damit am Ende nicht der Frust überwiegt.

11.1. Rotieren statt Routine

Das Telefon klingelt ununterbrochen, auf dem Schreibtisch stapeln sich Unterlagen und harren der Bearbeitung, der Kollege hat schon dreimal angefragt, wann die Informationen über die letzte Konferenz auf seinen Schreibtisch kommen. Auch Praktikanten können in die Arbeitsmühle geraten und sich dann schnell überfordert fühlen. Das kann natürlich den positiven Nebeneffekt haben, dass man lernt, Aufgaben richtig einzuschätzen und zu priorisieren.

Flucht nach vorn: Bei Überforderung sofort den Betreuer einweihen.

In erster Linie ist Überforderung aber unangenehm und kann nur durch die Flucht nach vorn gelöst werden: Sei ehrlich zu dir selbst und deinem Betreuer und versuche gemeinsam mit ihm herauszufinden, wie es dazu gekommen ist. Liegt es daran, dass du nicht nein sagen kannst, wenn dir sämtliche Kollegen etwas aufbrummen, auch wenn du dann in eine zeitliche Bredouille gerätst? Oder daran, dass du den Aufgaben fachlich gar nicht gewachsen bist? Wie auch immer: Im Falle einer Überforderung hilft nur eine komplette Richtungsänderung: Lehne neue Aufgaben ab, wenn du sie dir nicht zutraust oder noch nicht absehen kannst, wie lange du noch für die gerade bearbeiteten brauchst. Und überlege gemeinsam mit dem Praktikumsbetreuer, wie du das nötige Know-how bekommst.

11.2. Bleiben bis zum Umfallen

Ein Praktikant hat eine Sonderstellung. Er ist in erster Linie dazu da, um etwas zu lernen – nicht, um eine volle Arbeitskraft zu ersetzen. Ein Praktikant sollte eingearbeitet und betreut werden, er trägt weniger Verantwortung als ein Festangestellter und bezieht kein vollwertiges Gehalt. Die Frage, ob er deswegen auch in Bezug auf die Arbeitszeit eine Sonderstellung hat, ist also durchaus berechtigt. Täglich sieben bis acht Stunden zu arbeiten erscheint vielen Praktikanten gerade dann als überflüssig, wenn sie bereits ab Mittag nichts Richtiges mehr zu tun haben und bis zum Feierabend die Zeit »absitzen« müssen. Ist es in so einem Fall legitim zu fragen, ob du nach Hause gehen kannst? Und umgekehrt: Wie solltest du dich verhalten, wenn um kurz vor sechs immer noch viel Arbeit ansteht, die sehr dringend erledigt werden müsste? Ist es sinnvoll, wenn du dich dann trotzdem verabschiedest, während die Kollegen noch rotieren und sich auf eine Nachtschicht einstellen? Gerade, wenn du Absolvent bist, und dir Hoffnungen auf eine Festanstellung nach dem Praktikum machst?

Das alles sind Fragen, »die jeder Praktikant im Einzelfall, je nach Branche und Gegebenheiten, für sich entscheiden muss«, sagt Christina Hüge-Hornauer (Arbeitsagentur München). Und in der Tat: Überstunden sind nicht gleich Überstunden. Sie können sinnvoll sein, wenn du aus ihnen einen Nutzen für später ziehen kannst. Und sie können als »Ausbeutung« bezeichnet werden, wenn du währenddessen nur lästige Kleinarbeiten erledigst. Die folgenden Punkte sollen helfen, einen Mittelweg zu finden zwischen dem starren Pochen auf deine Rechte und der totalen Aufopferung.

Täglich acht Stunden oder mehr? Die Entscheidung über dein Engagement liegt bei dir.

Die gesetzlichen Vorgaben

§

Rechtlich ist die Sache eindeutig: Die werktägliche Arbeitszeit eines Arbeitnehmers (also auch die eines Praktikanten – für Pflichtpraktikanten gilt die Regelung analog) darf – im Halbjahresschnitt – acht Stunden nicht überschreiten (§ 3 Arbeitszeitgesetz), die Höchstarbeitszeit beträgt zehn Stunden. An Sonn- und Feiertagen darf nicht gearbeitet werden. Allerdings gibt es Ausnahmetatbestände, etwa für den Pflegebereich, Gaststätten, Sport- und Veranstaltungsorganisationen oder Medienbetriebe (§ 10 Arbeitszeitgesetz). In allen anderen Fällen ist die Arbeit an Sonntagen und Feiertagen nur erlaubt, wenn »betriebliche Notfälle« eintreten – Fehlplanung in der Geschäftsleitung ist allerdings kein solcher Tatbestand.

Die Vorgaben des Unternehmens

Deine genaue Arbeitszeit in einem Unternehmen richtet sich nach der dort üblichen betrieblichen Arbeitszeit, wobei das oben genannte Arbeitszeitgesetz nicht verletzt werden darf. Die übliche betriebliche Arbeitszeit legt beispielsweise fest, wie viele Stunden als Vollzeitkraft abzuleisten sind (in der Regel zwischen 35 und 40 Stunden), und ist immer im Arbeits- oder Tarifvertrag festgelegt. In vielen Betrieben legen Gleitzeitregelungen den Zeitrahmen fest, innerhalb dessen die Arbeitszeit flexibel gestaltet werden kann, während die Kernarbeitszeit festlegt, wann jeder Mitarbeiter anwesend sein muss. Gelegentlich kommt hier auch die berühmte Stechuhr zum Einsatz, mit der die Einhaltung der Zeiten kontrolliert wird. Viele Unternehmen können (und wollen) sich allerdings technische Arbeitszeitkontrollen

Mit Stechuhr oder nicht: Die betriebliche Arbeitszeit musst du einhalten.

nicht leisten und verlassen sich deswegen auf inoffizielle Richtlinien: Ist der Chef jeden Tag um acht Uhr an seinem Schreibtisch, sollten Angestellte – und Praktikanten erst recht – auch frühzeitig kommen.

In der Realität

In kreativen Branchen an der Tagesordnung: Nachtschichten und Überstunden.

Aus rechtlicher Sicht kann ein Praktikant also nach acht oder – in Ausnahmefällen – spätestens zehn Stunden Arbeit den Stift fallen lassen und nach Hause gehen, ohne dass sich dies irgendwie negativ auswirken sollte. Nur: Welche Rolle spielt der gesetzliche Hintergrund in Zeiten eines schlechten Arbeits- und Ausbildungsmarktes? Wenn sich um begehrte Praktikumsstellen sehr viele Studenten, vielleicht sogar hoch qualifizierte und engagierte Absolventen bewerben? Und die Arbeitsmarktsituation ist ja nur das Eine. In vielen Branchen – gerade in den so genannten kreativen – bestimmten oft nicht Stechuhren, sondern Abgabetermine (»Deadlines«) die Arbeitszeit. Ist es da sinnvoll, auf seinen rechtlich verbrieften Feierabend zu pochen? Was nützt es, nach acht Stunden die Beine hochzulegen und dabei möglicherweise den Abschluss eines hochinteressanten Projekts zu verpassen?

§

Für die Juristin Christina Hüge-Hornauer (Arbeitsagentur München) ist die Sache zweischneidig. Natürlich bedeute es streng genommen, dass »Verstöße gegen Gesetze vorliegen«, wenn Praktikanten deutlich mehr als diese acht Stunden am Tag arbeiten. Auf der anderen Seite zweifelt sie an dem Sinn, auf einer gesetzlichen Grundlage zu beharren. »Selbst, wenn es einklagbare Rechte gibt, muss abgewogen werden, was eine rechtliche Durchsetzung im Einzelfall bringen würde. Denn was nützt ein Einfordern der rechtlichen Ansprüche, wenn man in der Branche dann kein Praktikum mehr bekommt?« Statt rechtliche Schritte einzuleiten, empfiehlt sie Praktikanten, selbst zu entscheiden, wie weit ihr Engagement im Hinblick auf Überstunden gehen soll. »Der Praktikant sollte je nach persönlicher Situation entscheiden, ob er mit den Bedingungen des Praktikums leben kann.«

Mehrarbeit muss sich immer lohnen: Achte auf sinnvolle Tätigkeiten.

Wer Überstunden schiebt, sollte in jeden Fall darauf achten, dass die eigentlichen Ziele eines Praktikums nie völlig außer Acht gelassen werden:

- Auch in den Überstunden solltest du etwas lernen. Wer gemeinsam im Team einer Werbeagentur bis spät in die Nacht letzte Entwürfe für die Bewerbung um einen Großauftrag anfertigt, sollte Spätschichten einlegen. Hier kann man erleben, was Zeitdruck, Prioritätensetzung und Arbeitsabläufe wirklich sind. Bis zur Geisterstunde Briefe einzutüten, ist dagegen völlig indiskutabel.
- Überstunden dürfen nicht zur Regel werden. Gelegentlich und bei interessanten Projekten mal länger zu bleiben, ist kein Problem – alles andere im Zweifel Ausbeutung.

11.3. Löcher in die Wand starren

Alle rotieren, einer rastet: Als Praktikant ohne Aufgabe musst du handeln.

Jeder Praktikant kennt diese Situation: Während sich die Kollegen in hektischer Betriebsamkeit ergehen, sitzt man verloren und beschäftigungslos am Schreibtisch. Das ist unangenehm, kann aber während eines Praktikums immer wieder vorkommen. Gefragt ist dann vor allem Eigeninitiative: »Praktikanten sollten auf eigene Faust versuchen, unbearbeitete Themen zu finden und dann anbieten, so ein Thema zu bearbeiten«, sagt Tobias Nickel, (BMW). »Wer eine gewisse Sensibilität für Themen hat, findet überall unbeackerten Boden.«

Als Erstes solltest du den Praktikumsbetreuer fragen, ob du ihn unterstützen kannst. In Absprache mit ihm kannst du auch Abteilungskollegen deine Hilfe anbieten. Sag ihnen, dass du im Moment keine Aufgabe hast und frage, ob du dich nützlich machen kannst. Damit schlägst zwei Fliegen mit einer Klappe: Du zeigst Engagement und lernst andere Kollegen kennen, die oft sogar dankbar sind, wenn sie ein Praktikant entlastet, der gar nicht »ihrer« ist.

Unterbeschäftigung ist kein Grund für Müßiggang: Auch in Leerlaufzeiten kannst du einiges erledigen.

Wenn sich auch nach einem engagierten Streifzug durch die Büros keine Aufgabe findet, ist das noch lange kein Grund, den Rest des Tages mit privaten E-Mail-Korrespondenzen und Telefonaten zu verbringen. Gerade in der Anfangsphase gibt es für einen Praktikanten zahlreiche Möglichkeiten, sich über »Durststrecken« hinwegzuretten:

- Vielleicht verwendet das Unternehmen branchenspezifische Computerprogramme. Dann kann ein Klicken durch den Einführungsmodus nicht schaden.
- Durch eine gezielte Internetrecherche und dem Stöbern in ausliegenden Magazinen kannst du die Branche besser kennen lernen.
- Eine Abteilung ist die eine Sache, ein ganzes Unternehmen eine andere. Organigramme, Mitarbeiterlisten, Kataloge und das Intranet bieten einen Überblick über den Gesamtbetrieb.
- Leerlaufphasen dauern nicht ewig, also nutze die ruhige Zeit: Sammle Projektvorschläge und führe deinen Praktikumsplan (siehe Kapitel 9.2).

11.4. Moderner Dreikampf: Kopieren, Kuschen, Kaffeekochen

Es ist ein Problemklassiker: Der Praktikant wird zwar rund um die Uhr von den Kollegen mit Aufgaben versorgt, ist von früh bis spät eingespannt – und trotzdem kreuzunglücklich. Weil er zwar viel arbeitet und »machen darf«, dabei aber hauptsächlich den Dreikampf aus Kaffee kochen, kopieren und Kurierdienst bestreitet, also vor allem Tätigkeiten nachgeht, die ihn nicht weiterbringen, den Kollegen aber lästige Arbeit vom Hals schaffen. Theoretisch kannst du vor Gericht ziehen, wenn du mehr schuftest als lernst (siehe Kasten), aber in der Realität ist die Sache leider nicht so einfach: Es ist kaum nachweisbar, ob nun im Einzelfall die Arbeitsleistung oder der Erwerb praktischer Kenntnisse überwiegt – und kein Praktikant, der sich Hoffnung auf einen Job macht, wird seinen möglichen Arbeitgeber in dieser Sache verklagen. Dazu kommt die Frage: Wann sind Kenntnisse »praktische Kenntnisse«, also Kenntnisse, die den Praktikanten weiterbringen?

Nicht gleich ablehnen: Auch einfache Tätigkeiten können dich weiterbringen.

»Wenn der Praktikant dabei etwas lernt, was zuträglich für seine spätere Arbeit ist«, sagt Tobias Nickel (BMW). »Nehmen wir als Beispiel Powerpoint-Präsentationen zu erstellen. Das ist keine tolle Beschäftigung, aber sie gehört zu dem Spektrum, das ein Hochschulabsolvent später beherrschen muss. Deswegen ist diese Tätigkeit meiner Meinung nach adäquat.«

Im Klartext: Auch von kleinen, scheinbar unspektakulären Aufgaben kannst du profitieren – vor allem, wenn sie neu für dich sind. Und auch mit den so genannten unqualifizierten Hilfstätigkeiten wie Ablage oder Kaffee kochen ist es so eine Sache: Falls auch die Festangestellten von Zeit zu Zeit solche Jobs erledigen, musst du als Praktikant natürlich auch anpacken! Eine gewisse Einarbeitungszeit von ein, zwei Wochen, in der du noch nicht viel Anspruchsvolles machst und dich unter Umständen langweilen wirst, solltest du akzeptieren – ohne Murren.

»Überheblichkeit ist nie gut«, sagt Jannis Tsalikis (Scholz & Friends). »Viele Praktikanten denken: Ich studiere, habe schon das eine oder andere Praktikum gemacht und will mich jetzt nicht mehr mit einfältigen Aufgaben beschäftigen. Was sie nicht berücksichtigen: Zunächst müssen die einfachen Tätigkeiten beherrscht werden. Erst wenn die alltäglichen Routinejobs sehr

Extra

Praktikantenausbeutung verstößt gegen die »guten Sitten«

Rechtlich gesehen ist der oben beschriebene »Dreikampf« ohne Lerninhalte nicht in Ordnung: § 138 BGB legt fest
(1) Ein Rechtsgeschäft, das gegen die guten Sitten verstößt, ist nichtig.
(2) Nichtig ist insbesondere ein Rechtsgeschäft, durch das jemand unter Ausbeutung der Zwangslage, der Unerfahrenheit, des Mangels an Urteilsvermögen oder der erheblichen Willensschwäche eines anderen sich oder einem Dritten für eine Leistung Vermögensvorteile versprechen oder gewähren lässt, die in einem auffälligen Missverhältnis zu der Leistung stehen.
Das Gesetz (regelmäßig auf das Arbeitsrecht übertragen) kann bei Praktikumsverhältnissen Anwendung finden. Wenn statt dem Erwerb praktischer Kenntnisse die Erbringung einer Arbeitsleistung im Vordergrund steht, dann müsste der Arbeitgeber den marktüblichen Lohn zahlen.

gut bewältigt werden, können anspruchsvollere Aufgaben folgen.« Problematisch ist es dementsprechend nicht, wenn du gelegentlich Hilfstätigkeiten übernimmst, aber wenn du ausschließlich Telefonate entgegennimmst, Post an die Kollegen verteilst und die Termine des Chefs koordinierst. Das hat zwar den Vorteil, dass du – ähnlich einer Supersekretärin – den kompletten Überblick über gewisse Vorgänge behältst, bringt aber ab der zweiten Woche keinerlei Lerneffekt mehr mit sich. Dann heißt es: handeln. »Jeder muss mal kopieren, jeder muss mal eine Datei pflegen – aber nicht auf Dauer, das ist der Punkt. Sonst ist das Praktikum sinnlos, vergeudete Lebenszeit für wenig Geld«, sagt Harro Honolka (LMU München). Vergeudete Lebenszeit, die eigentlich besser genützt werden könnte. »Der Unterschied zwischen einem regulären Arbeitsverhältnis und einem Praktikum liegt im Charakter des Lernens und des sich Einarbeitens in eine Themenstellung oder ein Aufgabengebiet«, ergänzt Anna Maria Engelsdorfer (Arbeitsagentur München). Wenn du wochenlang ausschließlich Hilfstätigkeiten ausübst, solltest du möglichst bald ein Gespräch mit deinem Betreuer führen und »darin die eigenen Ansprüche an das Praktikum als auch an den Bildungsauftrag geltend machen«, so Tobias Nickel (BMW).

»Jeder muss mal kopieren – aber nicht auf Dauer. Sonst ist das Praktikum sinnlos« Harro Honolka (LMU München)

Mehr, als Eigeninitiative zu ergreifen und um zusätzliche qualifizierte Aufgaben zu bitten, kannst du in einer solchen Situation nicht tun – wenn sich auf Dauer nichts an deinen Tätigkeiten ändert, musst du einen Schlussstrich ziehen und kündigen (siehe Kapitel 11.7). Und auch, wenn das Recht auf deiner Seite zu sein scheint, solltest du überlegen, ob sich angesichts der erst mal anfallenden Kosten und Mühen eine Klage lohnt.

11.5. Allein auf weiter Flur

Wenn es auf den ersten Blick keinen Ansprechpartner gibt, solltest du dich nach einem Betreuer erkundigen. Wenn es den nicht gibt, frage bei einem freundlichen Festangestellten nach, ob er dich für das Erste einweisen kann. Wie immer ist auch bei diesem Problem Prävention das Beste: Da ein Praktikumsbetreuer wesentlich zu einem qualifizierten Praktikum beiträgt (siehe Kapitel 9.1), solltest du den Punkt möglichst schon im Bewerbungsgespräch klären.

11.6. Liebe: Querschläger auf Brusthöhe

Du bist nicht allein, wenn aus deinem Büroflirt etwas Ernsteres wird – fast jede dritte Ehe bahnt sich schließlich am Arbeitsplatz an. Grundsätzlich ist es auch nicht verkehrt, seinem Herzen zu folgen, und wenn das nun

Beziehung im Büro: Immer dezent bleiben und die Liebe zu Hause ausleben.

mal hartnäckig in Richtung Kollege strebt – nun gut, eine tolle Beziehung ist wohl noch mehr wert als ein tolles Praktikum. Hat es erst mal gefunkt zwischen Kantine und Kopierraum, gilt Folgendes: Immer dezent bleiben und die Liaison nicht an die große Glocke hängen. Alles andere bietet viel Angriffsfläche für Klatsch und Tratsch und im schlimmsten Fall wird dir Unprofessionalität unterstellt, weil du Berufliches so schlecht von Privatem trennen kannst. Ein Vorwurf, der dazu führen kann, dass du keine ordentlichen Aufgaben mehr bekommst und nicht mehr ernstgenommen wirst.

Besser ist es, jede öffentliche Intimität am Feierabend – oder besser noch: nach Beendigung des Praktikums – auszuleben, was auch kein Problem sein dürfte, wenn es beiden Beteiligten ernst ist. Denn: Wahre Liebe kann warten. Wichtig außerdem: Unternehmensinterna, die im Liebesplausch ausgetauscht werden, sind genauso vertraulich wie alle anderen. Und: Falls es noch während des Praktikums zur Trennung kommt, vermeide emotionale Ausbrüche am Arbeitsplatz, hässliche Streitszenen und knallende Türen – damit verspielst du deinen Ruf nicht nur bei deiner (Ex-)Affäre, sondern im gesamten Unternehmen.

Extra

Wenn das Praktikum vor dem Altar endet

Die wohl berühmteste Praktikantin der Welt heißt? – Jawohl, richtig, Monica Lewinsky! Die Frau, über deren berufliche Tätigkeiten während ihrer Zeit als Praktikantin im Weißen Haus niemand mehr sprach. Nach dem Bekanntwerden ihrer „sexual affair" mit dem damaligen US-Präsidenten Bill Clinton richtete sich das Interesse der Weltpresse allein auf das Intimleben der Kalifornierin. Ihr Leben war danach nicht mehr dasselbe wie vor ihrem Intermezzo mit Billy Boy. Aber ist es wirklich so ungewöhnlich, was Miss Lewinsky da auf höchster politischer Ebene passierte? Auch andere Praktikanten, vornehmlich weibliche, haben ihr Netzwerk nicht nur auf beruflicher Basis ausgebaut. Außenminister Joschka Fischer zum Beispiel lernte seine vierte Ehefrau Nicola Leske in der Bundesgeschäftsstelle der Grünen kennen. Dort absolvierte die 20 Jahre jüngere Journalistin ein Praktikum und wollte eigentlich nur Einblick in die parteipolitische PR-Arbeit gewinnen. Stattdessen hat sie wohl zu tief in Fischers Augen geblickt: Im Frühjahr 1999 läuteten die Hochzeitsglocken, die nach vier Jahren vom Scheidungsrichter zum Verstummen gebracht wurden. Ein anderes Beispiel für „verliebt, verlobt, verheiratet" am Praktikumsplatz findet sich in der deutschen Comedywelt: Herbert Feuerstein ist seit 1997 mit der ehemaligen Amerikanistikstudentin Grit Bergmann glücklich verheiratet. Wo er sie lieben lernte? – Hinter den Kulissen von *Schmidteinander*, wo sie ein Praktikum machte und er den kongenialen Partner von Harald Schmidt gab. Ende der 80er beschloss Susanne Quandt, ihr trockenes BWL-Studium mit einem Praktikum zu würzen. Bei BMW bewarb sie sich als Frau Kant, da sie als millionenschwere Eigentümertochter unerkannt bleiben wollte, um so die Unternehmensstruktur zu ergründen. Dabei angelte sich die reichste Frau Deutschlands den BMW-Mitarbeiter Jan Klatten, den sie 1990 ehelichte.

11.7. Lieber ein Ende mit Schrecken

Wenn die Probleme kein Ende nehmen, kann es gut sein, dass du nach zwei, drei Wochen über einen vorzeitigen Abbruch des Praktikums nachdenkst. So legitim das ist – bevor du deinen Entschluss wirklich in die Tat umsetzt, solltest du dir folgende Fragen durch den Kopf gehen lassen:

Wenn nichts mehr geht: Ein Praktikumsabbruch will gut überlegt sein.

- Ist das Praktikum ein Pflichtpraktikum, das du im Rahmen deines Hochschulstudiums absolvierst und bei einem Abbruch zu einem späteren Zeitpunkt wiederholen müsstest?
- Wird das Praktikum ganz anständig bezahlt und kann es als (finanzieller) Ersatz für einen Ferienjob angesehen werden?
- So langweilig die meisten deiner Tätigkeiten auch sind – lernst du dabei etwas?
- Du triffst trotz allen Ärgers viele interessante Menschen und erhältst wichtige Einblicke in eine Branche und ein angesehenes Unternehmen?
- Hat das ganze Praktikum den Charakter einer einzigen Herausforderung angenommen und willst du dir und anderen beweisen, dass du dich in einer solchen Situation behaupten und das Beste daraus machen kannst?
- Ist der Name des Unternehmens so beeindruckend, dass ein Praktikum dort auf jeden Fall ein Glanzlicht im Lebenslauf ist – egal, wie unqualifiziert es ist?

Wer sechsmal mit einem entschiedenen »Nein!« geantwortet hat, sollte wohl besser abbrechen. Allerdings: Ohne Erklärung dem Unternehmen von einem Tag auf den anderen einfach fernzubleiben, ist natürlich ein Unding – und übrigens auch nicht rechtens, wenn vor dem Praktikum ein Vertrag abgeschlossen wurde, in dem Kündigungsfristen festgelegt sind. Und für Minijob-Praktikanten gilt – sofern nichts anderes im Vertrag festgelegt ist – beiderseits die gesetzliche Frist (§ 622 BGB), für Praktikanten nach dem Berufsbildungsgesetz weitestgehend analog (§ 15): Gekündigt wird mit vierwöchiger Frist zum 15. eines Monats oder zum Monatsende. Dies gilt, sofern im Arbeitsvertrag keine anderen Regelungen getroffen wurden und nicht außerordentliche Kündigungsgründe vorliegen.

»Sag' zum Abschied leise Servus«: Gründe für den Abbruch musst du mitteilen.

§

Ratsamer ist es allemal, sich mit dem Betreuer oder einem Vorgesetzten zusammenzusetzen und ihm die Gründe für den Abbruch klipp und klar darzulegen. Wer weiß – vielleicht ist es ja nach einem solchen Grundsatzgespräch doch möglich, das Ruder noch einmal herumzureißen. Wenn das nicht der Fall ist und du das Unternehmen vorzeitig verlässt, musst du damit rechnen, vom Arbeitgeber kein qualifiziertes Arbeitszeugnis, sondern lediglich eine knappe Bestätigung zu bekommen.

Natürlich kann alles auch umgekehrt ablaufen und das Unternehmen zeigt dir die rote Karte. Dann hast du Pech gehabt und musst wohl sehr schnell gehen – trifft doch auf Praktikanten das Kündigungsschutzgesetz nicht zu. Wiederum sofern du nicht ein »Minijobber« oder BBiG-Praktikant bist: dann gelten natürlich § 622 BGB, beziehungsweise § 15 BBiG. Egal wie du rechtlich stehst, solltest du das Gespräch suchen, um zumindest genau herauszufinden, wieso dir gekündigt wurde.

- Betriebsbedingt? Etwa, weil das Unternehmen auf Umsatzeinbußen oder eine schlechte Auftragslage reagieren muss? Dann kannst du eventuell anbieten, das restliche Praktikum unentgeltlich abzuleisten. Auf jeden Fall solltest du den Arbeitgeber bitten, dass er dir ein qualifiziertes Zeugnis ausstellt, sofern du bereits lange genug gearbeitet hast. Schließlich liegt die Trennung nicht an dir und er kann damit die Nachteile zumindest für dich verringern.
- Verhaltensbedingt? Das sollte dich nicht wundern, schließlich warst du wohl unzuverlässig, unpünktlich oder hast gar Betriebsinterna weitergegeben. Wenn du dir aber keiner Schuld bewusst bist, solltest du das deutlich sagen und eine Erklärung verlangen.
- Personenbedingt? Dann warst du entweder lange krank – so lange, dass das Praktikum nicht vernünftig durchgeführt werden kann – oder dein fachliches Know-how reicht nicht aus, um die Arbeit zu erledigen. Dann solltest du auf jeden Fall abklären, wie du dir die fehlenden Kenntnisse aneignen kannst.

✓ Checkliste Probleme und Lösungen

- ☐ Zeige Engagement und Fleiß, aber lasse dich nicht ausnutzen.
- ☐ Frage von dir aus, ob du etwas helfen kannst, anstatt auf Arbeit zu warten.
- ☐ Verlange anspruchsvolle Tätigkeiten, aber überschätze dich nicht.
- ☐ Verweigere einfache Jobs nicht.
- ☐ Nutze Leerlaufzeiten für sinnvolle Tätigkeiten.
- ☐ Sage frühzeitig, wenn du dich überfordert fühlst.
- ☐ Wenn du abbrechen willst, bedenke Für und Wider.
- ☐ Beachte bei einer Kündigung die Fristen.
- ☐ Frage genau nach, warum dir gekündigt wird: In gewissen Fällen hast du ein gesetzliches Anrecht auf Kündigungsgründe, Einhaltung von Fristen (vier Wochen) und die Möglichkeit zum Widerspruch.

»Ich habe Klos geputzt und Frühstück serviert – so ziemlich in Eigenregie«

Ursula (Jahrgang 1984, Name der Redaktion bekannt) studiert inzwischen Geschichte und Deutsch auf Lehramt. Im November 2004 hat die Münchnerin ein studentisches Pflichtpraktikum bei einem renommierten Hotel in München begonnen – und wieder abgebrochen: „Es war der Horror."

Nach dem Abi wollte ich Haushaltswissenschaften studieren, dafür ist ein Vorpraktikum in der Hotel- und Gaststättenbranche vorgeschrieben. Also habe ich mir im November 2004 alle Hotels der Umgebung herausgesucht und mich überall beworben – klassisch schriftlich per Post. Wahrscheinlich wären nicht mal die Mühen für die Bewerbungsmappe notwendig gewesen, denn später hat sich herausgestellt, dass das Hotel, bei dem ich schließlich genommen wurde, alle willigen Praktikumsbewerber einstellt. Kein Wunder, wie sich schnell herausgestellt hat, sind das doch kostenfreie Arbeitskräfte.

Kurze Zeit später habe ich angefangen – zehn Wochen sollte das Praktikum dauern. Was ich tun sollte, wusste ich anfangs nicht genau, denn ich wurde nicht eingeführt und hatte keinen Ansprechpartner. Eigentlich sollte es für jede Abteilung eine Kontaktperson geben, aber ich habe nie herausbekommen, wer das sein sollte. Immerhin war festgelegt, welche Abteilungen ich durchlaufen sollte, aber das war auch das einzig Geregelte. Zumeist habe ich Betten gemacht, Klos geputzt und Frühstück serviert – so ziemlich in Eigenregie. Gelernt habe ich allein dadurch, dass ich Kollegen zuschaute. Entweder wurde ich mit meinen Problemen alleine gelassen oder mir wurde ein Azubi zugeteilt, der mir weiterhelfen sollte. Die Azubis waren auch die einzigen hilfsbereiten Menschen in diesem Laden – die Ausgelernten und die männlichen Köche waren dagegen untragbar unhöflich. Von ihnen kam nur negatives Feedback, aber nie ein Verbesserungsvorschlag oder Hilfe. Die Reaktion auf so genannte „blöde Fragen" waren oft unfreundliche Antworten oder ein spöttischer Blick. Ich wurde selten so respektlos behandelt wie dort.

Nach sechs unbezahlten Wochen mit vielen Überstunden habe ich erkannt: Diese Branche ist nichts für mich. Zu unhöflich, zu schlechte Arbeitsbedingungen. Also ging ich zu jemandem, von dem ich angenommen hatte, dass er mein Vorgesetzter ist, und habe gekündigt, mir eine Arbeitsbestätigung abgeholt und seitdem nie wieder Kontakt zu diesem Hotel gehabt.

Als Konsequenz aus diesen schlechten Erfahrungen habe ich meinen Studiengang gewechselt.

12. | Nach dem Praktikum ist vor dem Job

Nach meist drei Monaten ist alles vorbei. Erfolgserlebnisse und Rückschläge haben einander abgewechselt. Doch unmittelbar nach dem Praktikum stehen noch einige Dinge auf dem Plan, ohne die du das Unternehmen nicht verlassen solltest.

Wie steht es um die Fragen, die du vor deinem Praktikum aufgeworfen und beantwortet hast: Wer bin ich, was kann ich, was will ich wissen und wo will ich hin? Haben sich die Antworten verändert? Hat das Auswirkungen auf deine Berufsziele, auf dein Studium oder dein nächstes Praktikum?

12.1. Der letzte Tag

»Nach mir die Sintflut« ist keine gute Idee: Sorge am letzten Tag für eine saubere Übergabe.

Sei dir im Klaren darüber, dass du über dein Projekt und deine Aufgaben am besten Bescheid weißt – Betreuung hin oder her. Also gehe nicht nach Hause und hinterlasse einen Berg voller Fragen. Es ist an dir, ungefragt eine Dokumentation deiner Arbeiten zu machen und alle Dokumente – ob in Papierform oder digital – geordnet zu hinterlassen. Notiere den Status jeder Aufgabe und selbstverständlich alle Ansprechpartner, mit denen du Kontakt hattest. Idealerweise übergibst du die Unterlagen samt eines kurzen Resümees dem Team oder deinem Nachfolger – mit dem Hinweis, dass man dich natürlich telefonisch erreicht, wenn irgendwelche Fragen zu deinen Arbeitsergebnissen auftauchen. Und wenn die Atmosphäre in der Abteilung einigermaßen gut war, dann backe zum letzten Tag einen Kuchen oder lasse dir sonst etwas Süßes, Nettes einfallen.

12.2. Klartext im Abschlussgespräch

Du solltest deinen Praktikumsplatz nicht ohne ein Abschlussgespräch verlassen. Nach Wochen oder Monaten der wahrscheinlich meist engagierten Mitarbeit hast du ein moralisches Anrecht darauf, ausführlich Feedback auf deine Arbeit und deine Leistungen zu bekommen. Also: Lasse dich nicht abwimmeln durch Termindruck – gute Arbeitgeber oder Praktikumsbetreuer werden sicher eine halbe Stunde finden, und sei es am Feierabend. Nicht nur eine Einschätzung deiner Arbeit – gut oder mittelmäßig – soll das Gespräch bringen, sondern vor allem die Gründe dafür soll dir dein Betreuer oder Arbeitgeber erläutern. Wieso bist du an der einen Aufgabe gescheitert und hast die andere gut gemeistert? Und vielleicht sagt er dir auch ganz ehrlich, welche Stärken und Schwächen er an dir erlebt hat – und wie du an deinen Fähigkeiten noch weiter feilen kannst. Wenn dein Gegenüber allzu zögerlich ist, fordere ihn zum offenen Sprechen auf, etwa, indem du bestimmte Punkte nachfragst: »Ich glaube, im Umgang mit den Datenbanken war ich nicht die Schnellste – sehen Sie das auch so? Kann ich das ändern oder ist das eine Sache des Talents?«

Das Praktikumsgespräch soll aber möglichst nicht vollkommen hierarchisch ablaufen – gute Arbeitgeber fragen auch nach deiner Meinung, nach deiner Einschätzung zum Unternehmen und dem Team. Auch, wenn sie das nicht tun, solltest du einige Sätze darüber verlieren – und damit klarmachen, dass du inzwischen durchaus mehr bist als ein lästiges Anhängsel, das ständig betreut werden muss. Und wenn dein Arbeitgeber zum Ende ein ähnlich gutes Gefühl zu haben scheint wie du, dann frage konkret nach, ob es die Möglichkeit zur weiteren Mitarbeit gibt: als Werkstudent, als freier Mitarbeiter oder – wenn du bereits Absolvent bist – als Festangestellter.

Kein Blatt vor den Mund beim Abschlussgespräch: Gute Arbeitgeber wollen deine Meinung wissen.

12.3. Praktikumsbericht

Praktikumsberichte sollen »der Reflexion des eigenen Professionalisierungswegs und der theoretischen Aufarbeitung des Praktikums« dienen – so definiert die sozialpädagogische Fakultät der Universität Tübingen das schriftliche Resümee von Praktikanten. Ob vorgeschrieben oder freiwillig: Wenn du einen Praktikumsbericht verfasst, überdenkst du noch einmal deine Lernerfolge, die Probleme und ihre Lösungen. Du erkennst Stärken und Schwächen und kannst überlegen, wie du auf einzelne persönliche oder fachliche Eigenheiten reagierst. Wenn der Bericht vorgeschrieben ist, will die Hochschule überprüfen, ob du die geforderten Lernziele auch erreicht hast. Umfang und Details von Berichten unterscheiden sich allerdings je nach Hochschule – also nachfragen.

- Auf dem Deckblatt steht mindestens: dein Name, der Firmenname und der Zeitraum des Praktikums. Geeignet unterbringen solltest du je nach Anforderung natürlich noch Angaben zur Hochschule, die Kontaktdaten (von dir und dem Unternehmen) sowie Infos zu Abteilung, Fachrichtung und zum Praktikumsbetreuer.

Erfolgserlebnisse und Rückschläge – ein Praktikumsbericht schafft Überblick.

- In einer einführenden Unternehmensbeschreibung beschreibst du die Branche, das Tätigkeitsfeld, den Ort und die Geschichte des Unternehmens und nennst die Kennzahlen (Anzahl der Beschäftigten, Umsatz).
- Im eigentlichen Praktikumsbericht beschreibst du sachlich – also ohne Wertung – die Aufgaben und Charakteristika der Abteilungen und Projekte, in denen du gearbeitet hast. Und natürlich beschreibst du ausführlich – und wertneutral – deinen Arbeitsplatz und deine Aufgaben.
- In der Praktikumsbewertung schließlich ist Platz für deine Meinung. Was war gut, was war schlecht – und warum.

Einen ausführlichen Praktikumsbericht findest du unter: www.praktikumsknigge.de

12.4. Das Praktikumszeugnis

Qualifiziert auf alle Fälle

Einfach bringt nichts: Verlange ein qualifiziertes Zeugnis.

Das Arbeitsrecht unterscheidet zwischen einfachem und qualifiziertem Arbeitszeugnis. Die einfache Form ist im Grunde lediglich ein Tätigkeitsnachweis, in dem die nackten Fakten aufgeführt werden: Der Name des Unternehmens und des Praktikanten, die Dauer des Praktikums. Ein qualifiziertes Zeugnis dagegen enthält darüber hinaus eine ausführliche Stellenbeschreibung und eine Beurteilung von Leistung und Verhalten. Bei Pflichtpraktika mag der reine Tätigkeitsnachweis ausreichen – ein qualifiziertes Zeugnis ist natürlich trotzdem unbedingt anzustreben. Nur damit kannst du bei künftigen Bewerbungen punkten. Allerdings: Einen rechtlichen Anspruch auf ein qualifiziertes Zeugnis hast du als Praktikant nicht (siehe Kasten), deshalb gibt es auch keine Regelfrist, in der dir das Zeugnis zugehen muss. Normalerweise dürften aber zwei Wochen ausreichend sein.

Extra

Praktikumszeugnis: Das sagt das Gesetz

Der Praktikant ist in vielerlei Hinsicht eine juristische Grauzone, und auch beim Thema »qualifiziertes Zeugnis« gibt es keinen eindeutig auf ihn anwendbaren Paragraphen. Zwar kann laut § 630 des BGB »bei Beendigung eines dauernden Dienstverhältnisses (...) der Verpflichtete von dem anderen Teil ein schriftliches Zeugnis über das Dienstverhältnis und dessen Dauer fordern« – aber ein von Beginn an auf einige Wochen beschränktes Praktikum ist eben kein »dauerndes Dienstverhältnis« und rechtfertigt deswegen nicht automatisch den Erhalt eines qualifizierten Zeugnisses (das übrigens in § 109 Gewerbeordnung definiert ist). Für BBiG-Praktikanten gilt § 8, der festlegt, dass der Ausbildende dem Auszubildenden bei »Beendigung des Berufsausbildungsverhältnisses ein Zeugnis auszustellen« hat, das Angaben über »Art, Dauer und Ziel der Berufsausbildung sowie über die erworbenen Fertigkeiten und Kenntnisse des Auszubildenden« enthalten muss. Und weiter: »Auf Verlangen des Auszubildenden sind auch Angaben über Führung, Leistung und besondere fachliche Fähigkeiten aufzunehmen.« Am sichersten fährst du, wenn in deinem Praktikumsvertrag die Ausstellung eines qualifizierten Zeugnisses festgelegt ist.

Inhaltliche Anforderungen

Ein mustergültiges qualifiziertes Praktikumszeugnis besteht aus mehreren Abschnitten. Nach dem Firmenkopf sollten folgen:

Zwei Musterzeugnisse (Note 1 und Note 4) findest du unter: www.praktikumsknigge.de.

- eine Einleitung. Darin steht die Dauer des Praktikums, der Name des Unternehmens und die Abteilung, in der es absolviert wurde. (Punkt I im Musterzeugnis unter www.praktikumsknigge.de)
- eine Beschreibung der ausgeübten Tätigkeiten, die meistens mit dem Satzanfang »Zu seinen Aufgaben zählten ...« beginnt. Je detaillierter diese Ausführung ist, desto besser. (Punkt II)
- eine Bewertung der Lern- und Arbeitsbereitschaft, die vor allem eines aussagen will: War der Praktikant motiviert oder nicht? (Leistung I)
- eine Bewertung der Lern- und Arbeitsbefähigung. Motivation ist schließlich nicht alles – diese Bewertung urteilt über die Fähigkeiten (u.a. Auffassungsgabe und Urteilsvermögen) des Praktikanten. (Leistung II)
- die Auskunft über die Aneignung von Fachwissen während des Praktikums, gerne verpackt in Sätzen wie: »Er/Sie hat sich umfassende Fertigkeiten und Kenntnisse im Bereich der ... angeeignet.« (Leistung III)
- eine Bewertung der Lern- und Arbeitsweise. Hier steht alles zum Thema Selbständigkeit und Gründlichkeit. (Leistung IV)
- eine Bewertung des Lern- und Arbeitserfolges. Wie waren die erzielten Ergebnisse? (Leistung V)
- die Nennung herausragender Erfolge: Wenn es Bereiche gab, in denen der Praktikant Überdurchschnittliches geleistet hat, wird das hier erwähnt. (Leistung VI)
- ein zusammenfassendes Leistungsurteil – der wichtigste Punkt in einem Zeugnis, da er die Gesamtnote wiedergibt. (Leistung VII)
- eine Beendigungsformel, die über das Ende des Praktikums informiert: Hat der Praktikant das Unternehmen mit Ablauf »der vereinbarten Frist« oder schon früher, möglicherweise »auf eigenen Wunsch«, verlassen? (Beendigungsformel)
- eine Dankesformel und gute Wünsche für den weiteren Lebensweg (Dankesformel/Zukunftswünsche)
- die Unterschrift des Zeugnisausstellers mit Angabe von Rang und Kompetenz.

Ein Praktikumszeugnis, das nicht jeden dieser Punkte ausführlich behandelt, ist kein Grund, misstrauisch zu werden. »Wichtig ist, zu erkennen, was der Aussteller sagen will«, sagt Klaus Schiller von der Personalmanagement Service GbR in Berlin, die unter anderem die Website arbeitszeugnis.de betreut. »Der Gesamteindruck entscheidet, es wird nicht erwartet, dass man bei einem Praktikanten sehr detaillierte Bewertungen abgibt.« Kritischer wird es allerdings, wenn einige wesentliche Punkte gar nicht erwähnt werden. Dabei spielt es keine Rolle, ob sie der Aussteller bewusst nicht erwähnt hat, um indirekt etwas mitzuteilen, oder es aus Unkenntnis nicht getan hat – die

Keine Sorge bei knappem Formulierungen: Nicht jeder Punkt muss ausführlich sein.

Folgen sind die gleichen. Fehlt beispielsweise die Aufzählung der Tätigkeiten, muss der Leser annehmen, dass du als Praktikant nichts Nennenswertes geleistet hast. »Auch die Leistungszusammenfassung darf nicht fehlen, sonst ist die Gesamtnote nicht erkennbar«, so Schiller. Weiterhin unverzichtbar sind die Bewertung deines Verhaltens gegenüber internen und externen Personen sowie Angaben zu deiner Lern- und Arbeitsbereitschaft beziehungsweise -befähigung. »Ob sich jemand schnell eingearbeitet und eine rasche Auffassungsgabe gezeigt hat, ist gerade bei der kurzen Zeit eines Praktikums sehr wichtig«, sagt Schiller. Fallen dir solche Auslassungen auf, solltest du den Aussteller unbedingt darauf hinweisen und nach den Gründen fragen. Ebenso solltest du nachhaken, wenn das Zeugnis lediglich von einem einfachen Angestellten unterschrieben wurde – denn die Ranghöhe des Unterzeichners ist auch ein Zeichen der Wertschätzung. Eine Aufzählung weiterer häufiger Mängel in Arbeitszeugnissen findest du unter: www.arbeitszeugnis.de/zeugnismaengel.php.

Sage es durch die Blume: Die Zeugnissprache

Vergiftetes Lob: Die Zeugnissprache ist eine Wissenschaft für sich.

Alle tun es gelegentlich. Der Mann sagt »gar nicht so übel«, wenn seine Frau mit einem grässlichen Fummel aus der Umkleidekabine kommt. Den neuen Freund der besten Freundin nennt man in ihrem Beisein »sehr kommunikativ«, während er im Stillen als »nervender Dauerquatscher« bezeichnet wird. Alle versuchen gelegentlich Kritik zu üben, ohne dabei direkt und möglicherweise verletzend zu werden. Die Formulierungen in deutschen Arbeitszeugnissen basieren auf dem gleichen Prinzip. »Es handelt sich um eine zunächst rein formale, nicht aber inhaltliche Umsetzung des gesetzlich geforderten Wohlwollens«, sagt Klaus Schiller (Personalmanagement GbR). Ein Zeugnis zu lesen und eins zu eins für die Wahrheit zu halten, bringe deswegen gar nichts. »Man muss hinter diese Höflichkeit blicken, um seine Aussage zu erkennen.« Zwar klingt eine Leistungszusammenfassung wie »Die übertragenen Aufgaben hat er zu unserer vollen Zufriedenheit erledigt« eigentlich ganz prima. In der Zeugnissprache aber bedeutet sie lediglich Note 3. Für ein »sehr gut« oder ein »gut« hätte der Praktikant die Aufgaben »stets zur vollsten« oder »stets zur vollen« Zufriedenheit erledigen müssen. Zu einem sehr guten Zeugnis gehören außerdem Verstärkungen wie »äußerst«, »außerordentlich« und »über das Normalmaß weit hinausgehend«, Formulierungen wie »war stets bemüht« oder »war stets bestrebt« sollten dagegen nicht auftauchen. Und wenn deine Tätigkeit beschrieben ist als »Gelegenheit, sich mit allen Arbeiten in der Abteilung vertraut zu machen«, dann ist das eine glatte Note 5. Auch auf »Geheimcodes« solltest du aufpassen. Der Satz: »Er hat mit seiner geselligen Art zur Verbesserung des Betriebsklimas beigetragen« bedeutet nichts anderes als: »Er hat am Arbeitsplatz Alkohol getrunken.«

Chance und Risiko: Das Zeugnis selber schreiben

Gar nicht selten überlassen Arbeitgeber – sei es aus Zeitmangel oder purer Faulheit – dem Praktikanten die Zeugnisanfertigung selbst. »Zunächst ist es eine denkbar günstige Ausgangsposition, da freie Hand zu haben«, sagt Klaus Schiller (Personalmanagement GbR), warnt aber gleichzeitig vor den negativen Folgen, die auftreten können, wenn man mit der Zeugnissprache nicht vertraut ist. »Wähle ich unbewusst ein Wort, das als negativ gilt – beispielsweise: Sie zeigte durchaus Ehrgeiz –, ist das Zeugnis schon nicht mehr gut.« Auch die formalen Anforderungen sind nicht ohne Tücken. Schiller sieht gerade bei Praktikanten die Gefahr, dass sie nicht unterscheiden können zwischen Wichtigem und Unwichtigem. »Häufig denken sie, alles sei relevant gewesen, was sie in den drei Monaten gemacht haben, und schreiben dann im Eigenentwurf bis zu fünf Seiten – das ist natürlich unglaubwürdig.« Schiller rät vor der Anfertigung eines Zeugnisses zur Lektüre von Fachbüchern, die die Details der Zeugnissprache und die gängigen Formulierungen behandeln (siehe Literaturverzeichnis auf S. 130/131)

»Je mehr man sich an den Standard hält, desto weniger kann man falsch machen«, sagt Zeugnisexperte Schiller.

Checkliste Nach dem dem Praktikum

☑

- ☐ Bitte deinen Betreuer um ein zusammenfassendes Abschlussgespräch, in dem sich beide Seiten ehrlich äußern können.
- ☐ Schreibe bei einem Pflichtpraktikum einen Praktikumsbericht nach den gängigen Richtlinien deiner Hochschule.
- ☐ Prüfe, ob das dir ausgestellte Zeugnis alle Anforderungen an ein qualifiziertes Arbeitszeugnis erfüllt.

13. | Verbunden bleiben – So hält der Firmenkontakt

Drei Monate alles gegeben, sich engagiert, aufgearbeitet – und das war es dann? Das muss nicht sein. Es gibt viele Wege, die Verbindung zu einem Unternehmen aufrecht zu halten.

Viele Praktikanten haben einen Traum: Am letzten Tag steht der Geschäftsführer vor ihnen, mit glänzenden Augen und bebender Stimme, und sagt: »Sie sind der, auf den wir immer gewartet haben! Sie müssen uns unbedingt als Werkstudent erhalten bleiben. Und wenn Sie mit dem Studium fertig sind, melden Sie sich bitte umgehend – wir haben dann selbstverständlich eine feste Stelle für Sie!« Doch auch ein erfolgreiches Praktikum nimmt selten ein derart ergreifendes Ende. Und gerade Studienanfänger fragen sich, wie sie bis zum Diplom den Kontakt mit dem Unternehmen halten können, das sie durch das Praktikum kennen gelernt haben – und wie sie die Chance auf eine spätere Anstellung wahren.

13.1. Firmeneigene Bindungsprogramme

Förderung und Feedback: Praktikantenprogramme erleichtern Zugang zu Unternehmen.

Wenn sich das mal nicht gut anhört: Ein eigener Mentor, der fordert, fördert und Feedback gibt, Teilnahme an Workshops und Informationsveranstaltungen, erleichterter Zugang zu weiteren (Auslands-)Praktika und Werkstudententätigkeiten und letztlich ausgezeichnete Aussichten auf eine Festanstellung. Wenn du während oder nach einem Praktikum in das Studentenbindungsprogramm des Unternehmens aufgenommen wirst, kannst du dich glücklich schätzen. Großunternehmen filtern mit solchen »Membership«-Programmen aus dem akademischen Nachwuchs die Besten heraus und binden die »Preferred Candidates« mit unterschiedlichen Qualifizierungsangeboten bis zum Abschluss des Studiums und darüber hinaus an sich. »Bei ehemaligen Praktikanten hat man zwei wesentliche Vorteile«, erklärt Manuela Ebbes-Barr Recruiting Manager bei Bertelsmann, wo mit dem »Student Challenge Program« besonders gute Praktikanten gefördert werden. »Zum einen kennen sie das Unternehmen bereits. Zum anderen hat man schon einen Eindruck von der Qualität ihrer Arbeit gewinnen können.« Aktiv bewerben für derartige Bindungsprogramme kann man sich in der

Regel nicht. Der Praktikumsbetreuer muss seinen Schützling zunächst für das Programm vorschlagen. Erst dann trifft eine interne Jury – häufig an so genannten »Auswahltagen« – eine endgültige Entscheidung. Doch keine Angst, auch wer es nicht in die Runde der »Preferred Candidates« geschafft hat, kann Karriere machen: Kein Unternehmen rekrutiert seine zukünftigen Mitarbeiter ausschließlich aus den Bindungsprogrammen. BMW beschäftigt bundesweit beispielsweise über 3.000 Praktikanten im Jahr – davon werden lediglich 75 in das standortübergreifende studentische Förderprogramm »Fastlane« aufgenommen. »Damit könnten wir unseren Mitarbeiterbedarf aber nicht decken«, sagt Tobias Nickel (BMW). Dennoch ist es grundsätzlich gut zu wissen, dass eine Firma ein solches Bindungsprogramm hat: Es spornt an zu guten Leistungen und zeigt einiges über die Bedeutung von Praktikanten im jeweiligen Unternehmen. »Der Praktikant ist für ein Unternehmen nicht nur jemand, der in dem Zeitraum des Praktikums einen Support leistet«, sagt Manuela Ebbes-Barr (Bertelsmann). »Natürlich gibt es bei uns viele Mitarbeiter, auch in führenden Positionen, die bei Bertelsmann als Praktikant oder Praktikantin angefangen haben. Praktikanten sind ganz klar auch eine Recruitingquelle für die Zukunft.«

»Praktikanten sind ganz klar eine Recrutingquelle für die Zukunft« Manuela Ebbes-Barr (Bertelsmann)

Weitere Beispiele für »Membership«-Programme

- Die Roche Diagnostics GmbH mit Sitz in Mannheim bietet hauptsächlich Studenten aus den Wirtschaftswissenschaften und dem Ingenieurwesen die Teilnahme am Praktikantenprogramm »Projects & More« mit Seminaren etwa in Projektmanagement und regelmäßigen Evaluationsgesprächen.
- In den Semesterferien können Praktikanten bei Unilever Deutschland am Praktikantenprogramm »Learning & Earning« teilnehmen. Teil des mehrmonatigen Programms sind ein persönlicher Tutor, ein Treffen mit der Konzernspitze und die Chance zum direkten Karriereeinstieg durch das Anschlussprogramm »Unitrain«.
- Auf die Noten schaut die Unternehmensberatung KPMG. Wer zu den Besten gehört, Wirtschaftswissenschaften oder Jura studiert und bereits ein Praktikum bei KPMG absolviert hat, wird auf Empfehlung in das »highQ«-Programm aufgenommen. Bis zum Studienende bleibt das Mitglied dem Unternehmen verbunden, wird betreut und zu Firmenevents eingeladen.
- »Alle, die glaubhaft machen, dass sie zu uns passen«, haben eine Chance, beim Versorger RWE in den »Look ahead! Club« aufgenommen zu werden. Das »Membership«-Programm bietet Gespräche mit Managern und Workshops, die besten Praktikanten werden in das »RWE International Graduate Program« aufgenommen.

»Kleines Team – Viel Feedback«

Probieren geht über Studieren. Deshalb schnupperte Carolin Löbbert (Jahrgang 1981) aus Haltern neben ihrem Studium in die bunte Welt der Grafiker hinein. In ihrem Praktikum bei der Grafikabteilung des Magazins *GEOlino* konnte sie sich als vollwertiges Mitglied des Teams und später als freie Mitarbeiterin einbringen.

Ich studiere Kommunikationsdesign und Illustration an der Hochschule für Angewandte Wissenschaften in Hamburg. Das dabei vorgeschriebene Pflichtpraktikum für mein Studium hatte ich schon vor Studienbeginn in einer kleinen Werbeagentur absolviert. Da man bekanntlich nie genug lernen kann, habe ich mich für weitere Praktika interessiert. Über eine Kommilitonin, die bei der Zeitschrift *GEOlino* gearbeitet hatte, bin ich auf die dortige Praktikumsstelle aufmerksam geworden. Meine Bekannte hat mir die Durchwahl der Artdirektion gegeben – und ich konnte damit elegant die Praktikumswarteliste umschiffen. Die Praktikumsstelle, wie ich später erfuhr, wurde nämlich nur zwei Mal im Jahr neu besetzt – und jede Woche gab es eine Bewerbung.

Mir ist es gut ergangen, bei dem Telefonat haben wir gleich einen Termin vereinbart, bei der ich die Mappe mit meinen ausgewählten Arbeiten präsentieren konnte. Und es klappte! So kam ich also in das Zwölf-Mann-*GEOlino*-Team und wurde ziemlich schnell als gleichgestellte Arbeitskraft behandelt. Davor musste ich mich noch mit den üblichen Startschwierigkeiten herumärgern: der Logistik einer Redaktion, das Serversystem, acht Stunden Arbeit am Tag und der Frage, welcher Name überhaupt zu wem gehört. Gravierende Probleme gab es zum Glück nicht, und sehr bald hatte ich mich nicht nur in das alltägliche Arbeitsleben integriert, sondern konnte auch das Layout von *GEOlino* selbst gestalten – natürlich nach Absprache mit den Grafikern.

Beim Layouten habe ich die Fotos von der Bildredaktion und die Texte von den Textern bekommen, um sie anschließend zusammenzustellen. Es gab natürlich einige Vorgaben, aber im Großen und Ganzen konnte ich eigenständig arbeiten, so dass meine Handschrift im Heft erkennbar wurde. So viel selbst gestalten zu können, war für mich ein großes Erfolgserlebnis und hat mir sehr viel gebracht. Zum Beispiel ein Gefühl für die Auswahl und Anordnung von Foto und Text. Wenn es mal nicht so hinhauen wollte mit meinem Layouttalent, hat mir immer jemand aus dem Team weitergeholfen. Wenn man ein kleines Team um sich herum hat, mangelt es nicht an Hilfe und auch nicht an Feedback. Super war, dass ich mit meinem Chef einen Kompromiss mit den Arbeitszeiten machen konnte, da ich ja noch Studieren musste. Also war ich immer Donnerstag und Freitag bei *GEOlino*, ansonsten in der Uni. Nach den sechs Monaten kam dann das Beste: Ich sollte auch weiterhin dem Team aushelfen und kann seither als freie Mitarbeiterin Illustrationen für das Heft anfertigen.

13.2. Freie Mitarbeit und Diplomarbeit

Wie gesagt: Um mit einem Unternehmen während des Studiums in Kontakt zu bleiben, braucht es nicht zwingend ein Bindungsprogramm – zumal es die bei kleinen und mittelständischen Firmen auch gar nicht gibt.

In Branchen, in denen generell viele Freiberufler tätig sind, kann ein Praktikum auch direkt in eine freie Mitarbeit münden, gerade in den Bereichen Event, Softwareentwicklung, Marketing oder in den Medien (siehe Kapitel 16). Meistens kommt das Angebot von Arbeitgeberseite hierzu schon im Laufe des Praktikums, wenn die Leistungen gut sind. Spätestens beim Abschlussgespräch solltest du deinem Wunsch noch einmal Nachdruck verleihen. Wer das Vordiplom beziehungsweise die Zwischenprüfung in der Tasche hat, kann oft als Werkstudent arbeiten. Der Unterschied zum Praktikum: Die Arbeit ist meist projektbezogen, bereits mehr auf ein bestimmtest Berufsziel abgestimmt und – ganz wichtig – besser bezahlt. Darauf aufbauend kann vielleicht in Kooperation mit dem Unternehmen und der Hochschule die Abschlussarbeit erstellt werden. Meist wird die Anfertigung der Abschlussarbeit vergütet, und der Diplomand erhält einen Vertrag als freier Mitarbeiter.

Es geht auch ohne Bindungsprogramm: Zum Beispiel durch freie Mitarbeit.

Für all die genannten Möglichkeiten gilt: Die Chancen steigen, wenn du selbst aktiv wirst und freundlich, aber deutlich nachfragst. Und auch, wenn es nicht gleich im Anschluss an das Praktikum mit einer freien Mitarbeit, Werkstudententätigkeit oder Traineestelle klappt, heißt es: Dranbleiben – aber mit Maß. »Als Ex-Praktikant kann man Kontakt zu seiner Fachabteilung halten«, rät Tobias Nickel (BMW). »Man sollte es allerdings nicht übertreiben, weil die Abteilungen natürlich eine Reihe von ehemaligen Praktikanten haben – wenn die sich alle monatlich melden würden, wäre das zu viel.« Als Student reicht es, sich halbjährlich ins Gedächtnis zu rufen, das Unternehmen über wichtige Schritte im Studium zu informieren (beispielsweise die Zwischenprüfung), nachzufragen, ob es irgendeine Möglichkeit der Mitarbeit gibt und immer wieder Interesse zu bekunden. Hat man sich mit den Kollegen auf persönlicher Ebene sehr gut verstanden, schadet auch ein gelegentlicher Besuch nicht – allerdings ist das eher bei Unternehmen mit familiärer Atmosphäre zu empfehlen.

Dranbleiben – aber mit Maß. Es reicht, wenn du dich halbjährlich ins Gedächtnis rufst.

Und noch etwas ist zu beachten: Auch wenn du am Anfang des Studiums ein Praktikum in der vermeintlichen Traumfirma absolvierst, solltest du dich nicht auf dieses eine Unternehmen versteifen. »Alle Praktika in einem Betrieb machen zu wollen, sich auf ein Unternehmen einzuschießen, ist gefährlich«, sagt Anna Maria Engelsdorfer (Arbeitsagentur München). »Denn wenn dann gerade da jobmäßig nichts geschieht, hat man schlechte Karten, weil man sich zu einseitig ausgerichtet hat.«

Nicht zu einseitig: Es bringt nichts, sich auf ein Unternehmen zu versteifen.

13.3. Traumziel Festanstellung?

Absolvierst du ein Praktikum kurz vor Studienabschluss, dann interessiert dich eine freie Mitarbeit vielleicht nicht mehr: Eine feste Stelle soll her. Wenn alles perfekt läuft – das Unternehmen Arbeitskräfte sucht, du im richtigen Moment da bist, die passenden Qualifikationen mitbringst und ins Team passt – kann aus einem Praktikum ein Angestelltenverhältnis werden. »Eine ganz wichtige Aufgabe als Praktikant ist es, Augen und Ohren offen zu halten und Kontakte zu knüpfen«, sagt Anna Maria Engelsdorfer (Arbeitsagentur München). »Nur so bekommt man mit, dass in bestimmten Abteilungen etwas in Bewegung gerät.«

Nütze dein Insiderwissen: Als Praktikant bekommst du häufig Wind von freien Stellen.

Und wenn in einer Abteilung etwas in »Bewegung gerät«, bedeutet das häufig Veränderungen und möglicherweise sogar eine bald frei werdende Stelle – von der du dann als »Insider« schon vor ihrer offiziellen Ausschreibung weißt. In so einem Fall heißt es schnell handeln, den Kontakt mit den Verantwortlichen suchen, Interesse bekunden, eine klassische Bewerbung schreiben – und im Glücksfall die Stelle bekommen. Lockere E-Mail-Anfragen mit Fragen wie »Wie sieht es denn eigentlich aus mit festen Jobs?« oder »Habt Ihr mittlerweile was für mich?« sind dagegen nicht zu empfehlen. Ratsamer ist ein regelmäßiger Blick auf die Unternehmens-Homepage – oder eben der Kontakt zur ehemaligen Abteilung. Viele Großunternehmen sind mittlerweile auf ein Online-Recruiting-System umgestiegen, bei dem sich der Bewerber nicht um eine bestimmte ausgeschriebene Stelle bemüht, sondern sein generelles Interesse an einem Job in diesem Unternehmen kund tut. »Über jede neue Stelle, die für einen passt, wird man informiert«, erklärt Tobias Nickel (BMW). »Und darauf kann man sich dann bewerben.«

Extra

Befristete Arbeitsverträge

Im Nachhinein wird sich mancher Praktikant (auch Werkstudent) ärgern, dass er Geld bekommen hat für seinen Unternehmensbesuch. Denn damit ist in den meisten Fällen ein befristetes Arbeitsverhältnis begründet – sofern das Praktikum nicht ausdrücklich zu Ausbildungszwecken (Pflichtpraktikum, BBiG-Praktikum) abgeleistet wurde – und ein solches darf nur einmal begonnen werden zwischen Arbeitnehmer und Arbeitgeber (dabei dreimal verlängert werden bis zu einer Gesamtdauer von höchstens 24 Monaten, so das Teilzeit- und Befristungsgesetz). Das Unternehmen, das einen Praktikanten halten will, hat also nach einem bezahlten Praktikum zwei Möglichkeiten: entweder die Fortführung der befristeten Anstellung – allerdings auf regulärer Arbeitnehmerbasis. Oder es wird doch beinahe ein »Lebenslänglich« für alle Beteiligten: Schließt der Arbeitsvertrag für den Ex-Praktikanten nicht direkt an das Praktikum an, kann das Unternehmen nur noch einen unbefristeten Arbeitsvertrag abschließen, der unflexibel und kaum mehr kündbar ist – was die wenigsten Arbeitgeber angesichts der Wirtschaftslage wollen. Der Mikrozensus des Statistischen Bundesamtes im Jahr 2003 ergab, dass bei den Berufstätigen unter 20 Jahren mehr als jeder Dritte lediglich einen befristeten Vertrag hat, im 1991 war es noch nur jeder Fünfte.

»Ich habe meine Arbeit sehr ernst genommen – und bin froh darüber!«

» «

Vanja Miljak (Jahrgang 1979) ist in Deutschland aufgewachsen, lebt in München und trägt ihre zweite Heimat Kroatien im Herzen. Die Konflikte im ehemaligen Jugoslawien haben sie schon früh geprägt und führten sie zu einem Praktikum beim UN-Kriegsverbrechertribunal in Den Haag.

Ich studiere Kommunikationswissenschaft und Politik in München. 2004 habe ich ein Praktikum beim UN-Kriegsverbrechertribunal für Ex-Jugoslawien (ICTY) in Den Haag gemacht – was viel mit meiner Lebensgeschichte zu tun hat. Meine Eltern kamen in meinem Geburtsjahr aus Kroatien nach Deutschland. Meiner zweiten Heimat bin ich sehr verbunden, spreche fließend kroatisch und habe die schwierigen Kriegsjahre in Ex-Jugoslawien mitbekommen: Unsere Wohnung wurde zum Auffanglager für flüchtige Verwandte und Bekannte.

Ich selbst habe mich zwar gezielt für ein Praktikum beim ICTY beworben, doch die Prozedur ist eigentlich bei jeder Unterorganisation der UNO dieselbe und nicht gerade einfach (Infos unter www.un.org/icty/pratical-e/index.htm). Für mich war es besonders schwer, zwei gute Referenzen zu bekommen, die begründen, weshalb ich für das Praktikum geeignet bin. Ich wählte einen Professor und einen Dozenten, die mich zwar nicht persönlich, aber dafür fachlich kannten. Und es hat geklappt: Nach zwei Monaten kam ein Anruf, ich hätte das Praktikum bekommen. Die meisten der etwa 80 Praktikanten im ICTY waren Juristen – entweder fertigstudiert oder noch im Studium: Da war ich eher eine Ausnahme. Praktikumsplätze gibt es in den verschiedensten Bereichen: direkt bei Gericht, in der Übersetzungsabteilung, bei der Analyseabteilung, in der Verwaltung und in der Pressestelle. Ich hatte mich für das so genannte »Leadership Research Team« beworben, das für die Anklage des Tribunals politische Analysen von Personen höheren politischen Ranges durchführt.

In meinen ersten Wochen hatten die Verhandlungen wegen der Sommerpause noch nicht angefangen. Zum Glück, denn ich musste unendlich viel lernen, Bücher und Anklageschriften lesen und mich in spezielle Computerprogramme einarbeiten. Nach zwei Wochen wurde ich als volle Arbeitskraft behandelt. Ich sollte genau so wie die anderen im Team Beweismaterial sichten, lesen und in den politischen Gesamtzusammenhang einordnen. Anschließend mussten Berichte über die kommenden Zeugen verfasst werden. Die Recherchefähigkeiten aus dem Studium konnte ich dabei gut gebrauchen. Von Anfang an entschied ich selbst, wie viel Verantwortung und Arbeit ich auf mich nehmen wollte. Meine Arbeitszeiten waren unterschiedlich: An einem Tag konnte ich pünktlich um fünf gehen, manchmal musste ich das Wochenende durcharbeiten. Aber als ich im Gerichtssaal meine erarbeiteten Argumente aus dem Mund des Anklägers hörte, war ich froh, dass ich meine Arbeit so ernst genommen hatte.

14. | Quo vadis? – Wege aus der Praktikumsmühle

Im Feuilleton der *Süddeutschen Zeitung* waren die Dauerpraktikanten seitenfüllendes Thema, und *Die Zeit* hat gar die »Generation Praktikum« ausgerufen.

Man glaubt, Deutschlands akademischer Nachwuchs läuft in einem Hamsterrad gegen die Arbeitslosigkeit an. In der Tat geraten zunehmend arbeitslose, aber arbeitswillige Hochschulabsolventen in die »Praktikumsmühle«. Andererseits ist das Phänomen aber auch nicht ganz neu, so die einhellige Meinung der Berufsberater – und nicht erst dieser Tage müssen Absolventen oft ein Jahr warten, bis sie einen Job haben. Falls du nach dem Studium ein Praktikum machen willst, darf nicht mehr das »Schnuppern« und »Orientieren« im Vordergrund stehen – klare Zielsetzung muss die Übernahme in eine reguläre Anstellung sein. Denn letztendlich ist das die einzige Möglichkeit, der Praktikumsmühle zu entkommen, beziehungsweise gar nicht erst hineinzugeraten.

Zielorientiert auftreten

Du hast einen hochwertigen Studienabschluss, also solltest du dir selbstbewusst und ganz gezielt ein Praktikum in dem Bereich suchen, in dem du auch arbeiten möchtest. Selbstverständlich solltest du bereits im Bewerbungsgespräch klären, ob die Möglichkeit einer Weiterbeschäftigung auf freier oder fester Basis besteht. Der Tipp von Professor Christian Scholz (Universität des Saarlandes): »Wenn es mit einer gut bezahlten Festanstellung nicht klappt, schlagen Sie Ihrem Wunscharbeitgeber oder Ihrem Chef offensiv einen befristeten Vertrag für ein konkretes Projekt vor.«

Extra

Arbeitslose Akademiker

Die schlechte Situation auf dem Arbeitsmarkt macht auch vor Akademikern keinen Halt mehr. Zwar liegt deren Arbeitslosenquote im ersten Halbjahr 2005 mit 3,3 (West) beziehungsweise 5,5 Prozent (Ost) weit unter der allgemeinen Quote, aber die absoluten Daten sprechen für sich: Bundesweit stieg die Zahl der Arbeitslosen mit Hochschulabschluss zwischen 2001 und 2003 um rund 40 Prozent. Mehr als 250.000 Akademiker sind dieser Tage ohne Job.

Alternativen prüfen

Egal, ob bezahlt oder unbezahlt, ob mit Anschlussbeschäftigung oder nicht: Es muss ein roter Faden erkennbar sein, der auf den gewünschten Job hinführt. Zwischen verschiedenen Branchen hin- und herzuspringen, mal in den Medien-, dann in den Wirtschaftsbereich hineinzuschnuppern, ist leider ein Privileg von Studenten in den ersten Semestern – und selbst dort nicht uneingeschränkt empfehlenswert. Trotzdem macht es natürlich keinen Sinn, untätig in der Küche zu sitzen, den mageren Stellenteil auf dem Tisch, das Examen an der Wand. Es gibt noch mehr Möglichkeiten, das Berufsleben zu gestalten. Ein fester Job oder Praktika sind durchaus nicht die einzigen beiden Optionen nach dem Hochschulabschluss.

Strenge Maßstäbe ansetzen

Verlange als Absolvent anspruchsvolle, eigenverantwortliche Tätigkeiten und lasse dir diese unbedingt im Praktikumsvertrag sowie durch einen Praktikumsplan »garantieren«. Natürlich: Die aktuelle Entwicklung zeigt, dass Unternehmen zunehmend dazu neigen, den Praktikanten nicht einfach nur »anspruchsvolle« Tätigkeiten, sondern die Arbeit und Verantwortung einer Vollzeitstelle zu übertragen – für ein Praktikantengehalt versteht sich, das sich selten über die 500-Euro-Grenze bewegt. Aber: Besser schlecht bezahlt werden und dabei seinen Horizont erweitern, als für das gleiche Geld beim täglichen Dauerkopieren schwarze Finger und eine Staublunge zu bekommen. Ganz umsonst solltest du keinesfalls mehr arbeiten. Bei einem Absolventenpraktikum handelt es sich nicht mehr in erster Linie um eine Ausbildung, es gilt zunehmend der Gesetzesmaßstab: Arbeit muss bezahlt werden (siehe Kasten auf S. 98).

Keine Zeit mehr für Dauerkopieren: Fordere anspruchsvolle Tätigkeiten.

§

Keine Lust auf Absolventenpraktika?

Extra

Was ist denn mit einer Promotion? Viele bezeichnen die Doktorarbeit derzeit als Flucht vor dem Arbeitsmarkt und vielleicht ist sie das auch. Aber es gibt Branchen, da nützt ein solcher Titel weiterhin und andernfalls ist die (erfolgreiche) Arbeit am »Dr. Notnagel« ein hervorragender »Lückenfüller« im Lebenslauf. Sicherlich ist es aber auch während einer Promotion sinnvoll, einen Fuß bereits fest ins Berufsleben und vor allem ins Erwerbsleben zu stellen:

- etwa mit einer Teilzeitstelle oder einer bezahlten wissenschaftlichen Mitarbeit an der Hochschule.
- Wer endlich einmal die Wohnung ohne Eltern oder Bafög zahlen will, sollte die Eitelkeit überwinden und erst mal einen vermeintlich banalen Job annehmen, vermittelt über Zeitarbeitsfirmen oder den täglichen Stellenmarkt. Als studierter Betriebswirt in einer Lohnbuchhaltung zu sitzen, bringt immerhin Geld und Berufserfahrung.
- Über Geld machst du dir gerade keine Sorgen und eine charaktervolle Kante im Lebenslauf stört dich auch nicht? Dann setze deine Kraft und dein Wissen »pro bono« für die Gemeinschaft ein. Als Mediziner etwa gibt es genügend Einsatzfelder in aller Herren Länder, wo man dem miserablen deutschen Stellenmarkt den Rücken kehren kann, um anderen zu helfen – wertvolle Arbeitserfahrungen gibt's inklusive. Wer im Wirtschafts- oder Mediensektor studiert hat, kann NGOs unterstützen und als Historiker kann man Stadtteilprojekte fördern.

»Ein Absolvent braucht kein Praktikum«

Professor Dr. Christian Scholz über die Tendenz vieler Unternehmen, hochqualifizierte Akademiker als Praktikanten auszunutzen, Wege aus der »Praktikumsmühle« und die zukünftige Situation von Berufseinsteigern auf dem Arbeitsmarkt.

Durch die starke Medienpräsenz des Themas »Praktikumsmühle« entsteht der Eindruck, dass die Zahl der Dauerpraktikanten mit Uniabschluss seit dem letzten Jahr sprunghaft angestiegen ist. Ist das wirklich so? Wenn ja, warum?

Es scheint tatsächlich so zu sein, dass Unternehmen auch Hochschulabsolventen immer mehr »Praktika« anbieten. Sicherlich gab es immer schon Unternehmen, die Praktikanten ausbeuten, sie also billig »einkaufen« und teuer an Kunden »weiterverkaufen«. Das betrifft aber im Regelfall die Zeit während des Studiums. Die diversen Praktika nach dem Studium sind ein relativ neues Phänomen, das sich zum Teil aus der Situation am Arbeitsmarkt ergibt, zum Teil aber aus der Chance zur Kostensenkung und zur Flexibilisierung. Oder um es anders auszudrücken: Praktikanten sind billiger und leichter zu entlassen. Es könnte aber noch einen weiteren Grund geben: Immer häufiger wird

Prof. Dr. Christian Scholz (Jahrgang 1952) ist Inhaber des Lehrstuhls für BWL an der Universität des Saarlandes mit den Schwerpunkten Organisation, Personal- und Informationsmanagement und Mitherausgeber der *Zeitschrift für Personalforschung*

über die gesunkene Qualifikation von Hochschulabsolventen geklagt, eine Tendenz, die sich fortsetzen wird, wenn noch mehr Absolventen mit Bachelor-Abschluss auf den Markt kommen. Ihnen wird es an qualifizierter Ausbildung fehlen und Firmen werden möglicherweise versuchen, dies durch allenfalls niedrig bezahlte Praktika auszugleichen.

Sie behaupten, dass viele Nachwuchskräfte des 21. Jahrhunderts »jahrelang in den Illusionswelten der New Economy« gelebt hätten und in Selbstmitleid verfallen würden – unberechtigt, weil jeder Jahrgang so seine Probleme habe.

Diese »Illusionswelt der New Economy« war natürlich fantastisch und vermittelte ein traumhaftes Bild: Sicherlich auch Arbeit, aber daneben schickes Ambiente, Freitagnachmittagspartys, Laptops sowie Handys und sonstige schöne Dinge für neue Mitarbeiter, Selbstfindungsseminare in der Karibik und vieles andere. Also: Das war schon alles ganz fantastisch. Aber nur für einen ganz kleinen Zeitraum, denn dann schlug der Darwinismus des Marktes zu. Trotzdem ist es verständlich, wenn manche nach dem Zerplatzen dieser Illusionswelt in Selbstmitleid verfallen und vor allem den schönen Versprechungen aus dem Personalmarketing nicht glauben wollen.

Und vorangegangene Jahrgänge?

Die hatten auch ihre Probleme: Sie mussten sich sehr oft mit feudalistischen Systemen herumschlagen, mit langfristig fixierten Stellenplänen, mit unflexiblen Laufbahnmustern und im Regelfall mit weniger Chancen zur individuellen Entfaltung. Ansonsten hatten und haben alle Generationen das Problem, dass die Hochglanz-Karrieremagazine ihnen eine Welt vorgaukeln, die nicht der Realität entspricht, die aber den jeweiligen Anzeigenkunden gefallen dürfte.

Für jeden Absolventen, der keine feste Stelle findet, stellt sich oft irgendwann die Frage: Noch ein Praktikum machen oder irgendeinen Job annehmen?

Noch ein Praktikum ist aus meiner Sicht keine Alternative. Wer ein vernünftiges Universitätsdiplom hat, der braucht kein Praktikum! Und: Er relativiert seinen Abschluss, wenn er darauf einsteigt. Ich würde dann eher einen Job annehmen, für den ich überqualifiziert bin und dann die Augen nach neuen Chancen offen halten. Aber auf keinen Fall ein Praktikum akzeptieren, denn mit jedem neuen Praktikum sinkt der eigene Marktwert.

»Mit jedem Praktikum nach dem Studium sinkt der eigene Marktwert«

Wie kann ein Absolvent während eines Praktikums reagieren, wenn er ganz offensichtlich eine normale Vollzeitstelle ersetzen soll?

Hier gibt es nur eine Chance: Sich in dem Job bewähren und dann den Chef offen darauf ansprechen, also eine sofortige Entscheidung erzwingen. Und im Zweifelsfall sofort den Job aufgeben. In das Gespräch mit dem Chef muss man also mit der Einstellung gehen, entweder mit einer Vollzeitstelle oder mit der Kündigung den Raum zu verlassen. Alles andere ist zwar leichter umzusetzen, bringt aber langfristig nichts.

Was sagt eigentlich der Gesetzgeber zu Praktikanten, die unentgeltlich oder mit sehr geringem Lohn beschäftigt werden?

Ich bin kein Jurist, nehme aber an, dass diese Vertragsbeziehung rechtens ist unter dem Stichwort »Qualifizierung«. Und im Übrigen: Wo kein Kläger …

Seit einigen Monaten gibt es den Verbund FairCompany, dem sich Unternehmen anschließen, die unter anderem von sich behaupten, dass sie Absolventen nicht mit der Aussicht auf eine Festanstellung für ein Praktikum ködern. Was halten Sie davon?

Solche Erklärungen sind sicherlich ein interessanter Schritt. Nur: Wenn sich die Unternehmen von sich aus an solche Spielregeln halten würden, bräuchte man derartige Aktionen gar nicht. Erst das eine tun, dann eine Erklärung unterschreiben und dann das Gegenteil tun? Das halte ich für unglaubwürdig. Und bei denjenigen Firmen, die sich sowieso entsprechend verhalten, wofür brauchen die eine solche Erklärung? Einfach keine Vollzeitstellen durch Praktikanten ersetzen, das würde schon genügen. Ich glaube sowieso nicht, dass wir hier mit Erklärungen und erst recht nicht mit Gesetzen weiterkommen.

»Offensiv auftreten und sich nicht einschüchtern lassen«

Was wäre ein Lösungsansatz?

Die Unternehmen müssten zum einen genau überlegen, ob ein derartiges Verhalten Teil einer vernünftigen Personalarbeit darstellt. Überzeugender als die ethische Argumentation ist hier aus meiner Sicht die Einsicht in betriebswirtschaftliche Erkenntnisse, wonach gerade Motivation, Unternehmenskultur, Vertrauen und vieles andere sich letztlich in ökonomischen Ergebnisgrößen niederschlägt. Zum anderen müssen die Hochschulabsolventen realistisch die Arbeitswelt verstehen und gestalten, also den Darwinismus des Marktes verstehen und mit dem eigenen Opportunismus in Einklang bringen. Das bedeutet aber auf jeden Fall: Offensiv auftreten und sich nicht einschüchtern lassen!

Und wie wird es langfristig weitergehen? Wird sich die Situation für Berufseinsteiger entspannen?

Gerade die Diskussion um die gering oder gar nicht bezahlten Praktika als Alternative zur Festanstellung nach dem Studium zeigt, dass es Veränderungen gibt. Hier ist es aber für die Absolventen wichtig, zwei Punkte klar auseinander zu halten: Das Problem bei diesen Praktika ist die geringe Bezahlung. Es ist nicht die »nicht gewährte« Festanstellung. Wir werden uns – und das prognostizieren wir in Saarbrücken in unseren Publikationen seit langem – verabschieden müssen von der Fiktion der Festanstellung. Ich nenne das »Spielen ohne Stammplatzgarantie«. Das wird in Zukunft zur Regel. Dies wird aber nicht unterbezahlte Arbeit bedeuten. Deshalb ein kleiner Tipp am Ende: Wenn es mit der gut bezahlten Festanstellung nicht klappt, schlagen Sie Ihrem Wunscharbeitgeber oder Ihrem Chef offensiv einen befristeten Vertrag für ein konkretes Projekt vor!

Qualifizierte Praktika für Absolventen sollten mindestens drei Monate dauern. Aber auch nicht länger als sechs Monate – das ist die Schmerzgrenze, auch, wenn es sich um ein Projektpraktikum handelt. Völlig indiskutabel für Absolventen sind alle Praktika, die ein Jahr dauern und dabei schlecht bis gar nicht bezahlt werden. Es ist augenscheinlich, dass es sich dann um einen Vollzeitjob handelt, der als Ausbildung getarnt ist.

Keine Bezahlung, länger als sechs Monate? Hände weg von solchen Praktika.

Konsequent handeln

Wenn du also während des Praktikums erkennst, dass deine Arbeit eigentlich die einer Vollzeitkraft ist, birgt das allerdings auch einen Vorteil: Du kannst das Unternehmen nach ein paar Wochen mit Verweis auf den offenkundigen Bedarf auf die Möglichkeit einer Festanstellung ansprechen. »Wenn ein Praktikant sich für die Ziele des Arbeitgebers ganz besonders interessiert und gute Eignung mitbringt«, beurteilt Prof. Dr. Reinhold Kreile, Generaldirektor der GEMA, die Einstiegschancen während eines Praktikums, »dann muss man eine Übernahme nicht ausschließen«. Professor Dr. Christian Scholz (Universität des Saarlandes) rät dabei zu konsequentem Vorgehen: »In das Gespräch mit dem Chef muss man mit der Einstellung gehen, entweder mit einer Vollzeitstelle oder mit der Kündigung den Raum zu verlassen. Alles andere ist zwar leichter umzusetzen, bringt aber langfristig nichts.«

Checkliste Praktika für Absolventen

- ☐ Zielgerichtet bleiben: Mache nur noch Praktika in deiner Wunschbranche.
- ☐ Nicht ausbeuten lassen: Achte auf angemessene Dauer und Bezahlung.
- ☐ Klartext: Mache deutlich, daß du eine Festanstellung anstrebst.
- ☐ Erfahrungen sammeln: Mache Praktika mit Erkenntnisgewinn.
- ☐ Immer flexibel bleiben und nicht eindimensional denken: Freelancer-Jobs und Werkaufträge sind wichtige Arbeitserfahrungen.
- ☐ Warteschleifen überbrücken: Wieso nicht die Promotion durchziehen oder kurze Zeit in Bereichen jobben, für die man vermeintlich überqualifiziert ist?
- ☐ Und schlussendlich: Gute Bildung ist der beste Schutz vor Arbeitslosigkeit.

15. | Ab ins Ausland

Den Horizont erweitern, die Chancen auf dem Arbeitsmarkt vergrößern – ein Auslandspraktikum ist in jedem Fall zu empfehlen. Wenn einige grundlegende Ratschläge befolgt werden, steht diesem Highlight im Lebenslauf nichts mehr im Weg.

Neue Sprache, neues Selbstbewusstsein: Zwei Fliegen mit einer Klappe durch ein Auslandspraktikum schlagen.

»Auslandsaufenthalte sind ebenso wie Praktika dicke Pluspunkte im Lebenslauf«, sagt Harro Honolka (LMU München). Wer zwei Fliegen mit einer Klappe schlagen will, sollte also ein Praktikum im Ausland absolvieren: »Der Mensch ist nach einer Auslandserfahrung einfach flexibler einsetzbar.« Wer im Ausland war, kann meist mit anderen Arbeitsweisen und Lebensstilen umgehen, beherrscht die Landessprache mindestens ausreichend, hat Mobilität bewiesen – besitzt eben ein gewisses Maß an »interkultureller Kompetenz«. Auch nicht zu vergessen ist der Aspekt »Raus von zu Haus«. Und manchmal bietet ein Auslandspraktikum auch ein dickes Sahnehäubchen: Über den heimischen Tellerrand hinausblicken kann nämlich auch aufs Meer hinausblicken bedeuten ...

Damit Strand und Sand stimmen und natürlich vor allem das Unternehmen, solltest du ein Auslandspraktikum lange vorplanen. Abgesehen von der notwendigen Abstimmung auf Semester und Seminare dauert es seine Zeit, bis du eine Stelle gefunden und dir am besten auch noch ein Stipendium gesichert hast. Zusammen mit Reisepass, den Eigenheiten deines Ziellandes und den anderen sieben Sachen vergehen da schon mal zwölf oder 18 Monate.

Ob in Japan, Finnland oder Mexiko – ohne Sprachkenntnisse geht es nicht.

Grundsätzlich kannst du dich natürlich bei jedem Unternehmen weltweit auf eigene Faust bewerben, und auf diesem direkten Wege – wie im Inland auch – eine Stelle bekommen. Bessere Chancen als bei rein ausländischen Unternehmen hat man in der Regel bei deutschen Unternehmen, die ausländische Dependancen haben – die Muttersprache erweist sich hier als klarer Vorteil. VW beispielsweise stellt in seinem Werk in Mexiko gerne deutsche Praktikanten mit Spanischkenntnissen ein. Andersrum geht's natürlich auch: Du kannst dich von deutschen Filialen ausländischer Unternehmen vermitteln lassen. Microsoft beispielsweise schickt seine deutschen Mitarbeiter gerne zum Hauptsitz nach Redmond bei Seattle.

Wer sich bei einer ausländischen Firma bewirbt, sollte vor allem die Sprache beherrschen: Im Gegensatz zu einem ungezwungenen Studienaufenthalt im Ausland gibt es während eines Praktikums keine Gelegenheit, die Sprache vorab vor Ort zu lernen. Du sollest die Landessprache also einigermaßen beherrschen, um von Anfang an mitarbeiten zu können. Eine Ausnahme bilden internationale Firmen, die stets auf Englisch kommunizieren – egal, ob die Filiale in Finnland oder Italien ist.

Die erste Anlaufstelle ist das Akademische Auslandsamt an deiner Hochschule. Auch Praktikumsorganisationen vermitteln Stellen und helfen vor und während des Aufenthalts mit Rat und Tat und vielleicht auch finanziell weiter.

Nützliche Adressen

- Der Deutsche Akademische Auslandsdienst (DAAD) ist eine Einrichtung der deutschen Hochschulen, die durch Studentenaustausch Beziehungen mit dem Ausland fördert: www.daad.de
- Das EU-Programm Leonardo da Vinci II ist 1,4 Milliarden Euro schwer und unterstützt noch bis Ende 2006 europaweit Praktikanten mit durchschnittlich 350 Euro pro Monat, Reisekostenzuschüssen und Versicherungsbeiträgen. Ansprechpartner sind die Akademischen Auslandsämter oder im Zweifelsfall der DAAD.
- Aiesec (www.aiesec.de), die weltgrößte Studentenorganisation, vermittelt Praktika in über 80 Länder der Erde in den Bereichen Finanzen, Marketing, Projektmanagement, Rechnungswesen, Controlling, Informationstechnologie sowie in gemeinnützigen Organisation und der Entwicklungshilfe. Auch als Sprachlehrer kann man Erfahrung sammeln.
- Iaeste (www.iaeste.de), eine internationale, unabhängige Organisation, vermittelt in 77 Ländern Praktika im Bereich Technik.
- Die Fachhochschule Hannover hat die Broschüre *Praktikum in USA und Kanada* herausgegeben: wwwserv1.rz.fh-hannover.de/usa/bro1.htm.
- Das IBS (www.cdg.de/ibs) ist eine staatliche Informationsstelle zur beruflichen Aus- und Weiterbildung für Deutsche im Ausland.
- Das Handbuch *Studium und Praktikum im Ausland* (Eichborn, 19,90 Euro) bietet auf knapp 300 Seiten tiefgehende Information – von der Anerkennung von Seminarscheinen bis zu Stipendien.
- Der Verlag Interconnections (www.interconnections.de) hat sich auf Auslandspraktika spezialisiert.
- Die Zentralstelle für Arbeitsvermittlung (ZAV) der Arbeitsagentur (www.arbeitsagentur.de) verlegt jährlich neu die kostenlose Broschüre *Jobs und Praktika im Ausland*. Das Büro für Führungskräfte zu Internationalen Organisationen (BFIO) vermittelt auch Praktika: bonn-zav.bfio@arbeitsagentur.de und gibt das Handbuch *Deutsche Führungskräfte in Internationalen Organisationen* heraus.
- Bilaterale Wirtschaftsverbände: Die Außenhandelskammern (www.ahk.de) und z.B. der Ostasiatische Verein (www.oav.de) können weiterhelfen.
- www.lonelyplanet.com: Geheimtipp für Kontakte in abgelegene Gegenden.

- Die Broschüre *Weiterbildung ohne Grenzen* der Inwent GmbH, ehemals Carl-Duisberg-Gesellschaft (www.inwent.org/ibs).
- Der *Oeckl, Taschenbuch des Öffentlichen Lebens – Europa und internationale Zusammenschlüsse* (Festland, 89,90 Euro). Angesichts des Preises lohnt sich ein Bibliotheksbesuch.

15.1. Praktika in Österreich

Die Praktikantensituation in Österreich: Zu viele Bewerber auf zu wenige Plätze.

Die Situation für Praktikanten in Österreich ist im Grunde nicht viel anders als in Deutschland: zu viele Bewerber auf zu wenige Plätze. Aber auch in Wien, Linz oder Graz kann punkten, wer seine Bewerbung ordentlich und sauber abschickt und Motivation zeigt. Eine landesspezifische Besonderheit sollten deutsche Bewerber dabei im Kopf behalten: In Österreich heißen Deutsche meist »Piefkes«. Der lautmalerische Tonfall verrät viel über Vorurteile, also: Kein allzu forsches Auftreten, sondern freundliche Zurückhaltung bei den ersten Kontakten, sonst rennst du schnell gegen Mauern.

§

Nicht nur die österreichische Arbeitsmarktsituation ist mit der in Deutschland vergleichbar – die rechtliche Beurteilung von Praktikanten ist im Alpenland ebenfalls »recht unübersichtlich«, wie die österreichische Wirtschaftskammer eingesteht. Die wichtigsten Unterschiede zu deutschen Praktika werden in den Benennungen deutlich. Österreicher unterscheiden Ferialpraktikum, Volontariat und Ferialjob – vor allem mit arbeitsrechtlichen Konsequenzen.

Volontariat

So genannte »echte Ferialpraktika« und Volontariate dienen in erster Linie Schulungs- und Lernzwecken und sind durch den Lehrplan oder die Studienordnung vorgeschrieben oder zumindest üblich. Sie ziehen keine Arbeitspflicht gegenüber dem Unternehmen nach sich und sind entsprechend unbezahlt oder beinhalten ein »Taschengeld«, das eine Lehrlingsentschädigung nicht überschreitet. Ferialpraktikanten und Volontäre sind keine Arbeitnehmer, damit nicht weisungsgebunden und frei in ihren Arbeitszeiten. In der Realität macht es natürlich keinen Sinn, erst zur Mittagszeit zum Praktikum zu kommen – denn das Unternehmen kann dich mit derselben gesetzlichen Freiheit einfach wieder vor die Tür setzen. Besteht allerdings ein befristeter Vertrag zwischen Ferialpraktikant und Unternehmen, so ist eine vorzeitige Kündigung sittenwidrig und nicht wirksam. Nicht nur aus diesem Grund ist der Abschluss eines Praktikumsvertrags oder so genannten »Dienstzettels« sinnvoll und ab einer Tätigkeitsdauer von einem Monat gesetzlich vorgeschrieben. Sämtliche Punkte aus Kapitel 7 treffen natürlich auch hier zu. Ergänzend dazu sollte noch schriftlich festgehalten werden, dass kein Dienstverhältnis (mit fixen Arbeitszeiten und Weisungsgebundenheit) vereinbart wird. Übrigens: Der Wortbestandteil »Ferial« ist irreführend: Ferialpraktika können das ganze Jahr über absolviert werden und nicht nur in den Semesterferien.

Ferialjob

Bei Ferialjobs liegt die Betonung auf Job und damit auf dem Geldverdienen. Ein Ferialjob liegt dann vor, wenn du in persönlicher und wirtschaftlicher Abhängigkeit arbeitest und ist meist mit einem befristeten Arbeitsvertrag ausgestattet. Damit wird ein Arbeitsverhältnis oder Dienstverhältnis begründet, das gekennzeichnet ist durch Arbeitspflicht, eine Entlohnung mindestens in Höhe des jeweiligen »Kollektivvertrags« (Tarifvertrag) und Weisungsgebundenheit gegenüber dem Arbeitgeber. Dafür stehen dir auch alle Arbeitnehmerrechte zu (etwa Urlaub, Lohnfortzahlung, Kündigungsfristen). Falls du eigentlich ein Ferialpraktikum angetreten hast und dir inzwischen als Vollzeitarbeitnehmer vorkommst, kannst du im Zweifel Entgeltansprüche geltend machen. Die Beweislast liegt aber bei dir.

Feiner Unterschied: Ein Ferialjob dient dem Geldverdienen, ein Ferialpraktikum der Bildung.

Sozialversicherung und Krankenversicherung

Egal, ob du Praktikant, Volontär oder Ferial-Angestellter bist, dein Arbeitgeber muss dich binnen sieben Tagen ab Tätigkeitsbeginn bei der Gebietskrankenkasse oder direkt bei der Allgemeinen Unfallversicherungsanstalt in Salzburg anmelden. Der vorgeschriebene Schutz umfasst dabei mindestens die Unfallversicherung. Um eine Auslandskrankenversicherung solltest du dich auf jeden Fall selbst noch vor Beginn deines Auslandsaufenthaltes kümmern.

Steuern

Wer in Österreich arbeitet und Geld verdient, muss diese Einkünfte im Regelfall in Deutschland nicht versteuern, aber in jedem Fall dem Finanzamt mitteilen. In Österreich gelten für Ferialpraktika und Volontariate von höchstens sechs Monaten Dauer besondere Freistellungen, so dass man weder in Deutschland noch in Österreich Steuern zahlen muss. Ein Ferialjob allerdings gilt auch steuerrechtlich als normale Arbeit, der Lohn wird entsprechend besteuert. Im Zweifel hilft die Beratungsstelle deines zuständigen Finanzamtes weiter.

Steuerfrei: Bei Praktika in Österreich musst du nichts an den deutschen Fiskus abführen – aber ihn informieren.

Meldepflichten

Im Rahmen der EU-weiten Freizügigkeit sind Praktikanten aus EU-Ländern den Österreichern gleichgestellt, ein Deutscher braucht also keine Beschäftigungsbewilligung oder Aufenthaltserlaubnis. Allerdings solltest du dich gleich nach deiner Ankunft bei der Polizei oder beim Gemeindeamt melden, da in Österreich eine polizeiliche Meldepflicht besteht. Wer länger als drei Monate bleibt, muss sich zusätzlich bei der Fremdenpolizei oder dem Gemeindeamt eine Aufenthaltsgenehmigung (die nicht abgelehnt werden kann) und einen so genannten »EWR-Lichtbildausweis« besorgen.

Informiere Polizei oder Gemeindeamt über deinen Aufenthalt.

Hilfreiche Adressen

- oeh.ac.at (Österreichische HochschülerInnenschaft; Broschüre *Studieren und Arbeiten*)
- www.unijobs.at (Studentenservice von jobfinder.at)
- www.jugendinfo.at (Infobörse des Bundesministeriums)
- portal.wko.at (Wirtschaftskammer in Österreichs)
- www.ams.or.at (Österreichisches Arbeitsamt mit Stellenbörse)
- Europäisches Berufsberatungszentrum Rosenheim, Wittelsbacher Str. 57, 83022 Rosenheim, Tel.: 0803/202-233
- www.dhk.at (Deutsche Handelskammer in Österreich)

15.2. Praktika in der Schweiz

26 Kantone, 26 Ausbildungssysteme: In der Schweiz variiert die Definition von Praktikum.

Die Schweiz: berühmt für Schokolade, Emmentaler und Offizierstaschenmesser. Aber die Schweiz ist auch das störrische Kind Europas, das nicht mitspielen will in der Rechts- und Wirtschaftsgemeinschaft EU, und seine Grenzen nur bedingt öffnet. In den insgesamt 26 Kantonen (politisch vergleichbar mit unseren Bundesländern, aber meist nur so groß wie Landkreise) werden vier offizielle Sprachen gesprochen, und Brötchen kauft man dort immer noch mit Schweizer Franken (CHF) zu 100 Rappen ein. Und auch für Praktikanten ist die Situation einigermaßen unübersichtlich – bedeuten 26 Kantone doch auch 26 verschiedene Ausbildungssysteme, in denen »Volontariat«, »Praktikum« und »Stagiaire« jeweils etwas anderes bedeuten. »Es gibt keine generellen Definitionen über die Unterschiede«, gibt das Bundesamt für Zuwanderung, Integration und Auswanderung zu. »Das ist je nach Kanton unterschiedlich geregelt.« Trotzdem der Versuch einer Begriffsbestimmung:

Volontariat

Für die Schweizer ist ein Volontariat in der Regel eine Art verpflichtendes Vorpraktikum. Man benötigt keine großen Vorkenntnisse, es ist nötig, um eine Ausbildung oder ein Studium zu beginnen, und meist unbezahlt.

Praktikum

Ein Praktikum gilt als Bestandteil der Ausbildung oder des Studiums. Man benötigt also gewisse Vorkenntnisse und erhält mindestens ein »Taschengeld« zwischen 100 CHF und 2.500 CHF.

Stagiaire

Obwohl das französische Wort »stage« nicht mehr heißt als Praktikum, ist es meist nicht mit der deutschen Übersetzung vergleichbar. Ein Stagiaire ist ein Weiterbildungselement für Ausgelernte, die sich nach ihrer fertigen Ausbildung weiter schulen wollen. Die Anstellung muss im erlernten Berufszweig erfolgen und dauert bis zu achtzehn Monaten bei normalem Lohn. Aber Vorsicht: Mit einem Stagiaire kann eben auch einfach nur ein Praktikant oder ein Praktikum in unserem – deutschen – Sinne gemeint sein.

Meldepflichten

Die EU-weiten Regelungen zur Personenfreizügigkeit treffen nicht auf die Schweiz zu, denn sie ist kein Mitgliedsstaat der Europäischen Union. Aber auch ohne Mitgliedschaft versucht die Schweiz, der EU mit bilateralen Abkommen entgegenzukommen und die Einreise, den Aufenthalt und die Erwerbstätigkeit von »EU-Staatsangehörigen« zu vereinfachen. Dadurch ist die Bürokratie zwar schneller geworden, aber noch lange nicht abgeschafft. Deswegen solltest du dich an die Meldepflicht halten, die vorschreibt, dass man sich sieben Tage vor Arbeitsbeginn bei der zuständigen kantonalen Behörde anmelden muss. Das »Wo« und »Wie« erfährst du online bei der Bundesbehörde der Schweizerischen Eidgenossenschaft, dort sind die Kontakte zu den einzelnen Kantonen aufgelistet (siehe Seite 128).

Bitte melde dich: Sieben Tage vor Arbeitsbeginn sollte die zuständige kantonale Behörde Bescheid wissen.

Eine Aufenthalts- und Arbeitsbewilligung braucht nur, wer länger als drei Monate in der Schweiz erwerbstätig ist. In diesem Fall musst du schon im Voraus bei der Fremdenpolizei oder der Migrationbehörde des jeweiligen Kantons eine Kurzaufenthaltsbewilligung beantragen und dich innerhalb von acht Tagen nach deiner Ankunft bei der kantonalen Wohngemeinde anmelden. Der »Kurzaufenthalt« ist abhängig von der Laufzeit deines Praktikumsvertrages, darf jedoch höchstens ein Jahr dauern. Für das Gesuch einer solchen Bewilligung benötigst du folgende Unterlagen:

- einen gültigen Pass oder Personalausweis
- die Bestätigung deiner Krankenkasse (siehe Krankenversicherung)
- zwei aktuelle Passfotos
- eine Kopie des Praktikumsvertrags

Sozialversicherung und Krankenversicherung

In der Schweiz müssen Erwerbstätige krankenversichert sein. Entscheidend für Praktikanten ist dabei der Wohnsitz: Ist dein Hauptwohnsitz noch in Deutschland und dein Praktikum zeitlich begrenzt, kannst du dich von der Versicherungspflicht befreien lassen. Voraussetzung ist, dass du über eine gleichwertige deutsche Krankenversicherung verfügst, die im Notfall auch in der Schweiz eintritt. Beantragen kannst du die Befreiung bei der jeweiligen kantonalen Stelle. Für die Unfallversicherung ist der Arbeitgeber zuständig. Aber auch, wenn er die volle Verantwortung für alle Eventualitäten trägt, schadet es nicht, noch einmal explizit nach der Unfallversicherung zu fragen und eventuell eine entsprechende Klausel in den Praktikumsvertrag aufnehmen zu lassen.

Unbedingt vorher klären: Tritt deine Krankenkasse im Notfall in der Schweiz ein?

Wer in der Schweiz Geld verdient, gilt als Arbeitnehmer.

Steuern

Egal, ob das Praktikum studienbezogen ist oder nur zur Orientierung dient: Wer in der Schweiz Geld verdient, gilt als Arbeitnehmer. Im Regelfall wirst du in der Schweiz besteuert und in Deutschland mit diesen Einkünften von der hiesigen Steuer freigestellt – die »Schweizer« Einkünfte musst du aber dennoch deinem Finanzamt mitteilen. Da du wohl für die Zeit deines Praktikums deinen Hauptwohnsitz in Deutschland behalten wirst, betrifft dich nur die Quellensteuer, die mit unserer Lohnsteuer vergleichbar ist – wenn auch bei weitaus niedrigeren Prozentsätzen. Der Prozentsatz der Quellensteuer ist von Kanton zu Kanton unterschiedlich und steigt mit der Höhe des Einkommens. Als Beispiel: Wer im Kanton Zürich 800 Schweizer Franken brutto im Monat verdient, muss 0,5 Prozent Quellensteuer abgeben, bei 2.000 CHF sind es 1,42 Prozent. Im Zweifel hilft die Beratungsstelle deines zuständigen Finanzamtes weiter.

Hilfreiche Adressen

- www.bfm.admin.ch (Bundesamt für Migration BFM: Einreise und Arbeitsbedingungen)
- www.admin.ch/ch/d/schweiz/kantone (Bundesbehörde der Schweizerischen Eidgenossenschaft: die Kantone im Überblick)
- www.jobpilot.ch (Stellenangebote)
- www.jobsuchmaschine.ch (Eine der größten Stellenbörsen der Schweiz)
- www.vip.unisg.ch (Die Jobbörse der Uni St. Gallen)
- www.treffpunkt-arbeit.ch (Das Schweizer Arbeitsamt samt Jobbörse)
- www.handelskammer-d-ch.ch/content/willkommen.asp (Handelskammer Deutschland-Schweiz)
- www.studex.ch (Der Service des Schweizer Staatssekretariats für Bildung und Forschung vermittelt Praktika und vergibt auch Stipendien.)

»Zurück mit einem Kopf voller Eindrücke“

Wieso nicht in den Beruf hineinschnuppern und gleichzeitig Abenteuer erleben? Kurz entschlossen ging der Münchner Medizinstudent Nicco Krezdorn (Jahrgang 1983) nach Afrika und absolvierte ein Pflichtpraktikum in einem Krankenhaus in Ruanda.

In meinem Studium sind drei Monate Pflegepraktikum vorgeschrieben. Da kam es mir recht, dass mein Onkel über den Deutschen Entwicklungsdienst in das Centre Hospitalier Universitaire de Butare in Ruanda gekommen war und dort arbeitete. Er leitete meine E-Mail-Bewerbung zur dortigen Pflegedienstleitung weiter; ich flog letztendlich für sechs Wochen nach Ruanda. Aber auch ohne »Vitamin B« wäre ein Afrikaaufenthalt machbar gewesen – über den Deutschen Famulantenaustausch (www.dfa-germany.de).

Als angehender Arzt hat mich die Medizin in einem Entwicklungsland interessiert, aber kurz vor dem Abflug war ich doch verunsichert. Aller Anfang ist schwer – in Ruanda kamen noch sprachliche und kulturelle Probleme hinzu. Ich beherrsche zwar die Landessprache Französisch, aber ich musste dennoch den Dialekt der Stadt und medizinische Fachausdrücke lernen. Die afrikanische Kultur ist spannend und das Gegenteil zur deutschen – man gewöhnt sich bekanntlich an alles. Bereits nach kurzer Zeit wusste ich, dass ich mir genug Wasser und Kerzen in Vorrat halten musste, falls die Wasser- und Stromversorgung wieder zusammenbricht. Nach zwei Wochen hatte ich auch verstanden, dass die Menschen kulturbedingt nicht sofort auf einen zugehen. Später habe einfach ich die Initiative ergriffen – und daraufhin auch außerhalb der Arbeit Kontakt zu den Menschen dort gefunden. Im Krankenhaus lief es von Anfang an gut –wobei die Bedingungen in Ruanda anders sind als in Deutschland: Es gibt zum Beispiel keinen „Zimmerservice“ für Patienten – der klassische Job für Pflegepraktikanten hierzulande. Zuerst bin ich nur bei der Visite der Chefärzte mitgelaufen. Es hat aber nicht lange gedauert, bis ich beinahe vollwertig eingesetzt wurde. Ich habe bald selber genäht, Gipsen gelernt, Wunden versorgt, Patienten abgetastet und abgehört und durfte sogar – natürlich mit ärztlicher Unterstützung – eine Beschneidung vornehmen. Verbandwechseln und Wundversorgung, also ganz normale Schwesterntätigkeiten, waren auch dabei. Ich denke, diese Vielfalt an Möglichkeiten hätte ich in Deutschland nicht gehabt.

Sechs Wochen später stand ich mit einigen E-Mail-Adressen mehr, einem Praktikumzeugnis und einem Kopf voller Eindrücke wieder in München am Flughafen. Die Faszination von Land, Leute und Landschaft und der hohe Respekt vor dem Elend, mit dem die Menschen dort klar kommen müssen, ist einprägsam. Durch das Internet lässt sich der Kontakt nach Afrika zum Glück aufrecht erhalten, ich glaube, ich könnte jederzeit wieder kommen. Aber auf die Idee, dass ich dort leben wollen könnte, sind die afrikanischen Chefärzte gar nicht gekommen. Jeder Afrikaner träumt wohl von einem Leben in Europa und kann sich gar nicht vorstellen, dass ein Europäer gerne dauerhaft nach Afrika gehen will. Ob es mich nach meinem Studium wieder dorthin verschlägt, kann ich noch nicht sagen.

Literaturverzeichnis

Thema Vorstellungsgespräch

Öttl, Christine/Härter, Gitte, *Vorstellungsgespräche*, GU 2004 (128 Seiten, 9,90 Euro)

Gut recherchiert und übersichtlich strukturiert – kompetente Hilfe für das Vorstellungsgespräch. Allerdings ärgerlich, dass die Autorinnen die schriftliche Bewerbung in ein eigenes, weiteres Buch gepackt haben.

Hesse, Jürgen/Schrader, Hans-Chr., *Das erfolgreiche Vorstellungsgespräch*, Eichborn 2001 (160 Seiten, 12,90 Euro)

Standardwerk. Hesse/Schrader erklären kompakt und anschaulich alle Aspekte des Vorstellungsgesprächs.

Püttjer, Christian/Schnierda, Uwe, *So überzeugen Sie im Bewerbungsgespräch*, Campus 2005 (220 Seiten, 12,90 Euro)

Anschaulicher, praxisnaher Ratgeber mit Tipps für souveränes Auftreten und die richtige Darstellung fachlicher Kenntnisse.

Thema Bewerbung

Öttl, Christine/Härter, Gitte, *Schriftliche Bewerbung*, GU 2004 (128 Seiten, 9,90 Euro)

Gut recherchiert und übersichtlich, wäre im Doppelpack mit dem Vorstellungsgespräch aber sinnvoller (und günstiger) gewesen.

Püttjer, Christian/Schnierda, Uwe, *Das große Bewerbungshandbuch*, Campus 2005 (541 Seiten, 14,90 Euro)

Das umfangreiche Handbuch begleitet durch alle Phasen des Bewerbungsvorgangs und enthält viele Checklisten und Beispiele.

Hesse, Jürgen/Schrader, Hans-Chr., *Die perfekte schriftliche Bewerbung*, Eichborn 2005 (143 Seiten, 8,95 Euro)

Mit zahlreichen Formulierungshilfen und Gestaltungstipps für Anschreiben und Lebenslauf.

Thema Anschreiben/Sprache

Schneider, Wolf, *Deutsch fürs Leben*, Rowohlt 2001 (224 Seiten, 8,90 Euro)

Die Bibel für alle, die lernen wollen, elegant formuliert und gut verständlich zu schreiben. Der Autor selbst zeigt, wie es geht – verdichtet auf 50 amüsant zu lesende Regeln.

Püttjer, Christian/Schnierda, Uwe, *Überzeugen mit Anschreiben und Lebenslauf*, Campus 2004 (282 Seiten, 15,90 Euro)

Gut recherchiertes und umfangreiches Werk. Mit vielen Übungen, Beispielanschreiben und -lebensläufen.

Thema Assessment Center

Beitz, Holger/Loch, Andrea, *Assessment Center*, Goldmann 2004 (192 Seiten, 6,95 Euro)

Im Vergleich zu anderen Büchern zum Thema ist dieses eher knapp ausgefallen – und informiert dennoch anschaulich und umfassend über die Selbstfindung vor dem Assessment Center bis hin zur Gruppendiskussion.

Thema Adressrecherche

Oeckl, Albert (Hrsg.), *OECKL, Taschenbuch des Öffentlichen Lebens – Europa und internationale Zusammenschlüsse 2004/2005*, Festland 2004 (1384 Seiten, 88,50 Euro)

Das Standard-Nachschlagewerk für alle, die in Europa in irgendeiner Weise kommunizieren. Die 9.300 europäischen Institutionen aus Politik, Wirtschaft, Gesellschaft und Kultur sind sorgfältig recherchiert und mit Postanschrift, Telefon-, Telefax-, E-Mail- und Internet-Adressen angegeben.

Thema Arbeitszeugnis

Huber, Günter, *Das Arbeitszeugnis in Recht und Praxis*, Haufe 2004 (221 Seiten, 24,90 Euro, mit CD-Rom)

Leicht verständlich geschriebene Einführung in die Zeugnissprache. Rund 90 Musterzeugnisse im Buch und auf CD-Rom. Mit über 100 Textbausteinen zu den Kernkompetenzen und zur persönlichen Führung und vielen Beispielformulierungen.

Weuster, Arnulf Prof. Dr./Scheer, Brigitte, *Arbeitszeugnisse in Textbausteinen*, Boorberg 2005 (384 Seiten, 19,90 Euro)

Standardwerk. Enthält ein ausgereiftes System von knapp 2.700 Textbausteinen, mit denen man die gewünschten Aussagen und Wertungen für ein qualifiziertes Arbeitszeugnis zusammenstellen kann.

Hesse, Jürgen/Schrader, Hans-Chr., *Das perfekte Arbeitszeugnis*, Eichborn 2003 (155 Seiten, 8,95 Euro)

Hesse/Schrader erklären kompakt und anschaulich den Aufbau eines qualifizierten Zeugnisses, die formalen Standards und die »Geheimsprache« des Arbeitszeugnisses. Mit kommentierten Beispielen und Textbausteinen.

Thema Berufsstart/Verhalten

Reinker, Susanne, *Das Job-Lexikon. Erste Hilfe für den Berufsstart*, dtv 2004 (751 Seiten, 19,50 Euro)

Von »Arbeitsvertrag« über »Intrigen« bis hin zu »Zeitmanagement« – dieses Buch beschreibt anhand von über 400 Stichwörtern alles, was alltäglicher Bestandteil des Berufslebens ist. Prägnant, unterhaltsam und vor allem für Berufsanfänger geeignet.

May, Sibylle, *Von der Uni direkt zum Traumjob. Erfolgreich bewerben als Hochschulabsolvent*, MVG 2001 (216 Seiten, 14,90 Euro)

Diplom in der Tasche – und dann? Buch über die richtige Kontaktaufnahme, Bewerbungsunterlagen, Auswahltests und Vorstellungsgespräche sowie zukünftige Karrieremöglichkeiten.

Thema Kommunikation

Tanja Baum, *Die Kunst, freundlich ‚Nein' zu sagen*, Eichborn 2001 (189 Seiten, 18,90 Euro)

Gerade für Berufsanfänger ein interessantes Buch, die sich oft mehr Arbeit aufbürden lassen, als sie bewältigen können. Mit vielen Fallbeispielen und Anleitungen zum freundlichen „Nein“-Sagen.

16. | »Ich will was in den Medien machen!«

Natürlich gibt es im Leben von Medienschaffenden Momente mit Glanz und Gloria, Stars und Sternchen oder einem Ministerrücktritt wegen einer alles enthüllenden Story.

Wer in die Medien will, muss sich beweisen. Und lernen, dass der vermeintliche Glanz oft trügt.

Aber Titelseiten und TV-Moderationen sind nur ein Bruchteil der Wirklichkeit in dieser Branche. Wer wissen will, wie schweißtreibend die Jobs in den Redaktionen, PR-Agenturen, TV-Produktionsbüros oder Foto-Studios wirklich sind, muss ein Praktikum machen. Wer geschwitzt hat und trotzdem dabeibleiben will in dieser Branche, der muss noch mehr Praktika machen. Kein anderes Gewerbe als das der Fotografen, Journalisten und Öffentlichkeitsarbeiter lebt so sehr von praktischer Erfahrung, von Arbeitsproben und von Kontakten. Dabei sind »die Medien« so vielfältig in ihren Arbeitsfeldern und Funktionen, dass selbst »die drei idealen Praktika« nicht den kompletten Überblick geben können.

Gleichzeitig sind Presse, Funk und Fernsehen weiterhin eine vermeintlich erstrebenswerte Traumwelt vieler Menschen. Entsprechend stark ist die Konkurrenz bei den Profis, der Kampf beginnt jedoch schon beim Einstieg. Mehrere Tausend bewerben sich jährlich bei der Pro7Sat.1 Media AG als Praktikant, Dutzende monatlich beim *Neon*-Magazin – genommen werden dort pro Quartal nur zwei. Angesichts solcher Nachfrage kann es sich dann eben eine große deutsche Zeitung erlauben, einerseits mit den Problemen der »Generation Praktikum« zu titeln und andererseits einen Vollzeitjob als Praktikumsstelle auszuschreiben (vgl. Kapitel 1).

Klar ist aber bei allem Schweiß, bei aller Ausbeutung und bei allem Konkurrenzkampf: Wer sich über einige wahrscheinlich dürre Jahre behauptet und trotzdem die Lust am Schaffen nicht verliert, der kann auch künftig mit Medienarbeit vernünftig Geld verdienen – ob es zum Topverdienst reicht, bleibt aber ungewiss. Auf jeden Fall gilt es, sich zu beweisen. Erst in Praktika, dann durch freie Mitarbeit und schließlich vielleicht in einer Ausbildung. Eine Reihenfolge zum Berufseinstieg, die sich kaum verändern lässt: »Ohne Praktikum braucht man sich heute nirgendwo mehr für ein Volontariat bewerben«, weiß Hendrik Zörner vom Deutschen Journalisten Verband (DJV) aus Erfahrung.

16.1. Was sind »die Medien«? Bild, Schrift und Ton. PR und Journalismus

Ob man sich in einer Nachrichtenagentur oder Tageszeitung, in einer Radio-, Fernseh- oder Onlineredaktion umsieht, eine Unternehmenspressestelle oder eine Eventagentur kennen lernen will, macht einen Unterschied. Auch wenn es gestandene Journalisten gibt, die nach vielen Berufsjahren die Seite wechseln und in einer Pressestelle anfangen – für ein Praktikum musst du zunächst eine Seite wählen: PR oder Journalismus.

Journalisten sammeln Informationen, recherchieren, entscheiden über die Wichtigkeit und machen die Nachrichten verfügbar – in Bild, Schrift oder Ton. Sie schreiben Reportagen, verfassen Essays, telefonieren mit Pressesprechern, fotografieren, organisieren, redigieren und produzieren. Nachrichtenagenturen liefern hunderte Meldungen aus aller Welt von Korrespondenten in aller Herren Länder. Darauf greifen Journalisten in den Redaktionen zu, die die Relevanz bewerten und selbst noch einmal ausführlicher recherchieren – per Te.lefon oder auf der Straße. Mit Block und Stift oder TV-Team. Bei Monatszeitungen wird oft auch noch sinniert, welche Themen den Lesern auf den Nägeln brennen und wie man sie möglichst kreativ aufschreiben kann. Vom Nachrichtenredakteur über den Reporter, den Bildjournalisten bis hin zum Überschriftentexter: alle beherrschen zwar das Handwerk, aber haben sich irgendwann spezialisiert: auf Arbeitsschritte und eine der Gattungen Fernsehen, Radio, Print oder Online. Beinahe die einzige Ausnahme von dieser Regel: Auslandskorrespondenten, die gleichzeitig für das Radio und das Fernsehen produzieren

Journalisten sind der Öffentlichkeit verpflichtet. Sie sammeln Infos, entscheiden über die Wichtigkeit und machen sie verfügbar.

(i)

Klar: Wer gut schreibt, bleibt beim Text, also bei Zeitungen, Magazinen oder Onlineseiten. Beim Hörfunk wiederum steht das gesprochene Wort im Mittelpunkt. Eindrucksvolles, punktgenaues Beschreiben ist hier gefragt und natürlich eine dialektfreie Aussprache. Noch ganz andere Talente erfordert die Arbeit beim Fernsehen. Sie ist mit erheblichem technischen Aufwand verbunden. Ein Fernsehreporter organisiert Bilder. Er muss genau erfassen, was er aufnimmt, wie die Bilder zueinander passen, welche Einstellungen er machen kann. Und nach dem Dreh ist er noch längst nicht fertig. Das Material muss geschnitten, die Moderation eingesprochen werden.

PR, also »Public Relations« oder auf gut Deutsch Öffentlichkeitsarbeit, ist die andere Seite. PR-Leute versuchen, Infos und Standpunkte ihres Auftraggebers – das können Politiker, Unternehmen, Stadtverwaltungen oder Vereine sein – gut zu verpacken und sie an die Öffentlichkeit zu bringen. Eben an die Journalisten, die anschließend darüber entscheiden, was gesendet oder gedruckt wird. PR-Arbeit kann bedeuten: das Vermelden eines guten Börsenergebnisses. Die Organisation von Interviews zwischen der Unterneh-

PR-Fachleute sind ihrem Auftraggeber verpflichet. Sie müssen dessen Standpunkte möglichst erfolgreich vermitteln.

»Praktika bieten einen unverfälschten Einblick«

Bei den Gewerkschaften sind Praktika nicht gerne gesehen. Sie vernichten angeblich Arbeitsplätze und bringen gleichzeitig keine anerkannte Weiterbildung. In den Medien allerdings ist das ganz anders, wie Ulrike Maercks-Franzen von der Journalistengewerkschaft dju im Interview erklärt.

PR und Journalismus – wo ist der Unterschied?

Der Anspruch in den beiden Arbeitsbereichen ist ganz unterschiedlich. Journalismus vermittelt Informationen und Hintergründe. Dafür recherchiert der Journalist selbst und lässt sich nicht mit vorgegebenen Informationen von Politikern oder Unternehmen abspeisen. PR will für einen Auftraggeber eine Botschaft nach vorgegebenen Inhalten vermitteln und versucht, dafür einen Platz in den Medien zu finden. Oder sie schafft sich einfach eigene Medien: Kunden- und Mitarbeiterzeitschriften zum Beispiel. Da geht es um ziel- und zweckgerichtete Informationen. Das Handwerkszeug von Journalisten und PR-Leuten ist aber in gewisser Weise gleich – beide müssen etwa wissen, wie eine Nachricht aufgebaut ist und was sie vom Kommentar unterscheidet.

Ulrike Maercks-Franzen (Jahrgang 1946) ist Bundesgeschäftsführerin der Deutschen Journalistinnen- und Journalisten-Union (dju) in Berlin. Diese Fachgruppe der Gewerkschaft verdi hat 21.000 Mitglieder: Journalisten wie PR-Fachleute.

Was muss ich für die Arbeit in der Branche mitbringen?

Egal ob Journalismus oder PR: Die Arbeit in Medienberufen ist sehr vielfältig. Das ist schön, verlangt aber auch einiges: Ich sollte in der Lage sein, sowohl einen politischen Kommentar als auch unterhaltend zu schreiben – mich einerseits an Fakten zu halten, aber auch Dinge mit Worten visualisieren können. Außerdem: Ohne technische Kenntnisse kommt in dem Beruf heute niemand mehr aus. Beim Radio schneiden die Journalisten oft selbst, beim Fernsehen gibt es den Trend zum »Videojournalisten«, der ganz allein mit Kamera und Mikrofon loszieht, wo sonst ein Team von drei bis vier Leuten vor

Ort ist. Wie diese Arbeit funktioniert, müssen auch PR-Leute wissen, damit sie mit den Journalisten zusammenarbeiten können.

Gerade in den Medien werden Praktika gefordert – warum?

Viele Berufseinsteiger haben viel zu romantische Vorstellungen von dem Beruf. Praktika bieten einen unverfälschten Einblick. Das ist harte Arbeit zu oft unregelmäßigen Arbeitszeiten. Zweitens gibt es keinen vorgezeichneten Weg in den Beruf. Um später eine Chance auf einen Berufseinstieg zu haben, sollten Bewerber daher die Arbeitsweise einer Redaktion genau kennen – und nicht zuletzt die Redakteure, die über die Vergabe eines Volontariats, also eines Ausbildungsplatzes, entscheiden. Für Pressestellen und PR-Agenturen gilt das in ähnlicher Weise.

»Praktika bei überregionalen Tageszeitungen sind für Branchenneulinge am schwersten zu bekommen«

Wer bietet die meisten, wer die besten Praktika an?

Das ist schwer zu sagen, das ist abhängig vom Interesse. Plätze gibt es jedenfalls bei den lokalen Tageszeitungen, aber auch bei den öffentlich-rechtlichen Rundfunkanstalten. Da ist das Niveau der Ausbildung auch recht gut, weil immer noch jemand auf die Arbeit des Praktikanten draufschaut. Bei vielen privaten Radio- und Fernsehanstalten, tendenziell bei den kleineren, verdient ein Praktikum unserer Ansicht nach häufig nicht mehr seinen Namen. Da werden Praktikanten oft zu vollwertiger Mitarbeit verpflichtet, sie ersetzen dauerhaft normale Angestellte.

Und wo soll ich nach Möglichkeit anfangen?

Das kann überall sein, auch die Bewerberzahlen sind schließlich überall hoch. Sicherlich ist es aber sinnvoll, sich am Anfang nicht zu viel vorzunehmen. Bei überregionalen Tageszeitungen wie der *Frankfurter Allgemeinen Zeitung*, der *Süddeutschen Zeitung* oder auch beim *Spiegel* sind Praktika für Branchenneulinge sicherlich am schwersten zu bekommen. Die Lokalzeitung bietet sich für Anfänger eher an, weil es da schneller geht, Arbeitsproben zu sammeln: Sie erscheint jeden Tag, und es gibt in der Regel viele Termine zu besetzen, für die ein Reporter, ein Stift und ein Schreibblock ausreichen. Ein Fernsehbeitrag ist technisch viel aufwändiger als ein Zeitungsartikel. Deshalb sollten Praktikanten beim Fernsehen erst einmal nicht zu viel erwarten. Da geht es eher um das Recherchieren, Aushelfen, darum, auch mal das Kabel zu tragen.

Der Chefredakteur einer großen Wochenzeitung hat kürzlich einen Assistenten gesucht. Profil: abgeschlossene journalistische Ausbildung, sehr gute PC- und MAC-Kenntnisse. Anstellung: sechsmonatiges Praktikum (oder länger). Was halten Sie von solchen Stellengesuchen?

Grundsätzlich heiße ich solche Praktikumsangebote nicht gut. Hier scheint es so, als würde eine Vollzeitstelle ersetzt, um eventuelle tarifliche

Regelungen zu umgehen. Der geschilderte Fall macht jedenfalls nicht den Eindruck, dass die berufliche Ausbildung im Vordergrund steht, wie es bei einem Praktikum eigentlich sein sollte.

Wie sieht es rechtlich aus? Kann man sich wehren?

Rechtlich sehe ich keine Möglichkeiten der Anfechtung, da es für Praktikanten keine tariflichen oder arbeitsrechtlichen Regelungen gibt, die gegen solche Art von Ausbeutung schützen. Daher ist es wichtig, sich als Praktikant gewisse Rückzugsmöglichkeiten im Praktikumsvertrag zu schaffen. Es sollte möglich sein, in angemessener Zeit vom Vertrag zurückzutreten, wenn man den Eindruck hat, nicht genügend zu lernen, keine Kontakte für künftige Arbeit zu bekommen, nicht in der beruflichen Entwicklung vorwärts zu kommen oder nur als billige Arbeitskraft ausgenutzt zu werden.

Kann denn ein solches Praktikum auch eine Chance sein?

Sicherlich kann man es auch als Chance sehen. Man lernt wichtige Menschen, Themen und Arbeitsabläufe kennen, die es einem später im Berufsleben einfacher machen können. Allerdings sollte bei einem solchen Praktikum ein angemessener Lohn selbstverständlich sein. Ist das aber nicht der Fall, muss man abwägen und sehr gut überlegen, ob das Praktikum mit der eigenen Lebensplanung vereinbar sein kann. Vor Praktika, die länger als sechs Monate dauern, ist zu warnen. Das schreit leider oft nach Ausbeutung und macht sich außerdem im Lebenslauf nicht unbedingt gut. Genauso wenig sollte man es mit der Anzahl der absolvierten Praktika übertreiben.

> »Praktika, die länger als sechs Monate dauern, schreien oft nach Ausbeutung«

Was halten Sie von überlangen PR-Praktika, die oft als Volontariate verpackt werden?

Das Prädikat Volontariat hat ein solches Praktikum nicht verdient, daher weise ich die Bezeichnung in diesem Zusammenhang vehement zurück. Ein Volontariat ist eine journalistische Ausbildung, wobei mehrere Stationen in Medienbetrieben durchlaufen werden. Es ist nicht mit einem langen PR-Praktikum zu vergleichen. Ein Praktikum in der PR-Branche ist aber nicht grundsätzlich verkehrt, wenn man in den Journalismus will. Schaut man sich die derzeitige Arbeitsmarktsituation für Journalisten an, so gehen die Arbeitslosenzahlen zwar langsam zurück, allerdings sind sie immer noch relativ hoch. In diesen Zeiten wechseln einige Freie in die PR, wo eventuell mehr Geld zu verdienen ist, oder übernehmen auch PR-Arbeiten im Wechsel mit journalistischer Tätigkeit. Wenn man während eines Praktikums dann schon mal die Arbeitsweisen und Arbeitsabläufe der Branche kennen gelernt hat, ist das durchaus vorteilhaft. Auch, um in der eigenen künftigen journalistischen Praxis PR-Mechanismen zu durchschauen und davor gefeit zu sein, ihnen unfreiwillig auf den Leim zu gehen.

mensführung und neugierigen Journalisten. Die Krisenkommunikation über Telefon und Website nach einem Flugzeugabsturz. Die Konzeption und Umsetzung von Unternehmensbroschüren und Mitarbeiterzeitungen. Oder das Anpreisen von neuen Produkten in den Redaktionen, mit der Hoffnung, dass es eine Meldung in der Rubrik »Lifestyle« wert ist. PR-Arbeit ist vielfältig: »In großen Agenturen gibt es Spezialjobs für Text, Konzeption und Kontakt. In einer Unternehmenspressestelle, gerade in mittelständischen Firmen, macht dagegen oft jeder PR-Mensch alles«, so Thorsten Windus-Dörr von der Deutschen Public Relations Gesellschaft (DPRG), der auch PR-Leiter beim Reisekonzern TUI ist.

16.2. Volontariat, Journalistenschule und Berufsakademie: Die offiziellen Wege

Stellen werden in der Medienbranche nicht unbedingt ausgeschrieben – man kennt sich, telefoniert mit der ehemaligen Redaktion, spricht bei Terminen mit Kollegen. Deshalb ist es auch für einen Einsteiger wichtig, bald Profikollegen zu kennen, die einem von Jobs erzählen und vielleicht sogar Empfehlungen aussprechen. (Ein sehr gutes virtuelles Netzwerk für Berufseinsteiger, die bereits erste Arbeitserfahrung im Journalismus haben, ist www.jungejournalisten.de) Dazu kommt: In Journalismus und PR ist der Berufszugang »ungeregelt«: Er ist nicht zwangsläufig an eine formale Qualifikation gebunden. Während ein Dachdeckermeister in Deutschland eine entsprechende Ausbildung durchlaufen und eine Meisterprüfung ablegen muss, kann sich jeder, der etwas schreibt, Journalist nennen.

Jeder kann sich Journalist nennen. Nur der Begriff »Redakteur« ist geschützt.

Und auch »PR-Mann«, Pressesprecher oder »Öffentlichkeitsarbeiter« sind keine geschützten Berufsbezeichnungen. Deshalb gibt es auch so viele Quereinsteiger, die ihr Handwerk nicht an einer Journalistenschule oder an der Uni gelernt haben, sondern einfach durch das Machen – eben durch Praktika und anschließende Auftragsarbeiten. Dieser Weg wird in der Branche durchaus geschätzt, denn im Journalismus wie auch in PR-Agenturen zählt vor allem Erfahrung – ein Studium ist hier nur eine Grundlage, die beweist, dass du strukturiert arbeiten und analytisch denken kannst.

Es gibt aber auch offiziellere Wege: die Ausbildung zum Redakteur in einer Journalistenschule oder durch ein Volontariat in einer Redaktion. Einen guten Überblick über die Ausbildungswege in den Journalismus bietet die gleichnamige Broschüre der Deutschen Journalistinnen- und Journalistenunion (dju) (siehe Literaturverzeichnis S.150/151). Ein »Medien-Studium«, etwa Kommunikationswissenschaft, Zeitungswissenschaft oder Publizistik ist für angehende Journalisten nicht sonderlich zu empfehlen. Genauso we-

Ein guter Dachdecker studiert auch nicht. Deshalb macht ein medienwissenschaftliches Studium wenig Sinn. Denn auch Journalismus ist vor allem Handwerk.

nig wie aus einem Politikstudenten ein Politiker werden muss, wird aus einem Publizistikstudenden ein Publizist. Und nicht zu vergessen: Ein Dachdecker studiert auch nicht. Zwar schadet es nicht, fundiert etwa über die Medienwirkung Bescheid zu wissen. Aber ein fachfremdes Studium, wie etwa Jura, BWL oder Geschichte, ist für den redaktionellen Alltag von weit größerem Nutzen. Wer beispielsweise ein naturwissenschaftliches Fach studiert hat, hat keinen weiten Weg mehr zum Wissenschaftsjournalisten. Anders verhält es sich, wenn du in die PR-Arbeit gehen willst. Dann ist ein medienspezifisches Studium mit Elementen wie Meinungsforschung und Medienwirkung empfehlenswert, weil dieses Wissen notwendig ist für eine vernünftige Pressearbeit.

Hinschauen und Nachfragen: Das Volontariat im PR-Bereich ist keine einheitlich geregelte Berufsausbildung.

Daneben bieten verschiedene Akademien eine – meist kostenpflichtige – Berufsausbildung, wobei die Abschlüsse nicht genormt und nicht durchgängig anerkannt sind. Volontariate werden auch in PR-Agenturen und Pressestellen angeboten. Aber Vorsicht: Im Gegensatz zum journalistischen Volontariat führt dieser »Name« im PR-Bereich nicht zu einem generell anerkannten Abschluss. »Da verbindliche Mindeststandards bislang fehlen, sollte im Vorstellungsgespräch geprüft werden, ob tatsächlich eine Nachwuchskraft ausgebildet werden soll und nicht nur eine preiswerte Arbeitskraft gesucht wird«, warnt deshalb auch die Deutsche Public Relations Gesellschaft (DPRG). Eine Übersicht über Berufsakademien, Studiengänge und Arbeitsprofile bietet die entsprechende Handreichung der DPRG, der *Horizont Career Guide*, sowie das Buch *Wege in die Öffentlichkeitsarbeit* (siehe Literaturverzeichnis S.150/151).

Extra

70.000 hauptberufliche Journalisten: Arbeitsmarktdaten aus der Medienbranche (Juni 2005)

Nach Angaben des Deutschen Journalisten Verbands (DJV) gibt es bundesweit rund 70.000 hauptberufliche Journalisten, rund 45.000 davon sind fest angestellt.
Das klingt nach viel, ist im Vergleich zu anderen großen Branchen aber relativ wenig. Der Maschinenbau zum Beispiel beschäftigte 2003 mehr als eine Million Menschen. Annähernd die Hälfte der Journalisten arbeitet bei Printmedien, ein Viertel bei Radio und Fernsehen, der Rest verteilt sich auf Pressestellen (16 Prozent), Nachrichtenagenturen (4 Prozent) und Online-Redaktionen. Rund 16.000 PR-Fachleute sind derzeit fest angestellt. Zur Hälfte arbeiten sie bei Unternehmen, Vereinen und Verbänden, Parteien und Behörden. Die andere Hälfte ist in Agenturen mit gemischtem Kundenstamm tätig. Insgesamt geht die Deutsche Public Relations Gesellschaft (DPRG) in Bonn von 30.000 bis 50.000 PR-Fachleuten in Deutschland aus. Neben der Unterscheidung in PR und Journalismus ist festzustellen:
Der Anteil der Freiberufler in den Medien nimmt zu. Schätzungen des DJV zufolge verdienen derzeit etwa 22.500 Journalisten in Deutschland ihre Brötchen als Freie – haben also keinen Anstellung, sondern müssen jeden ihrer Texte und jede Produktion mit den Redaktionen abstimmen. Und mehr als die Hälfte der in der Gewerkschaft verdi organisierten Journalisten arbeiten »frei« (siehe Interview mit Ulrike Maercks-Franzen (dju) auf Seite 134).

16.3. So geht's der Medienbranche: Von Arbeitslosigkeit bis Aufschwung

Auch eine lange Liste mit Praktika und Arbeitsproben ist leider keine Jobgarantie. Die Arbeitslosigkeit in der Medienbranche ist weiterhin hoch. Nach Schätzungen des Deutschen Journalistenverbands sind bundesweit derzeit etwa 10.000 Journalisten ohne Arbeit, wahrscheinlich sogar mehr. »Viele nennen sich nur noch freie Journalisten, um nicht als arbeitslos zu gelten«, sagt Hendrik Zörner, Pressesprecher des Deutschen Journalisten Verbandes (DJV). Seit 2001 steckt die Branche in einer Krise, angezettelt durch die neuen Medien und die allgemeine Wirtschaftsflaute. Denn wenn die Konjunktur nicht richtig läuft, gibt die Wirtschaft weniger Geld für Werbung aus – mit schwerwiegenden Folgen für die Medien. Im Privatrundfunk ist Werbung die einzige Erlösquelle, im Zeitungsgeschäft war sie einmal die wichtigste. Wo weniger Anzeigeneinahmen erzielt werden, ist natürlich auch weniger Geld für Personal da. Und nicht nur die Konjunkturflaute hat die Anzeigeneinnahmen geschmälert. Auch der Wechsel der Rubrikmärkte ins Internet war schmerzhaft. Autos, Jobs und Wohnungen werden heute nicht mehr über zentimeterdicke Rubrikbeilagen der Zeitungen gehandelt, sondern über digitale Datenbanken.

Mehr als 10.000 Journalisten sind derzeit arbeitslos. Und viele weitere verstecken sich hinter dem Begriff »Freier Journalist«.

Prominentester Vertreter der Medienkrise: die Kirch-Gruppe mit ihren Fernsehsendern Sat.1 und Pro7. Die Pleitewelle ergriff aber auch viele andere Unternehmen: Die *Süddeutsche Zeitung* (SZ) stellte das Jugendmagazin *jetzt* ein, *Die Woche* wurde eingestampft, ebenso die Berlin-Seiten von SZ und *Frankfurter Allgemeine Zeitung* (FAZ). In den Medienstädten Berlin, Hamburg, Köln und München sind die arbeitslosen Medienleute messbar: Das Institut für Wirtschaftsforschung der Uni Bremen stellt einen Beschäftigungsrückgang zwischen 2,67 (Köln) und 4,27 Prozent (Berlin) fest. Konkret gingen von 2000 bis 2003 in Berlin 2.624 Arbeitsplätze in der Medienbranche verloren.

Nach der Kirch-Pleite und dem Ende des *jetzt*-Magazins: Die Talsohle in der Medienwirtschaft scheint durchschritten, die Werbeumsätze steigen wieder.

Auch am Ausbildungsmarkt war die Medienkrise deutlich zu spüren: Vielerorts wurden keine Volontariate mehr angeboten, die *FAZ* etwa hatte die Volontärsausbildung vorübergehend gestoppt und Deutschlands zweitgrößter Zeitungskonzern, die *WAZ*-Gruppe, zahlte ihren Volontären im ersten Ausbildungsjahr nur noch 1.200 Euro anstelle des Tariflohns von mindestens 1.484 Euro. Das war 2004. Nun scheint sich die Medienbranche wieder zu erholen. Zwei Drittel der Werbefachleute gehen 2005 von einem wachsenden Werbevolumen aus. Das ist eines der zentralen Ergebnisse des deutschen *Werbebarometers*. Rund die Hälfte der Befragten glaubt, dass das mediale »Tal der Tränen« binnen Jahresfrist durchschritten wird. Diese Trendwende für den Werbemarkt bestätigt die US-amerikanische Medienforschungsagentur Nielsen Media. Sie prognostiziert bei den Werbeeinnahmen 2005 in Deutschland einen Zuwachs von sechs Prozent auf 16,4 Milliarden Euro.

Der Zeitungsverkauf allein bietet immer weniger Erlöse. Deshalb gibt's inzwischen die *Volksbibel* und die *SZ Bibliothek*.

Gleichzeitig probieren sich gerade die Verlage an neuen Produkten und neuen Zielgruppen. Der Axel Springer Verlag etwa gibt seit Mai 2004 die *Welt kompakt* heraus, den kleinen und locker zu lesenden Ableger der *Welt*. Und auch der Holtzbrinck-Verlag hat die jungen Zeitungsmuffel im Blick. Er gründete zwei Zeitungen (*20 Cent* in Cottbus und *News* in Frankfurt am Main), die im kleinen Format mit kurzen Texten und Boulevard den »Nachwuchsleser« erreichen wollen. Noch bedeutender als das Tabloid-Format mit seinen neuen Zeitungskonzepten ist aber momentan der Trend zur Erschließung lukrativer Erlösquellen in anderen Geschäftsfeldern. Denn: »Im Stammgeschäft gibt es kaum Spielraum. Das Wachstum muss von den Randaktivitäten kommen«, so die Einschätzung der Verlagsgruppe Handelsblatt. Die großen Zeitungsverlage sehen derzeit ihr Heil in den so genannten »Line Extensions«, also der Fortführung der Zeitungsmarke in andere Produkte: Der Süddeutsche Verlag brachte eine 50-bändige Bibliothek für 4,90 Euro pro Titel unter das Volk – über zehn Millionen Mal. Und natürlich geht's weiter mit »neuen Produkten«: bei der SZ mit DVD-Reihen, Musikzusammenstellungen und einem eigenen Wissenschaftsmagazin, bei der *Bild*-Zeitung mit der *Volksbibel*, einer Buchreihe und Comic-Sammlungen.

Boombranche PR: Bis 2010 verdoppeln sich die Arbeitsplätze.

Auch der Ausbildungsmarkt klart auf: FAZ-Herausgeber Dieter Eckhart freut sich, dass jetzt wieder im alten Umfang jährlich sechs Volontäre aufgenommen werden können – der Redaktion ging schon der Nachwuchs aus. Und laut einer Umfrage der Deutschen Public Relations Gesellschaft (DPRG) rechnen die PR-Unternehmen 2005 mit 20 Prozent mehr Umsatz. Der wirtschaftliche Erfolg ist verbunden mit deutlich verbesserten Jobaussichten: Die meisten PR-Unternehmen wollen kurzfristig mehr freie Mitarbeiter, Volontäre und Praktikanten beschäftigen. Langfristig schätzt die DPRG inzwischen, dass die Branche bis 2010 doppelt so viele Arbeitsplätze bieten wird wie heute – derzeit sind 16.000 Menschen fest angestellt.

Extra

FAZ und Pro7 sind Kür: Klein anfangen und sich hocharbeiten

»Gerade im Rundfunk und in den neuen Medien tummeln sich jährlich zigtausende Praktikanten«, sagt Katja Karger von connexx.av, der gewerkschaftlichen Interessenvertretung der Medienschaffenden im privaten Rundfunk. Bei privaten Rundfunksendern ist manchmal jeder zweite Mitarbeiter ein Praktikant – das sagt jedenfalls die Deutsche Journalistinnen- und Jounalisten Union (dju). Und trotzdem: Praktikumsplätze sind gar nicht so einfach zu bekommen. Bei vielen Redaktionsleitern und Agenturchefs kommen jede Woche Dutzende Bewerbungen auf den Tisch, und oft genug erhalten das Praktikum diejenigen, die ohnehin schon Arbeitserfahrung haben. Wichtigster Ratschlag deshalb: Klein anfangen und sich hocharbeiten. Am Anfang des Weges in die Medien steht ein Praktikum bei einem kleineren Unternehmen oder einer Lokalredaktion. Hier lernst du die Grundlagen der Jobs und kannst dich an vielen Ecken einbringen.

»Theorie im Studium – Berufshandwerk im Praktikum«

» «

Vom Praktikum in die Festanstellung. Sebastian Neubauer (Jahrgang 1977) hat durch Zufall die Münchner Werbeagentur Löhr & Partner kennen gelernt und wurde nach einem Praktikum fest übernommen.

Ein Jahr noch trennte mich von einem abgeschlossenen BWL-Studium. Ein wenig Luft hatte ich also noch für weitere Aktivitäten. Zufällig traf ich beim Einkaufen einen alten Freund aus meinem Abiturjahrgang. Er arbeitete bei der Münchner Werbeagentur Löhr & Partner und erzählte mir, dass dort eine Praktikantenstelle frei geworden war. Das klang nach einer Möglichkeit, meine freie Zeit sinnvoll zu nutzen. Ich hatte zwar bisher keine besondere Neigung zur Werbebranche, interessiert hat es mich aber trotzdem. Nach meiner klassischen schriftlichen Bewerbung, in die ich alle Zeugnisse steckte, und einem mehr als einstündigen Bewerbungsgespräch mit meinem zukünftigen Chef bekam ich die Zusage. Also ab ins Büro! Damals hatte das Unternehmen eine hektische Zeit und niemand die Ruhe, mir alles zu erklären. Ich war zu Beginn vor allem eins: Assistent und Zuarbeiter.

Nach ein paar Tagen hatte ich aber begriffen, wie der Drucker so tickt, wie sich der eigensinnige PC ohne Probleme bedienen lässt und wie die Struktur der Agentur funktioniert. Das ist die Grundlage für eigenständiges Arbeiten und selbstverantwortliche Projektarbeit. Anfangs konnte ich noch nicht genau einschätzen, wie viel Zeit für ein Projekt angemessen ist und welche Erwartungen der Kunde an uns hat – und damit im Endeffekt an mich. Ich arbeitete jetzt also mit ein wenig Durchblick, musste aber dennoch weiterhin jede Menge Fragen stellen – was ich auch gemacht habe. Mein Glück. Denn mit jeder beantworteten Frage ging es im nächsten Projekt schneller. Und das war wichtig, denn Zeit ist eine der Sachen, die man in dieser Branche nur selten ausreichend zu Verfügung hat. Anfangs habe ich viel gefragt und konnte dadurch später Zeit sparen, die ich auch dringend brauchte. Jedes neue Projekt war ein neuer Kunde mit völlig neuen Voraussetzungen, ich konnte also nur lernen, flexibler zu werden. Das ein oder andere Mal musste mein Chef dann auch einen Fehler von mir direkt beim Kunden ausbügeln. Learning by doing. Das Praktikum war schließlich mein erstes praktisches Arbeiten. Das Studium hat mir zwar viel Theorie vermittelt und mir beim Berufseinstieg geholfen, doch das eigentliche Handwerk habe ich erst während meines Praktikums gelernt. In den fünfeinhalb Monaten lernte ich, Konzepte zu erstellen, »Mailings« und verschiedene Projekte abzuwickeln. Ich lernte die Kundenbetreuung von A bis Z und kam so richtig auf den »Werbegeschmack«. Am Ende meines Praktikums bin ich direkt auf meinen Chef zugegangen und habe ihn gefragt, inwieweit die Möglichkeit besteht, nach meinem Studium fest angestellt zu werden. Erst haben sie sich nicht direkt um mich gerissen, und die Zeit sah für eine Anstellung ziemlich schlecht aus, aber ich wurde trotzdem für ein halbes Jahr als Teilzeitkraft genommen. Daraus wurde eine feste Stelle als Berater – seit inzwischen schon zwei Jahren. In einer Branche, an die ich zu erst gar nicht gedacht hatte.

16.4. Aufstehen! Leistungsbereitschaft ist in den Medien alles!

Wochenendarbeit und Nachtschichten: Das Fernsehen sendet rund um die Uhr und die Zeitung hat eine Spätausgabe.

Egal ob PR oder Journalismus, egal ob TV oder Print, eines hat die Arbeit in den verschiedenen Redaktionen gemeinsam: Ohne persönlichen Einsatz bist du hier falsch, denn in den Medien wird – und dies gilt auch für Praktikanten – oft am Wochenende gearbeitet. Die Zeitung vom Montag wird schließlich am Sonntag gemacht, Radio und Fernsehen senden den ganzen Tag, im Internet und bei Nachrichtenagenturen ist nach dem Redaktionsschluss vor dem Redaktionsschluss. Auch Abend- und Nachtarbeit sowie Schichtdienst sind weit verbreitet – das Weltgeschehen hält sich nicht an familienfreundliche Arbeitszeiten. »Auch in den Medien haben Arbeitnehmer die üblichen Rechte. Aber in diesem Berufsfeld muss man flexibel sein, selbstständig arbeiten wollen und sich organisieren können«, so der Deutsche Gewerkschaftsbund (DGB). Während Zeitungsredaktionen vor 10 Uhr morgens in der Regel wie ausgestorben sind, geht es beim Radio in der Nachrichtenredaktion schon um halb vier in der Früh los. Bei der Zeitung gibt es dafür einen Spätdienst bis 22, 23 oder 24 Uhr, der im Ernstfall noch eine aktuelle Meldung in die Zeitung bringen kann.

»Der aktuelle Auftrag bestimmt die Anforderungen.« Hartwin Möhrle (Ahrens & Bimboese)

Auch in der PR können die Arbeitszeiten unregelmäßig sein. Pressestellen großer Unternehmen sind in der Regel bis zum Abend besetzt, bis die Zeitungen ihren Redaktionsschluss haben – bei der TUI etwa bis 19 Uhr oder länger. »Wer sich für die PR entscheidet, muss vom 35-Stunden-Modell Abschied nehmen«, sagt Hartwin Möhrle, Geschäftsführer bei der Agentur Ahrens & Bimboese, die neben ihrem Sitz in Frankfurt an drei Standorten in Deutschland Kunden wie die Commerzbank, Henkel, Axa und verschiedene Bundesministerien betreut. »Wir arbeiten anforderungsorientiert. Da bestimmt der Auftrag die Anforderungen an unsere Teams. Wenn ein Projekt abgeschlossen ist, kommen ja auch wieder Zeiten, in denen es ruhiger läuft.«

Extra

In den Medien sind Meinungen und Argumente gefragt: Bloß nicht rumschleimen!

Sage deutlich, was du denkst. Timm Klotzek (*Neon*) zum Beispiel bekommt eine Gänsehaut, wenn sich ein Bewerber allzu unterwürfig gibt oder »rumschleimt, warum er das Magazin so toll findet«. Auch Tanja Bittermann, beim Fernsehen des Norddeutschen Rundfunks (NDR) in Hamburg zuständig für die Praktikanten im Programmbereich Zeitgeschehen (dazu gehören zum Beispiel die Sendungen DAS, Extra 3, ZAPP und Panorama sowie die ARD Anlieferung und die Auslandsredaktion), liest allzu triefende Selbstanpreisungen nicht gern. »Es geht im Anschreiben nicht darum, zu beweisen, was für ein toller Bewerber man ist. Mich interessiert, warum jemand zu uns will. Vielleicht studiert er Politik und möchte sich daher im politischen Journalismus ausprobieren. Oder er hat bislang Sportjournalismus gemacht, bei der Zeitung gearbeitet und möchte jetzt etwas Neues kennen lernen.«

Nicht nur die Arbeitszeiten sind eine Herausforderung in den Medien, auch technisches Verständnis ist wichtig. Eine Digitalkamera solltest du bedienen können und die Fähigkeit zur Internetrecherche sollte über das Eingeben eines Begriffs in Google hinausgehen. Radio und Fernsehen stellen noch mehr Anforderungen an das technische Verständnis: »Ein Praktikant muss mit dem Aufnahmegerät – ob Kassettenrekorder oder Mini-Disc – und mit einem digitalen Schnittsystem umgehen können«, sagt Detlef Löschmann, Redaktionsleiter Nachrichten/Aktuelles beim Privatradio 94'3 rs2, dem Marktführer auf Deutschlands härtestem Radiomarkt Berlin. Trotz der technischen Möglichkeiten gilt es, Maß zu halten bei Bewerbungen für den Rundfunk: »Es schreckt ab, wenn jemand ganze Kartons voller Videos oder Drehbücher schickt«, sagt Tanja Bittermann (NDR). Videos kannst du auf Wunsch immer noch nachsenden oder zum Vorstellungsgespräch mitbringen.

16.5. Das Praktikum als Königsweg

Unabdingbar beim Praktikumsbewerber: Interesse am Unternehmen, grundlegende Branchenkenntnisse und am besten noch kreative Ideen.

Auch in der Medienbranche werden die üblichen Bewerbungsunterlagen erwartet und – als Besonderheit – Arbeitsproben. Aber bereits hier stellt sich die Frage: Was ist welcher Redaktion, welcher Agentur besonders wichtig? Natürlich hat jedes Unternehmen und jeder Personalbetreuer eigene Vorlieben und Erwartungen. Daher gibt zwar kein Patentrezept und auch keine Kardinalfehler. Aber im Anschreiben solltest du deutlich erklären, warum du gerade bei diesem Unternehmen ein Praktikum machen möchtest.

»Ich will wissen, warum sich jemand für unseren Beruf interessiert, welche Ambitionen er verfolgt und ob er sich über unsere Agentur informiert hat.« So fasst Hartwin Möhrle (Ahrens & Bimboese) seine Ansprüche an eine Bewerbung zusammen. Große Unternehmen dagegen wollen oft auf Anhieb erkennen, für welche Stelle sich der Kandidat bewirbt und konkrete Angaben zu gewünschter Praktikumsdauer und möglichem Praktikumsbeginn.

Timm Klotzek, Redaktionsleiter des Magazins Neon, helfen bei der Auswahl vor allem konkrete Themenvorschläge der Bewerber. »Bei so etwas wie ‚Ein Interview mit Britney Spears oder Christina Aguilera' hätte ich ein schlechtes Gefühl. Gute Themen dagegen bleiben sofort hängen.« Lerne also das Medium kennen, bei dem du dich bewirbst: Lies die letzten Ausgaben des Magazins durch, höre die entsprechenden Rundfunkbeiträge, verfolge die Onlineauftritte, schaue dir die unterschiedlichen PR-Strategien der Agenturen an und überprüfe jeweils selbst, inwieweit du mit deinen eigenen Interessen und Vorstellungen hineinpasst. Neon etwa will originelle Standpunkte, die Bravo dagegen typischerweise ein Interview mit Christina Aguilera – das natürlich kein Praktikant führen wird.

»Zwölf Jahre Bundeswehr? Der passt nicht zu uns«

Mit nie erreichten 50.000 Abos ist die linkspolitische Tageszeitung *taz* der David neben den Goliaths der Branche. Die besondere Verlagsstruktur und die kleine, aber treue Leserschaft ermöglichen den Journalisten, ungewöhnliche Sichtweisen und frische Ideen umzusetzen, gerne auch humorvoll und bissig. Die taz ist ein anspruchsvolles Liebhaberblatt - und Chance wie Herausforderung für jeden Praktikanten.

Ihr Schreibtisch ist sicherlich überfüllt – wann fällt Ihnen eine Bewerbungsmappe auf?

Wichtig ist ein klar formuliertes, knappes Anschreiben. Wenn der erste Satz schon ein Ungetüm ist, blättere ich sofort weiter. Außerdem rate ich jedem, nicht auf Teufel komm raus frech klingen zu wollen. Es führt leider oft zu Exzessen des Schwachsinns, wenn die Leute bemüht cool sein wollen. Letztlich ist das Anschreiben ein Regiepapier, das mir schnell Orientierung geben soll, wo im Lebenslauf spannende Sachen stecken. Da kann dann vieles interessant sein: Auslandsaufenthalte, soziales Engagement, Mitgliedschaft

Christian Füller (Jahrgang 1964) ist Redakteur der bundesweit erscheinenden Tageszeitung *taz*. Im Ressort Inland betreut er neben den Bereichen Finanzen und Politik auch die wöchentliche Bildungsseite.

in einer Theatergruppe. Es gibt aber auch Grenzen. Neulich hat sich jemand beworben, der vorher zwölf Jahre bei der Bundeswehr war. Der passt dann eher nicht zu uns.

Wann darf ich als Praktikant bei der *taz* eigene Texte schreiben?

Der Vorteil bei uns ist: Wenn ein Praktikant eine gute Idee hat, kann er prinzipiell auf jeder Seite schreiben, sogar auf der Seite eins und der Meinungsseite. Deshalb kannst du es hier auch als Praktikant schnell dazu bringen, eine lange Reportage oder ein Porträt ins Blatt zu bringen. Der Nachteil ist: Wir machen hier keine normalen Nachrichten. Zusätzlich zum journalistischen Handwerk muss ein Text bei uns auch immer den gewissen taz-Spin haben. Das heißt, ein Autor muss in einem Text eine klare, unabhängige Position einnehmen. Das ist für Anfänger, aber auch für Leute mit Erfahrungen aus anderen Redaktionen oft erst mal schwer.

Und wie bekomme ich heraus, was die Redaktion von mir erwartet?

Von einem Praktikanten erwarten wir natürlich keine Wundertaten. Der erste Text entsteht in der Regel aus einem überschaubaren Termin, einer Pressekonferenz etwa, und im Idealfall muss der Text dazu erst einen Tag später fertig sein. Dann ist ein bisschen mehr Zeit, mit dem Redakteur noch einmal darüber zu sprechen, soweit die Produktion es zulässt. Der Rest ergibt sich dann.

> »Wenn ein Praktikant eine gute Idee hat, kann er prinzipiell auf jeder Seite schreiben – sogar auf der Seite eins«

Eine gute Zusammenarbeit kommt nicht von allein – wann wird ein Praktikant ernstgenommen?

Ich glaube, Praktikanten müssen bei uns am Anfang vor allem lernen, sich in den Sitzungen zu behaupten. Wenn du morgens in die Konferenz gehst, solltest du mindestens drei Zeitungen gelesen haben, politisch von links bis rechts. Das, was politisch los ist, musst du einfach drauf haben. Darüber hinaus kommt es dann natürlich auf Themenideen an, zum Beispiel: »Ich würde heute gerne den oder die interviewen zu dem oder dem Thema«. Diese Idee musst du dann aber auch vor der Konferenz vertreten und verkaufen können.

Ich habe mich in der Redaktion behauptet und gute Texte abgeliefert – wie kann ich mich nach dem Praktikum weiter einbringen?

Es ist immer gut, wenn du dich in einem bestimmten Politikfeld, Gesundheitspolitik etwa, besonders gut auskennst. Am besten natürlich in einem, in dem die Redaktion schwach besetzt ist. Wenn es schon vier Spezialisten für Rechtsextremismus gibt, braucht man keinen fünften. Die konkreten Themenvorschläge sind dann besonders gut, wenn du dem Redakteur etwas von außen zulieferst, was er selbst nicht sieht, weil er die meiste Zeit ja an seinem Schreibtisch regiert. Vor-Ort-Geschichten zum Beispiel – Reportagen oder ein Interview mit einem Experten. Selbstverständlich ist natürlich, dass jemand die grundlegenden journalistischen Formen drauf hat.

16.6. Live dabei – Das Praktikum!

Praktikum im TV: Gerade anfangs wirst du nicht viel alleine machen können.

Wie bei allen Praktika gilt auch in den Medien: zuerst zuschauen, reindenken und lernen. Gerade beim Fernsehen wirst du zu Anfang nicht viel allein produzieren dürfen. »Manche kommen zu uns und denken, sie können gleich richtig Fernsehen machen«, sagt Tanja Bittermann (NDR). In Wirklichkeit werden Praktikanten aber zunächst mit Aufgaben hinter den Kulissen betraut. Das heißt: Recherchieren und beim Drehen, beim Schnitt, bei der Beitragsabnahme und bei der Konferenz Augen und Ohren offen halten und assistieren. Bei privaten Rundfunkunternehmen hingegen kann alles ziemlich schnell gehen. »Man kann bei uns recherchieren, Nachrichten schreiben, Pressekonferenzen besuchen, als Reporter Interviews führen, Veranstaltungshinweise zusammen stellen und am Ablauf der Morningshow mitarbeiten«, zählt Detlef Löschmann (94'3 rs2) auf. Aufträge kommen da von ganz allein. »Wir haben viel Arbeit für Praktikanten. Im Großraumbüro, wo die ganze Redaktion sitzt, funktioniert das quasi auf Zuruf.«

So schnell geht es bei Printmagazinen, die nur einmal im Monat erscheinen und länger an ihrer Themenauswahl feilen, nicht. Hier sind gute Ideen das Wichtigste. Deshalb kommt es darauf an, dann intelligent mitzureden, wenn Themen besprochen und an Autoren verteilt werden: in den Konferenzen. »Da ist es dann aber wenig originell, etwas vorzuschlagen von wegen ›das stand gestern in der Süddeutschen oder im Esquire‹ «, sagt Timm Klot-

Extra

Personalchef oder Chefredakteur – Wohin mit der Bewerbung?

Bei *Neon* geht die Bewerbung direkt an die Redaktionsleitung, ebenso verfährt der NDR. Bei vielen anderen öffentlich-rechtlichen Sendern werden die Unterlagen aber über eine zentrale Ausbildungsabteilung an die Redaktionen verteilt. Ein kurzer Anruf schafft Klarheit. Egal wo die Bewerbung hingeht, Engagement und Eigeninitiative sind gerade in den Medien von enormer Bedeutung: »Mir ist die Vita am wichtigsten«, sagt Sebastian Steinmayr, Chefredakteur bei BLR/RadioDienst in München – einer Agentur, die private Radiostationen im deutschsprachigen Raum mit Nachrichten und Wortbeiträgen beliefert. Vielversprechend findet er es, wenn sich jemand schon sehr früh um Kontakte und Arbeitserfahrungen bemüht hat. »Wer schon bei der Schülerzeitung mitgemacht und vielleicht auch schon einen Artikel in einer Lokalzeitung veröffentlicht hat, hat gute Chancen.« Dabei gilt: Nur Mut! Dein Artikel über die Sitzung des Karnevalsvereins haut vielleicht keinen vom Hocker. Aber er zeigt, dass du selbstständig einen Termin wahrgenommen und den Text ins Blatt gebracht hast. »Mir ist klar, dass man am Anfang immer nur das wenig Spannende abbekommt. Wichtig ist, dass man die Arbeitsproben schickt, mit denen man selbst zufrieden ist«, sagt Timm Klotzek (*Neon*). Und egal, ob Verona Feldbusch, George W. Bush, Hartz IV oder der Ski-Weltcup: Spätestens beim Vorstellungsgespräch solltest du wissen, was die Welt bewegt, und zeigen, dass du stets neugierig und mit offenen Augen durchs Leben gehst. Redakteure fragen gerne ab, was in den Augen des Bewerbers das derzeit wichtigste Thema ist. Zum Praktikumsbeginn, idealerweise aber bereits zum Vorstellungsgespräch, solltest du auch ein Journalistenhandbuch von vorn bis hinten durchgelesen haben.

zek (*Neon*). Für ihn sind die eigenen Beobachtungen der Praktikanten meist interessanter, weil sie aus der eigenen Lebenswelt (und damit durchaus auch aus dem Alltag der Leserschaft) stammen. In Tageszeitungen dagegen zählt der Blick in den *Spiegel* oder die aktuellen Konkurrenzzeitungen. Denn was ein Reporter der *SZ* geschrieben hat, kann am nächsten Tag in der *taz* durchaus noch mal ein wenig weitergedreht werden – also mit neuen Ansprechpartnern und einer anderen Sichtweise bearbeitet werden. Auch bei Lokal- und Regionalblättern schadet der Blick in andere Tageszeitungen nicht – hier ist aber vor allem entscheidend, mit wachen Augen und offenen Ohren durch die Straßen zu laufen, die Nöte, Freuden und Kuriositäten zu sammeln, die den Menschen vor Ort widerfahren.

Ob Fernsehen oder Print: Mit wachen Augen und offenen Ohren durchs Leben gehen!

Organisationstalent, zuverlässige Recherche und »eine gute Schreibe« sind das, was Thorsten Windus-Dörr (DPRG) von guten Praktikanten erwartet. »Es geht bei uns zunächst darum, vorgegebene Aufgaben gewissenhaft zu erfüllen.« Bei der Agentur Ahrens & Bimboese gehören unter anderem Rechercheaufgaben und Medienclippings (also die Archivierung von Äußerungen über einen Kunden der Agentur in der Zeitung) zu den Aufgaben von Praktikanten. Auch kurze Texte und das Zusammenstellen von Pressemappen sowie die Unterstützung bei Veranstaltungen können Praktikanten übernehmen, so Hartwin Möhrle.

Organisationstalent und Zuverlässigkeit: Vorraussetzungen für erfolgreiche PR-Arbeit.

16.7. Dranbleiben als freier Mitarbeiter

Wer seine Aufgaben engagiert und gewissenhaft erledigt, hat gute Aussichten auf eine weitere Mitarbeit. »Ich muss aber vor allem merken, dass jemand Freude an der Kommunikation hat – und daran, etwas zu bewirken«, sagt Hartwin Möhrle (Ahrens & Bimboese). Auch eine Dienstleistungseinstellung verlangt er von einem künftigen Mitarbeiter auf Stundenbasis. Wenn alles stimmt, ist das bei der Agentur Ahrens & Bimboese möglich.

In den Redaktionen von Zeitungen, Radio und Fernsehen musst du dich nach dem Praktikum selbst weiter einbringen. Meist schaffst du es langfristig nur auf die Telefonliste des Redakteurs, wenn du ihm immer wieder einmal gute Themen anbietest, am besten nach einer kurzen Vorrecherche in einigen Sätzen knackig auf den Punkt gebracht per Mail. »Die Weiterarbeit ist ja meist ein nahtloser Übergang vom Praktikum, gerade bei uns, weil wir nur einmal im Monat erscheinen«, sagt Timm Klotzek (*Neon*). »Da bleibt ein Text mal einen Monat liegen, man bleibt in Mailkontakt, ruft mal an.«

Nicht auf den Anruf warten – selbst dranbleiben: Melde dich mit knackig formulierten Themenvorschlägen in der Redaktion!

In Nachrichtenredaktionen fällt die Entscheidung zur Weiterarbeit in der Regel während des Praktikums. Themen kannst du hier nur schwer anbieten, außer du gehst nach dem Praktikum in eine andere Stadt und versuchst dich mit Blick auf die dortigen Themen als Korrespondent. »Jeder Praktikant ist ein möglicher Volontär. Der Gedanke ist immer im Hinterkopf«, sagt Sebastian Steinmayr vom Radiodienst BLR. »Deshalb steht ein Praktikant hier drei Monate lang unter Beobachtung.« Auch beim Radiosender 94'3 rs2 würden Praktikanten »sehr genau angesehen«, so Detlef Löschmann. Wie viele Privatradios rekrutiert der Berliner Sender seine Volontäre meist aus Praktikanten. Dennoch solltest du nicht darauf warten, dass dir eine Mitarbeit oder ein Ausbildungsplatz auf dem Silbertablett angeboten werden. Viele Chefs wollen, dass man aktiv auf sie zugeht. Spätestens beim Abschlussgespräch gilt es, eine künftige freie Mitarbeit anzusprechen. Und auch ein bestimmtes Auftreten zu Beginn des Praktikums lohnt sich: »Wenn mir jemand im Vorstellungsgespräch schon sagt, dass es ihm langfristig um ein Volontariat geht, schaue ich mir den ganz anders an. Dann können wir uns darüber unterhalten«, bietet Detlef Löschmann an. Nur Mut also!

Idealerweise solltest du nach deinen Wochen in der Redaktion oder Agentur wissen, was dir liegt und wo du Schwächen hast. Und wenn du nicht die Lust an der Branche verloren hast, kannst du ja auch das ein oder andere Seminar besuchen. Empfehlenswert für Anfänger ist die Jugendpresse (www.jugendpresse.de), Fortgeschrittene sollten sich bei den Journalistenprogrammen der politischen Stiftungen umschauen (www.fes.de, www.kas.de).

Checkliste Ich will was in den Medien machen

- ☐ PR oder Journalismus? Bild, Ton oder Text? Wo möchtest du hin?
- ☐ Schweiß, Ausbeutung, Konkurrenzkampf: Willst du das wirklich?
- ☐ Flexibilität, Engagement, Organisation, Selbständigkeit: Das braucht es.
- ☐ Das Praktikum ist der Königsweg in die Medien: Ohne geht es nicht.
- ☐ Journalismus ist Handwerk: Klein anfangen und sich hocharbeiten ist Usus.
- ☐ Das Netzwerk ist das Herz des Journalismus: Dranbleiben mit Engagement.
- ☐ Der Begriff »Journalist« ist nicht geschützt, die Bezeichnung »Volontariat« vielfältig gebraucht: Prüfe deinen Weg.
- ☐ Wacher Geist: Meinungen und Argumente zum Weltgeschehen sind gefragt.
- ☐ Profil, Ausrichtung, Klientel: Prüfe im Vorfeld, ob Ihr zusammenpasst.
- ☐ Journalismus: Überlege, welches Studium dir Fachwissen bringt.
- ☐ PR: Hier kann ein Medien-Studium von Nutzen sein.

»In dieser Branche kreisen die Leute wie Aasgeier um die Jobs«

» «

Dagny Lüdemann (Jahrgang 1975) arbeitete nach ihrem Uni-Abschluss zwei Jahre lang als Praktikantin. Nach fünf Praktika hat sie endlich ein Volontariat bekommen – beim renommierten Berliner *Tagesspiegel*. Damit hat sie den Absprung aus der Praktikumsmühle gerade noch geschafft.

Mein erstes Praktikum habe ich gleich nach dem Abitur gemacht – bei einem Anzeigenblatt in Hamburg. Die Arbeit dort brachte mich auf die Idee, später als Wissenschaftsjournalistin über Flora und Fauna zu schreiben.

Mit diesem Ziel vor Augen studierte ich Biologie und Französisch, schrieb weiter für das Anzeigenblatt, textete Reisekataloge und ging für ein Jahr nach Montpellier. Häufig wurde ich gefragt, warum ich nicht Journalistik studiere – aber ich hielt es für sinnvoll, mich auf ein Fach zu spezialisieren und zusätzlich eine Fremdsprache zu beherrschen. Das journalistische Handwerk wollte ich durch Praktika erlernen.

Als ich Ende 1999 mit einem französischen Universitätsabschluss in der Tasche zurück nach Hamburg kam, boomten die Neuen Medien. Ich wollte noch den »deutschen Magister« machen und arbeitete gleichzeitig als feste freie Online-Journalistin. Doch mit dem Crash der Branche ging auch die Internetfirma pleite, bei der ich gejobbt hatte.

Ich begann mich für Volontariate für die Zeit nach dem Studium zu bewerben, schrieb Probereportagen und Nachrichten: Es hagelte Absagen. Nach der Uni ging die Odyssee für mich erst richtig los. Ende 2003 ging ich nach Spanien. Ich ahnte schon, dass es schwer sein würde, einen Job zu finden, und wollte die arbeitsfreie Zeit sinnvoll nutzen. In Granada bekam ich ohne Probleme ein Praktikum bei einem lokalen Fernsehsender. Nach einem halben Jahr kam ich zurück – und wurde Praktikantin beim *PM-Magazin* in München. Danach ging es für ein halbes Jahr zu *Spektrum der Wissenschaft* nach Heidelberg. Ich hatte Glück, dass ich so renommierte Praktika bekommen habe – das hat meine Chancen auf ein Volontariat enorm verbessert.

In dieser Branche trifft man immer wieder die gleichen Leute, die wie die Aasgeier um einen Traumjob kreisen: Alle sind Mitte bis Ende zwanzig, sie haben ein abgeschlossenes Studium und Erfahrungen im Journalismus.

Durch die dauernde Arbeit in den verschiedenen Redaktionen hatte ich immer aktuelle Arbeitsproben und lernte, wie man als freie Journalistin Themen findet und wie man sie anbietet. Mit diesen Erfahrungen hätte ich mich auch selbstständig machen können – zum Leben hätte der Verdienst allerdings kaum gereicht.

Zudem hat diese Patchwork-Ausbildung nach dem Studium nicht nur viel Zeit gekostet, sondern vor allem Geld. Ohne die Unterstützung meiner Eltern hätte ich die Praktika nicht machen können. Außerdem fühlte ich mich während dieser Zeit wie eine Nomadin – nirgends war ich richtig zu Hause, und immer von Menschen umgeben, die ich erst seit kurzem kannte.

Das Durchhalten hat sich aber gelohnt: Nach sechs Umzügen in fünf Städte und zwei Länder bin ich in Berlin angekommen – als Volontärin bei einer großen Tageszeitung. Dass ich das noch vor meinem 30. Geburtstag hinbekommen habe, freut mich wahnsinnig.

16.8. Weiterlesen! – Aber das Richtige!

Berufszugang und Ausbildungswege: Das Heft *Journalist/in werden? Ausbildungsgänge und Berufschancen im Journalismus* gibt es beim Deutschen Journalisten-Verband (www.djv.de) in Berlin. Die Deutsche Public Relations Gesellschaft (DPRG) verteilt kostenlos die Broschüren *Qualifikationsprofil Öffentlichkeitsarbeit/PR* und *Einstieg in die Public Relations*. (www.dprg.de)

Branchenüberblick und Arbeitsmarktdaten: Die Zentralstelle für Arbeitsvermittlung (ZAV) der Bundesagentur für Arbeit verschickt kostenlos die Broschüre *Journalistinnen und Journalisten* aus der Reihe *Arbeitsmarkt-Information für qualifizierte Fach- und Führungskräfte*. Adresse: Villemombler Str. 76, 53123 Bonn, Tel. 0228/71 30.

Die Journalistengewerkschaft dju gibt gute Handreichungen für Journalisten heraus. Die Hefte, etwa zu den Themen *Selbstvermarktung*, *Ausbildungswege* oder *Auslandspraktika*, sind zu beziehen über www.dju.verdi.de.

Das neue Handbuch des Journalismus von Wolf Schneider und Paul-Josef Raue ist keine Anleitung zum Feuilleton-Schreiben, aber ein leicht zu lesender Überblick über das Handwerk. (Rowohlt, 9,90 Euro)

Mittlerweile in der 16. Auflage erscheint die *Einführung in den praktischen Journalismus* von Walther von La Roche – ehemals Nachrichtenchef des Bayerischen Rundfunks. Das »Standardwerk« für alle Einsteiger. (List, 17,90 Euro, www.journalistische-praxis.de)

Das Praktikum im Journalismus von Elke Ahlswede ist ein gut recherchiertes, schlüssig aufgebautes Handbuch für Berufseinsteiger im Medienbereich. Pluspunkte: Viele Kontaktadressen und eine Vielzahl an Ratschlägen von Medienprofis. (UVK, 14,90 Euro) Im selben Verlag beschreibt Gernot Brauer ausführlich die *Wege in die Öffentlichkeitsarbeit*. (UVK, 24,90 Euro)

Mehr als 900 Personaler aus Werbung, Ausbildung, Verlagen, Agenturen und TV-Sendern hat das Branchenblatt *Horizont* aufgelistet. Die Broschüre *Horizont Career Guide* ist für 9,90 Euro unter www.horizont.net/careerguide bestellbar.

Mit dem rasanten Medienwandel ändern sich auch Tätigkeiten, Funktionen und Berufsbilder in der Branche. Videojournalisten und Online-Redakteure sind Beispiele dafür. *Berufsbilder im Journalismus* von Christopher Belz, Michael Haller und Armin Sellheim bietet eine fundierte Übersicht über alle wichtigen Berufsfelder und Tätigkeitsbereiche im Journalismus, beschreibt weiterhin gültige Berufe und deren Profilwandel. (UVK, 19,90 Euro)

Bereits in der 10. Auflage auf dem Markt ist das *ABC des Journalismus* von Claudia Mast (Hg.). Das facettenreiche, mehr als 500 Seiten starke Buch legt seinen Schwerpunkt allerdings eher auf rechtliche, wirtschaftliche und berufliche Grundlagen des Journalismus als auf Ausbildungs- und Einstiegsmöglichkeiten und ist daher für absolute Neulinge in der Branche nur bedingt geeignet. (UVK, 29,90 Euro)

Von der *FAZ* herausgegeben ist *Die PR- und Pressefibel* des Journalisten Norbert Schulz-Bruhdoel. Das Handbuch eignet sich sowohl für den PR-Einsteiger, der sich von A bis Z durch die einzelnen Kapitel arbeiten sollte, als auch für den Medienprofi, der lediglich punktuell an Informationen interessiert ist. (Frankfurter Allgemeine Buch im *FAZ*-Institut, 29,90 Euro)

Onlinestellenbörsen speziell für die Bereiche PR und Journalismus:

- www.agenturcafe.de
- www.dprg.de/jobboerse
- www.ibusiness.de/praktika
- www.karriereundjob.de
- www.newsroom.de
- www.planetpraktika.de

BERTELSMANN AG

Medien

Hauptsitz: Gütersloh
Standorte und Beteiligungen in über 50 Ländern

76.266 weltweit

17,0 Millarden Euro

Tätigkeitsfelder

Bertelsmann ist ein internationales Medienunternehmen, das mit seinen Aktivitäten die ganze Vielfalt der Medien abdeckt: Zum Unternehmen gehören Buchverlage und Musikfirmen, Buch- und Musikclubs, Zeitungs- und Zeitschriftenverlage, Fernseh- und Radiosender, TV-Produktionsfirmen sowie Print- und Mediendienstleister. Bertelsmann gliedert sich in sechs Unternehmensbereiche: RTL Group (TV, Radio, TV-Produktion), Random House (Buchverlage), Gruner+Jahr (Zeitschriften), SonyBMG (Musik), Arvato (Media Services), Direct Group (Buch- und Musikclubs).

Studienrichtungen

U.a. Wirtschaft, Recht, BWL, Kulturmanagement, Journalismus

» Schülerpraktika
Vorpraktika
» Auslandspraktika
» Studienbegleitend
» Freiwillig
» Diplomarbeit
» Werkstudent

ca. 4 Monate
mind. 3 Monate
Alle Bewerbungsformen möglich; Online bevorzugt

Einsatzgebiete

Corporate Communications, Finance, Controlling, Human Resources und Knowledge-Management – auch mit Übernahme eigener Projektverantwortung

Anforderungen

Ihre Leistungen im Studium sind hervorragend und Sie haben Ihr Vordiplom erfolgreich abgeschlossen. Sie besitzen bereits praktische Erfahrung – möglichst auch im Ausland. Englisch beherrschen Sie fließend. Selbstverständlich sind Sie engagiert, flexibel und beeindrucken durch Ihre Eigeninitiative.

Vergütung und Leistungen

Indem Sie Aufgaben in Projekten übernehmen, bereiten Sie sich schon frühzeitig auf Ihre zukünftige Karriere vor. Bei Bertelsmann wird unternehmerisches Denken groß geschrieben. Bertelsmann sucht Praktikanten, die neben dem eigentlichen Studium schon Verantwortung übernommen haben, sei es in einer studentischen Initiative oder in ihrer Freizeit. Es erwarten Sie spannende Projekte, in denen Sie gefordert werden, Probleme zu analysieren, Lösungsvorschläge zu entwickeln und anschließend umzusetzen. Die Vergütung erfolgt je nach Qualifikation.

myfuture.bertelsmann.de

Ansprechpartner

Bertelsmann Recruiting Services
Manuela Ebbes-Barr
Senior Manager
Postfach 111
33311 Gütersloh
myfuture@bertelsmann.de

Berufseinstieg

Talentierte Praktikanten können in Trainee-Programme übernommen werden. Daneben bildet Bertelsmann in fast allen Medienbereichen aus, auch betreute Diplomarbeiten sind möglich.

Branche | Standorte | Mitarbeiterzahl | Umsatz | (D) Deutschland | (W) Weltweit | Praktikumsarten
Vorlaufzeit | Praktikumsdauer | Bewerbungsform | Website | Ansprechpartner

Umsatz- und Mitarbeiterzahlen beziehen sich auf das vergangene Geschäftsjahr bzw. 2004

Süddeutscher Verlag Mediengruppe

Tätigkeitsfelder

Der Süddeutsche Verlag ist eines der zehn großen Medienhäuser des Landes, mit vielfältigen Engagements und Beteiligungen im In- und Ausland in den Bereichen Zeitung, Fachinformation, Drucktechnik, elektronische Medien und Dienstleistung. Das Aushängeschild ist die Süddeutsche Zeitung, die größte überregionale Abonnement-Tageszeitung Deutschlands.
Die Mediengruppe ist einer der größten Anbieter von branchenspezifischen Fachmedien auf dem deutschen Markt: Ihre Kernkompetenz erstreckt sich hierbei in die Bereiche Medizin, Recht/Wirtschaft/Steuern, Technik/Management und Informationstechnologie. In den Themenfeldern Marketing und Kommunikation ist die Gruppe Marktführer mit ihren renommierten Informationsdiensten wie beispielsweise Kontakter und werben & verkaufen. Das redaktionell eigenständige Onlineportal sueddeutsche.de und das Fernsehformat Süddeutsche TV sind weitere Beispiele für die Vielseitigkeit des Medienhauses.

Studienrichtungen

Studium jeglicher Fachrichtung

Einsatzgebiete

Marketing, Organisation, Verwaltung, Rechnungswesen/Controlling, Finanzmanagement, Recht, Redaktion, Dokumentation, Vertrieb, Verkauf

Anforderungen

In kaufmännischen Abteilungen: hohe Einsatzbereitschaft, Begeisterung für Aufgabenstellungen in der Medienbranche sowie Spaß am Umgang mit Kunden, PC-Grundkenntnisse.
In einer Redaktion: einige Semester Studium jeglicher Fachrichtung, erste journalistische Erfahrungen, hohe Einsatzbereitschaft.

Vergütung und Leistungen

Die Vergütung beträgt 300-500 Euro je Monat. Fordernde Aufgaben in verschiedenen Projekten, Mitarbeit und Verantwortungsübernahme in unserem kollegialen Team, persönliche Betreuung durch erfahrene Mitarbeiter und Fachbetreuer erwarten Sie.

Berufseinstieg

Ob als freier Mitarbeiter in den journalistischen Aufgabenfeldern oder Werkstudent in den kaufmännischen Abteilungen – beim Süddeutschen Verlag haben engagierte Praktikanten immer gute Einstiegschancen.
Ehemalige Praktikanten werden bei der Besetzung von Berufseinstiegspositionen zumeist bevorzugt behandelt.

Medien

Hauptsitz: München

4.283 (D)

664,8 Mio. Euro

Schülerpraktika
» Vorpraktika
Auslandspraktika
» Studienbegleitend
» Freiwillig
Diplomarbeit
» Werkstudent

beliebig

2-6 Monate

per Post/E-Mail; auch initiativ; nur vollständige Bewerbungen: Anschreiben (Bild), Lebenslauf, Arbeitsproben (Redaktionspraktika)

www.sueddeutscher-verlag.de

Ansprechpartner

Süddeutscher Verlag GmbH
Personalentwicklung
Claudia Kronseder
Sendlinger Straße 8
80331 München
089 /2183-746
personalentwicklung@sueddeutsche.de

GBK_Heye
Auf diesem Weg sind wir Ihnen gerne behilflich.
Der große STELLENMARKT der Süddeutschen Zeitung. Unter www.sueddeutsche.de/stellenmarkt oder jeden Samstag am Kiosk.
Süddeutsche Zeitung
Wer sie liest, sieht mehr.
www.sueddeutsche.de

Die UNICUM Praktikumsbörse – Praktika für Ausgeschlafene!

Von Architektur bis Werbung – in der Praktikumsbörse von UNICUM.de wirst du schnell fündig – aktuell über 5.000 spannende Praktika von über 1.500 der angesagtesten Arbeitgeber.

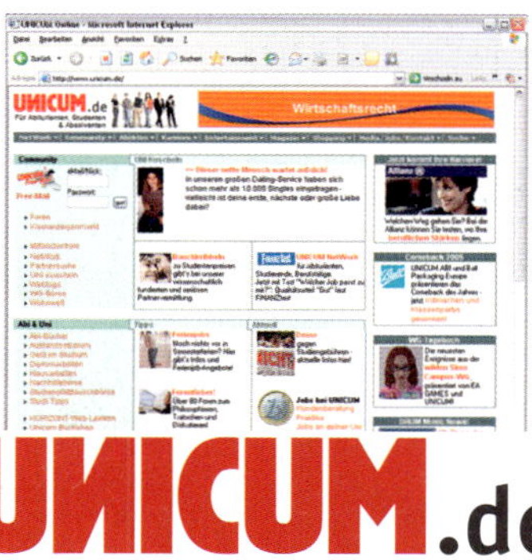

UNICUM.de

Klick dich rein unter http://praktikum.unicum.de

AXA Konzern AG

Versicherung & Finanzdienstleistung

Köln (Hauptverwaltung)

8.600 (D), 117.000 (W)

72,2 Mrd. Euro

Schülerpraktika
Vorpraktika
Auslandspraktika
» Studienbegleitend
» Freiwillig
» Diplomarbeit
Werkstudent

4-6 Monate
mind. 2 Monate
per Post, per E-mail, auch initiativ möglich

www.AXA.de/karriere

Ansprechpartner

AXA Konzern AG
Personalmanagement
Internship-Team
0221 /148-32759
Internship@AXA.de

Tätigkeitsfelder

Der AXA Konzern zählt zu den führenden Erstversicherern und Finanzdienstleistern in Deutschland. Die Geschäftstätigkeit umfasst »Vorsorge, Vermögensmanagement, Versicherung«. Dazu zählen in erster Linie Schaden- und Unfallversicherungen, private Vorsorgeformen wie Lebens- und Krankenversicherungen, betriebliche Altersvorsorgelösungen sowie Vermögensanlagen und Finanzierungen. Der AXA Konzern gehört zur internationalen AXA-Gruppe – einem der größten Versicherer und Asset-Manager weltweit.

Studienrichtungen

Betriebswirtschaftslehre und/oder Volkswirtschaftslehre, Versicherungswesen, (Wirtschafts-)Informatik/-Mathematik/-Ingenieurwesen, Psychologie

Einsatzgebiete

Unternehmensweit, z.B. in den Bereichen Konzernentwicklung, Projektmanagement, Personalwesen, Marketing, Konzernkommunikation, IT, Rechnungswesen oder in den vielfältigen Versicherungssparten

Anforderungen

Überdurchschnittliche Studienleistungen (Hauptstudium), ein hohes Maß an Selbstständigkeit und Eigenverantwortung, Organisationstalent, Belastbarkeit, Kommunikationsstärke, Flexibilität, sehr gute Englisch- und MS Office-Kenntnisse

Vergütung und Leistungen

Praktika werden in der Regel mit 500 Euro pro Monat vergütet. Nach Absolvierung eines erfolgreichen Praktikums bei AXA besteht die Möglichkeit, in das Stipendiatenprogramm aufgenommen zu werden. Ziel ist die langfristige Mitarbeit an konzernrelevanten Projekten und die Übernahme eigenständiger Aufgabenstellungen bis zum Ende des Studiums. Was nicht nur die Steigerung der Berufschancen durch intensive und dauerhafte Praxiserfahrung bedeutet, sondern auch regelmäßiges Einkommen und flexible Einsatzzeiten.

Berufseinstieg

Neben dem Direkteinstieg bietet AXA weitere interessante Einsteigerprogramme an, mit denen Sie gezielt und effektiv in die Aufgabenwelt eines globalen Unternehmens hineinwachsen. Die Programme, wie z.B. das für Vorstandsassistenten, orientieren sich an Ihren persönlichen Vorkenntnissen, Interessen und Zielen. Sie sind auf praktische und theoretische Einarbeitung ausgerichtet, immer nach dem Grundsatz: So kurz wie möglich, so lange wie nötig.

Branche · Standorte · Mitarbeiterzahl · Umsatz · (D) Deutschland · (W) Weltweit · Praktikumsarten
Vorlaufzeit · Praktikumsdauer · Bewerbungsform · Website · Ansprechpartner

Umsatz- und Mitarbeiterzahlen beziehen sich auf das vergangene Geschäftsjahr bzw. 2004

Coca-Cola Erfrischungsgetränke AG

Getränke/Konsumgüter

Zentrale in Berlin, 60 Produktions- und Vertriebsstandorte im gesamten Bundesgebiet

9.000 (D)

jährlich 2,2 Milliarden Liter

Schülerpraktika
Vorpraktika
Auslandspraktika
» Studienbegleitend
» Freiwillig
» Diplomarbeit
Werkstudent

1-4 Monate
3-6 Monate
per Post, per E-Mail

www.cceag.de

Ansprechpartner

Dr. Gregor Fleischhauer
Coca-Cola
Erfrischungsgetränke AG
Quartier 205,
Friedrichstraße 68
10117 Berlin
personalmarketing@cceag.de

Tätigkeitsfelder

Mit einem Absatz von 2,2 Milliarden Litern ist die Coca-Cola Erfrischungsgetränke AG (CCE AG) als größter deutscher Coca-Cola Konzessionär mit Hauptsitz in Berlin eines der bedeutendsten Getränkeunternehmen in Deutschland. Die CCE AG ist für die Abfüllung und den Vertrieb von Coca-Cola Markenprodukten in weiten Teilen Deutschlands verantwortlich. Unser Unternehmen beschäftigt rund 9.000 Mitarbeiter an 60 Standorten. In 20 Abfüllfabriken werden Coca-Cola Produkte und Mineralwässer abgefüllt.

Studienrichtungen

Wirtschaftswissenschaften (insbesondere Betriebswirtschaftslehre), Wirtschaftsingenieurwesen, Wirtschaftsinformatik

Einsatzgebiete

Marketing, Einkauf, Logistik , Qualitäts-/Umweltmanagement, Personalwesen, Aus-/Weiterbildung, Personalentwicklung, Rechnungswesen/Controlling, Vertrieb/Verkauf

Anforderungen

Erfolgreich abgeschlossenes Vordiplom, Studienschwerpunkt im gewünschten Einsatzbereich, idealerweise erste praktische Erfahrungen im Einsatzbereich, sehr gute Englischkenntnisse, versierter Umgang mit MS-Office-Anwendungen, Eigeninitiative, Flexibilität, Teamfähigkeit, Lernbereitschaft, analytische und konzeptionelle Fähigkeiten, ausgeprägte kommunikative Fähigkeiten

Vergütung und Leistungen

Wir ermöglichen einen umfangreichen und intensiven Einblick in der jeweiligen Einsatzabteilung und in die »Welt« eines Großunternehmens, bei dem sich alles rund um Coca-Cola dreht: die Mitarbeit und Unterstützung im Tagesgeschäft sowie Übernahme von eigenständigen Projekten/Teilprojekten; fachliche Unterstützung und Anleitung seitens der Praktikantenbetreuer; Austausch mit anderen Praktikanten und Diplomanden bei einem regelmäßigen Praktikantentreffen; viele Erfahrungen, neue Kenntnisse und einen tiefen Blick in die Praxis - man kann nur sagen »make it real!«. Die Praktika werden monatlich mit mindestens 510 Euro brutto vergütet.

Berufseinstieg

Im Rahmen eines Traineeprogramms in den Bereichen Marketing, Sales, Finance und Supply Chain.
Direkteinstieg mit Training on the Job, in Abhängigkeit von vakanten Positionen.

Branche | Standorte | Mitarbeiterzahl | Umsatz | (D) Deutschland | (W) Weltweit | Praktikumsarten | Vorlaufzeit | Praktikumsdauer | Bewerbungsform | Website | Ansprechpartner

Umsatz- und Mitarbeiterzahlen beziehen sich auf das vergangene Geschäftsjahr bzw. 2004

DaimlerChrysler AG

Tätigkeitsfelder
DaimlerChrysler ist ein internationales Automobilunternehmen. Das Angebot reicht vom Klein- über Sportwagen bis hin zur Luxuslimousine – vom Kleintransporter über den klassischen Schwer-Lkw bis hin zum komfortablen Reisebus. Zu den Pkw-Marken von DaimlerChrysler zählen Maybach, Mercedes-Benz, Chrysler, Jeep®, Dodge und smart. Zu den Nutzfahrzeug-Marken gehören Mercedes-Benz, Freightliner, Sterling, Western Star, Setra und Mitsubishi Fuso. DaimlerChrysler Financial Services bietet Finanz- und andere fahrzeugbezogene Dienstleistungen an.

Studienrichtungen
Alle Ingenieurstudiengänge, Wirtschaftsingenieurwesen, Wirtschaftsinformatik, Informatik, Wirtschaftswissenschaften

Einsatzgebiete
Alle Unternehmensbereiche. Am Standort Stuttgart finden Sie z.B. die Nutzfahrzeug- und Transporterentwicklung, Sales & Marketing Pkw und Nfz, Global Service & Parts (Aftersales), Global Procurement & Supply, IT Management, Finance & Controlling, etc. sowie das Werk Untertürkheim.

Anforderungen
Sehr gute Studienleistungen, Motivation und Engagement, Flexibilität und Teamfähigkeit

Vergütung und Leistungen
Sie gewinnen konkrete Einblicke in die organisatorischen und produktiven Prozesse eines weltweit operierenden Automobilherstellers. Sie arbeiten selbstständig an wechselnden Aufgabenstellungen und in anspruchsvollen Projekten mit. Die Vergütung erfolgt je nach Qualifikation.

Berufseinstieg
Nach einem überdurchschnittlich absolvierten Praktikum haben Sie an einigen Standorten die Chance, in lokale Förderprogramme aufgenommen zu werden. Am Standort Stuttgart gibt es für hochqualifizierte Studierende beispielsweise das Praktikantenprogramm »JKC Talent Pool«, das Sie bis ans Studienende begleitet. International orientierte, sehr gute Praktikanten haben über das Programm »DC EXACT« die Möglichkeit, durch die Vermittlung von Auslandspraktika interkulturelle Kompetenzen aufzubauen.
Als Absolvent können Sie als kürzesten Weg den Direkteinstieg wählen, prinzipiell in alle Bereiche des Konzerns. Daneben haben Sie die Wahl zwischen mehreren Trainee-Programmen mit Projekteinsätzen in den jeweiligen Geschäftsbereichen, begleitet von Personalentwicklungsmaßnahmen.

Automobil

Zentralen: Stuttgart (D), Auburn Hills, Michigan (USA). DaimlerChrysler ist in nahezu allen Ländern der Welt vertreten.

183.000 (D), 385.000 (W)

142,1 Milliarden Euro

- Schülerpraktika
- Vorpraktika
- Auslandspraktika
- Studienbegleitend
- Freiwillig
- Diplomarbeit
- Werkstudent

2–6 Monate

2–6 Monate

nur Online über die Homepage

career.daimlerchrysler.de

Ansprechpartner
Job & Karriere Center

0711/17-22207
job.career@daimlerchrysler.com

Deloitte

Consulting & Wirtschaftsprüfung

18 Standorte in Deutschland, weltweit in 150 Ländern vertreten

3.200 (D)

462 Millionen Euro

Schülerpraktika
Vorpraktika
Auslandspraktika
» Studienbegleitend
» Freiwillig
» Diplomarbeit
» Werkstudent

2–6 Monate
mind. 2 Monate
per Onlineformular, auch initativ möglich

www.deloitte.com/careers

Ansprechpartner

Senior Manager Human Resources
National Recruitment
Frau Nebahat Güler

0211 /8772–3713
career@deloitte.de

Tätigkeitsfelder

Deloitte ist eine weltweit agierende Wirtschaftsprüfungs- und Beratungsgesellschaft, welche weit über die Hälfte der weltgrößten Unternehmen sowie zahlreiche nationale Firmen, öffentliche Institutionen und erfolgreiche, schnell wachsende Unternehmen betreut.
Das Dienstleistungsspektrum umfasst vier wesentliche Bereiche: Wirtschaftsprüfung, Steuerberatung, Consulting und Corporate Finance-Beratung.

Studienrichtungen

Wirtschaftswissenschaften, BWL, Wirtschafts-Ingenieurwesen/-Informatik

Einsatzgebiete

Praktika sind bei Deloitte in allen Unternehmensbereichen möglich.

Anforderungen

Sehr gute Studienleistungen, relevante Studienschwerpunkte, einschlägige Praktika, ausgeprägte Teamorientierung und Kommunikationsfähigkeiten, sehr gute Englischkenntnisse, sehr gute MS-Office-Kenntnisse, Engagement und Einsatzbereitschaft

Vergütung und Leistungen

Als Praktikant bei Deloitte können Sie erste Praxiserfahrungen sammeln und Ihr theoretisches Wissen umsetzen. Nach nur kurzer Einarbeitungszeit besteht die Möglichkeit, Verantwortung im Rahmen eines Projektes zu übernehmen. Sie knüpfen erste Kontakte und lernen unsere Unternehmenskultur kennen. Die Vergütung erfolgt je nach Qualifikation.

Berufseinstieg

Unseren Mitarbeitern bieten wir regelmäßige Trainings zur fachlichen und persönlichen Weiterentwicklung. Das Angebot reicht von aufgaben- und branchenspezifischen Seminaren über Sprachkurse bis hin zu Rhetorik- und Interviewtrainings.
Ihre theoretische und praktische Ausbildung ist so aufgebaut, dass Sie systematisch auf das für Ihren Aufgabenbereich relevante Examen – Steuerberater und/oder Wirtschaftsprüfer – vorbereitet werden. Zeitliche Freiräume sowie unsere finanzielle Förderung halten Ihnen während der Prüfungsphase den Rücken frei, damit Sie sich auf das Wesentliche konzentrieren können. Bei entsprechender Qualifikation und Berufserfahrung erhalten Sie im Rahmen unseres »Global Development Programs« die Möglichkeit, während eines Auslandseinsatzes Erfahrungen und Eindrücke in fremden Kulturen zu sammeln. Außerdem unterstützen und betreuen wir Sie gern bei Ihrer Diplomarbeit, Voraussetzung hierfür ist ein vorheriges Praktikum in unserem Hause.

Branche · Standorte · Mitarbeiterzahl · Umsatz · (D) Deutschland · (W) Weltweit · Praktikumsarten · Vorlaufzeit · Praktikumsdauer · Bewerbungsform · Website · Ansprechpartner

Umsatz- und Mitarbeiterzahlen beziehen sich auf das vergangene Geschäftsjahr bzw. 2004

Wohnen Sie noch im Hotel Mama?

Oder stehen Sie auf eigenen Beinen?

Ach wie schön, wenn man es sich so richtig bequem machen kann. Die Sache hat nur einen Haken, es bringt einen nicht wirklich voran. Bei Deloitte jedenfalls nicht. Denn wir setzen als eine der größten Prüfungs- und Beratungsgesellschaften auf Mitarbeiter mit Eigeninitiative, die schon ganz früh auch Eigenverantwortung übernehmen wollen.

Das heißt, wir lassen Ihnen von Anfang an einen ziemlich großen Spielraum. Und das bringt für alle nur Pluspunkte: Erstens spornt es jeden an, täglich sein Bestes zu geben. Zweitens gibt es unseren interdisziplinären Teams aus Prüfung und Beratung die nötige Entscheidungsfreiheit. Und last but not least bekommen unsere Kunden so herausragende Lösungen.

Sie können bei uns also gute Arbeit leisten. Sie können sich aber durchaus auch wie zu Hause fühlen. In unserer flachen Hierarchiestruktur stehen Ihnen für Fragen und Hilfen nämlich alle Türen offen. Bis in die höchsten Etagen. Und das beruhigt sicher auch Ihre Mutter.

Wenn Sie mehr über uns und Ihre Karrieremöglichkeiten bei Deloitte wissen möchten, finden Sie die wichtigsten Infos auf unserer Website:
www.deloitte.com/careers

Und wann kommen Sie auf den Punkt?

Deloitte.

Wirtschaftsprüfung. Steuerberatung. Consulting. Corporate Finance.

DENSO AUTOMOTIVE Deutschland GmbH

Automobil

Eching (Niederlassung Deutschland), weltweit in 31 Ländern

260 (D), 104.000 (W)

24,17 Milliarden US Dollar

Schülerpraktika
Vorpraktika
Auslandspraktika
» Studienbegleitend
» Freiwillig
» Diplomarbeit
Werkstudent

1-4 Monate
3-9 Monate
per Post, E-Mail, Online-Formular; auch initativ möglich

www.denso-europe.com

Ansprechpartner

DENSO AUTOMOTIVE
Deutschland GmbH
Human Resources
Frau Monika Wildgruber

08165/944-332
m.wildgruber@denso.de

Tätigkeitsfelder

DENSO zählt als Automobilzulieferer weltweit zu den führenden Anbietern von Komponenten und Systemen für Heizung, Klimatisierung, Motorkühlung, Abgasreinigung, Autoelektrik, -elektronik und Instrumentierung. Das Unternehmen arbeitet mit allen großen Automobilherstellern der ganzen Welt zusammen. Mit seinen vielfältigen Entwicklungen und seinem umfangreichen Know-how ist DENSO ständig dabei, neue Geschäftsfelder zu erschließen, um als globales Unternehmen den Anforderungen des 21. Jahrhunderts gewachsen zu sein.

Studienrichtungen

Betriebswirtschaftslehre, Elektrotechnik, Fahrzeugtechnik, Maschinenbau, Wirtschaftsingenieurwesen, sonstige technische und kaufmännische Studiengänge

Einsatzgebiete

Forschung und Entwicklung, Versuch, Personalwesen, Rechnungswesen, Controlling, Vertrieb

Anforderungen

Ein hohes Maß an Selbstständigkeit, Teamfähigkeit und Engagement, sehr gute Englischkenntnisse in Wort und Schrift, rasche Auffassungsgabe

Vergütung und Leistungen

Wir bieten exzellente Entwicklungsmöglichkeiten in Zusammenarbeit mit einem hochmotivierten Team, sowie die Übernahme von eigenständigen Projekten. Sie erhalten einen umfangreichen und intensiven Einblick in die betrieblichen Abläufe und knüpfen erste Kontakte. Des Weiteren werden Praktikanten persönlich unterstützt und betreut.
Praktika werden mit 500-700 Euro monatlich vergütet.

Berufseinstieg

Nach einem erfolgreich absolvierten Praktikum haben Sie den Grundstein für eine Karriere bei DENSO gelegt. Wir investieren viel in die Ausbildung junger Talente, und freuen uns, wenn wir Sie nach einem für beide Seiten erfolgreichen Praktikum für eine Diplomarbeit in unserem Haus gewinnen können. Nach dem Studium haben Sie die Möglichkeit mit einem Training on the Job direkt bei DENSO einzusteigen.

Branche · Standorte · Mitarbeiterzahl · Umsatz · (D) Deutschland · (W) Weltweit · Praktikumsarten
Vorlaufzeit · Praktikumsdauer · Bewerbungsform · Website · Ansprechpartner

Umsatz- und Mitarbeiterzahlen beziehen sich auf das vergangene Geschäftsjahr bzw. 2004

Deutsche Bahn AG

Tätigkeitsfelder

Der Konzern Deutsche Bahn befördert täglich mehr als 4,5 Mio. Reisende in 29.000 Personenzügen und 0,8 Mio. Tonnen Güter in 5.500 Güterzügen auf 35.800 km Betriebsstrecken. Das operative Geschäft der Bahn wird in drei Unternehmensbereichen gemanagt: Personenverkehr, Transport und Logistik, Infrastruktur und Dienstleistungen sowie durch zahlreiche Konzernunternehmen. Für ihre Kunden zur besten Bahn zu werden und gleichzeitig die Kapitalmarktfähigkeit zu erreichen, ist das erklärte Ziel der Deutschen Bahn AG.

Studienrichtungen

Maschinenbau, Elektrotechnik, Bauingenieurwesen, Verkehrsingenieurwesen, Wirtschaftsingenieurwesen, Wirtschafts- und Sozialwissenschaften, Jura

Einsatzgebiete

Produktion und Technik, Instandhaltung, Anlagenmanagement, Betrieb, Marketing, Vertrieb, Einkauf, Personal, Controlling, Unternehmensentwicklung, Logistik

Anforderungen

Sehr gutes bis gutes Vordiplom, außeruniversitäres Engagement, Eigeninitiative, Mobilität, Teamfähigkeit

Vergütung und Leistungen

Als ein Unternehmen im Umbruch, finden Absolventen bei uns vor allem ausgezeichnete Aufstiegschancen und die Möglichkeit, die Erneuerung des Konzerns aktiv mitzugestalten. Wir suchen Praktikanten mit Veränderungs- und Gestaltungswillen, die mit hoher Selbstmotivation, unternehmerischem Denken und Eigeninitiative die Prozesse vorantreiben. Die Vergütung erfolgt je nach Qualifikation.

Berufseinstieg

Talentierte Praktikanten werden ins Praktikantenprogramm »Talents for TRAIN« aufgenommen und werden bevorzugt in Trainee- oder Einstiegsprogramme übernommen.
12-monatiges Traineeprogramm »TRAIN« für Wirtschafts- und Sozialwissenschaftler, 12-monatiges Einstiegsprogramm »TRAIN Tec« für Ingenieure.

Verkehr & Logistik

Hauptstandorte: Berlin, Mainz, Frankfurt, regionale Niederlassungen bundesweit

225.000

23,9 Milliarden Euro

- » Schülerpraktika
- » Vorpraktika
- Auslandspraktika
- » Studienbegleitend
- » Freiwillig
- » Diplomarbeit
- Werkstudent

3-4 Monate
mind. 10 Wochen
per Post oder Online
Anschreiben; Lebenslauf mit Lichtbild; Zeugnisse von Schule/Studium/beruflichen Tätigkeiten
www.db.de/karriere

Ansprechpartner

für Schüler:
Ansprechpartner regional unter www.db.de/azubi

für Studenten:
Ansprechpartner regional und Stellenangebote unter www.db.de/karriere

eBay GmbH

Tätigkeitsfelder
eBay ist der weltweite Online-Marktplatz. Seit seiner Gründung in den USA im Jahr 1995 hat sich eBay zu einer dynamischen Gemeinschaft entwickelt, die im Internet mit Gütern und Dienstleistungen aller Art handelt. Privatpersonen und Unternehmen sorgen dafür, dass täglich Millionen von Artikeln in verschiedensten Kategorien ge- und verkauft werden. Ob für den regionalen, nationalen oder internationalen Verkauf – eBay bietet maßgeschneiderte Lösungen für den erfolgreichen Internet-Handel in 32 Märkten überall auf der Welt. Damit erschließt eBay der stetig wachsenden Internetgemeinschaft den weltweiten Online-Handel.

Studienrichtungen
Betriebswirtschaftslehre, Informatik, Volkswirtschaftslehre, Wirtschaftsinformatik, Wirtschaftsingenieur, Sozialwissenschaften, Geisteswissenschaften, Jura

Einsatzgebiete
Product Marketing, Online Marketing, Direct Marketing, Category Management

Anforderungen
Sehr gutes Vordiplom, konzeptionelle und analytische Fähigkeiten, sehr gute Kenntnisse des eBay Marktplatzes, gutes Kommunikationsvermögen, Team-Spirit und eine gewinnende Persönlichkeit, sehr gute Englisch-Kenntnisse in Wort und Schrift und Erfahrungen im Ausland sind von Vorteil.

Vergütung und Leistungen
Mitwirkung in einem der schnellsten und spannendsten Unternehmen des E-Commerce, ein hohes Maß an Selbstständigkeit in innovativen Projekten, ein internationales Arbeitsumfeld mit High-Speed-Umsetzungsgeschwindigkeit, eigenständige Durchführung von speziellen Projekten. Vergütung ist 1.000 Euro pro Monat.

Berufseinstieg
Über ein Praktikum oder als Direkteinstieg möglich.

E-Commerce

Berlin

680 (D), 5.500 (W)

keine Angabe

Schülerpraktika
Vorpraktika
Auslandspraktika
» Studienbegleitend
» Freiwillig
» Diplomarbeit
» Werkstudent

ca. 3 Monate

3–6 Monate

Online-Bewerbungsformular auf der Website

www.ebay.de/jobs

Ansprechpartner

eBay GmbH
Human Resources
Frau Julia Carloff
Marktplatz 1
14532 Europarc Dreilinden

praktikum@ebay.de

Henkel KGaA

Konsumgüter

Düsseldorf (Hauptsitz), Hamburg (Schwarzkopf). weitere Standorte in Deutschland und in 125 Ländern

11.000 (D), 51.200 (W)

10,6 Milliarden Euro

Schülerpraktika
Vorpraktika
» Auslandspraktika
» Studienbegleitend
» Freiwillig
» Diplomarbeit
» Werkstudent

1-4 Monate
ab 3 Monate
per Online-Formular auf www.henkel.de und www.henkel.com

www.henkel.de

Ansprechpartner

Henkel KGaA
HRC/ Corporate Recruitment Management
Frau Ingun Inglis
Henkelstr. 67
40589 Düsseldorf
0211/797-7552
ingun.inglis@henkel.com

Tätigkeitsfelder

Mit dem Unternehmensleitsatz »Henkel - A Brand like a Friend« positioniert sich Henkel als eine Marke wie ein Freund. Henkel möchte mit Produkten und Technologien das Leben der Menschen leichter, besser und schöner machen. Überall im Leben: Henkel-Produkte und industrielle Anwendungen begleiten sie täglich. Ob es um Klebstoffe und Oberflächentechnik, um Waschmittel oder Kosmetik und Körperpflege geht: Man verbindet Henkel mit Weltmarken.
Die Wissenschaftler aus Forschung und Entwicklung der Henkel-Gruppe schaffen neue Technologien und Know-how, innovative Lösungen, visionäre Produkte und Dienstleistungen. Im Fokus des Handelns steht dabei immer der Kunde. Innovative Produkte und intelligente Technologien sichern langfristig den wirtschaftlichen Erfolg.

Studienrichtungen

Ingenieurwissenschaften, Maschinenbau, Produktionstechnik, Chemie, BWL, VWL, Informatik, Verfahrenstechnik, Biologie, Biochemie, Biotechnologie

Einsatzgebiete

Marketing, Einkauf, Rechnungswesen, Finanzmanagement, Markt-/Meinungsforschung, Forschung/Entwicklung, Vertrieb/Verkauf, Logistik/Materialwirtschaft, Personalwesen, Naturwissenschaftliche Abteilung

Anforderungen

Abgeschlossenes Grundstudium mit überdurchschnittlicher Leistung, gute Fremdsprachen-Kenntnisse, gute MS-Office-Kenntnisse, analytisch-konzeptionelles Denkvermögen, Teamfähigkeit, Kooperationsbereitschaft, Belastbarkeit und ein hohes Maß an Engagement und Initiative.

Vergütung und Leistungen

Die Vergütung beträgt 600-800 Euro pro Monat. Bei herausragender Leistung während des Praktikums besteht gegen Ende die Möglichkeit von Boni.

Berufseinstieg

Praktikanten, die sich durch herausragende Leistungen hervorheben, haben die Chance, in unser Förderprogramm »Career Track« aufgenommen zu werden. Im Anschluss an ein Praktikum besteht die Möglichkeit, eine Diplomarbeit in Zusammenarbeit mit Henkel zu verfassen. Hierzu bringen Sie entweder einen Themenvorschlag mit, der gemeinsam mit Ihrem Mentor an Henkel-Bedürfnisse angepasst wird, oder es ergibt sich eine Fragestellung aus den Projekten während des Praktikums. In seltenen Fällen bieten wir auch Themen für Promotionen an.

Branche · Standorte · Mitarbeiterzahl · Umsatz · (D) Deutschland · (W) Weltweit · Praktikumsarten · Vorlaufzeit · Praktikumsdauer · Bewerbungsform · Website · Ansprechpartner

Umsatz- und Mitarbeiterzahlen beziehen sich auf das vergangene Geschäftsjahr bzw. 2004

hybris GmbH

Tätigkeitsfelder

hybris entwickelt E-Business Software und unterstützt Partner und Endkunden mit Beratung und Support, um ein Höchstmaß an Nutzen aus dem E-Business zu gewinnen – vor, während und nach der Implementierung von Projekten. Mit Hilfe der Branchen-Lösungsmodule können Projekte innerhalb kürzester Zeit umgesetzt werden. Standard-Schnittstellen zu Drittsystemen garantieren hierbei die problemlose Integration in bestehende IT-Landschaften. Die Kunden kommen aus allen Branchen, vor allem aus den Bereichen Information & Telekommunikation (ITK), Handel, Konsumgüter, Industrie, Pharma und Chemie. Die Flexibilität der hybris E-Business Software hilft den Kunden, ihre momentanen und zukünftigen Anforderungen schnell umzusetzen, erkannte Prozessineffizienz in kürzester Zeit zu eliminieren und neue vertriebliche Aktivitäten zu lancieren.

Studienrichtungen

Informatik, Wirtschaftsinformatik, Wirtschaftsingenieurwesen, Betriebswirtschaft, Multimedia, Elektrotechnik

Einsatzgebiete

Development, Produktmarketing, ITK und Telekommunikation, Support

Anforderungen

Wir suchen Teamplayer mit Java-Grundkenntnissen, einem guten IT-Allgemeinwissen, kommunikativer und offener Persönlichkeit, schneller Auffassungsgabe, Organisationsgeschick, Flexibilität und selbstständiger Arbeitsweise.

Vergütung und Leistungen

hybris bietet eine offene und junge Unternehmenskultur, die Raum für eine anspruchsvolle, interessante und abwechslungsreiche Tätigkeit bietet. Sie arbeiten in einem innovativen und dynamischen Umfeld mit flachen Hierarchien, wo exzellente Weiterentwicklungsmöglichkeiten garantiert sind. Während Ihres Praktikums werden Sie voll in unser Team integriert und haben zu jedem relevanten Thema einen persönlichen Ansprechpartner. Die Vergütung beträgt etwa 500 Euro je Monat.

Berufseinstieg

Wir bieten gerne Themen für Diplom- und Magisterarbeiten an oder erarbeiten Vorschläge zusammen mit Absolventen.

ITK - Informationstechnologie & Telekommunikation

München (Hauptsitz), Zürich, London

35 (D), 39 (W)

keine Angabe

Schülerpraktika
Vorpraktika
Auslandspraktika
» Studienbegleitend
» Freiwillig
» Diplomarbeit
Werkstudent

1-4 Monate
mind. 4 Monate
per Post, per E-Mail oder über das Online-Formular

www.hybris.de

Ansprechpartner

hybris GmbH
Hubert Schweiger
Schwere-Reiter-Str. 35
Gebäude 14
80797 München

089/89065-410
praktikum@hybris.de

Schaeffler Gruppe (INA-FAG-LuK)

Ingenieurwesen & Maschinenbau, Automobilindustrie & Verkehr

deutschlandweit, 180 Standorte weltweit

28.000 (D), 58.000 (W)

7,2 Milliarden Euro

» Schülerpraktika
» Vorpraktika
Auslandspraktika
» Studienbegleitend
» Freiwillig
Diplomarbeit
Werkstudent

4–6 Monate
mind. 4 Wochen
per Post oder online

www.ina.com, www.fag.de, www.luk.de

Ansprechpartner

Schaeffler Gruppe
Industriestr. 1–3
91074 Herzogenaurach
Herr André Arold
09132/82-3463
bewerbung@de.ina.com
bewerbung@fag.de
jobs@luk.de

Tätigkeitsfelder

LuK, INA, FAG – drei internationale Marken, eine Profession: Bewegung! Rund um den Globus sind Wälzlager, Lineartechniken, Motorenelemente, Kupplungen und Getriebesysteme der Schaeffler Gruppe im Einsatz. 58.000 Mitarbeiter in über 280 internationalen Werken und Vertriebsniederlassungen sorgen dafür, dass unsere Welt in Bewegung bleibt. Denn – das ist die feste Überzeugung der Schaeffler Gruppe: Bewegung ist der Antrieb des Fortschritts und die Basis des Erfolgs!

Studienrichtungen

Maschinenbau, Fahrzeugtechnik, Mechatronik, Elektrotechnik, Wirtschaftsingenieurwesen, Wirtschaftsinfomatik, Betriebswirtschaftslehre

Einsatzgebiete

Einkauf/Logistik/Materialwirtschaft, Forschung/Technik, IT/Telekommunikation, Marketing/PR, naturwissenschaftliche Abteilungen, Organisation/Verwaltung, Personalwesen/Aus-/Weiterbildung, Rechnungswesen/Finanzen/Controlling/Banking, Technikabteilungen, Vertrieb/Verkauf

Anforderungen

Gute Englischkenntnisse, Belastbarkeit, Kontaktstärke, ganzheitliches Denken, Kommunikationsfähigkeit, organisatorische Fähigkeiten und Leistungsbereitschaft. Querdenken nicht nur erlaubt, sondern gewünscht und gefordert! Wir setzen eine Qualifikation entsprechend der Praktikumsart voraus.

Vergütung und Leistungen

In der Schaeffler Gruppe arbeiten Praktikanten schon nach kurzer Zeit in Projekten mit. Das internationale und gruppenweite Aufgabenfeld verspricht daher einen hohen Anspruch, aber auch viel Abwechslung. Unterstützt werden alle Praktikanten durch Praktikantenbetreuer direkt vor Ort. Die Vergütung beträgt zwischen 100 und über 500 Euro je Monat.

Berufseinstieg

Wir bieten Themen zu Diplomarbeiten an.

Branche | Standorte | Mitarbeiterzahl | Umsatz | (D) Deutschland | (W) Weltweit | Praktikumsarten | Vorlaufzeit | Praktikumsdauer | Bewerbungsform | Website | Ansprechpartner

Umsatz- und Mitarbeiterzahlen beziehen sich auf das vergangene Geschäftsjahr bzw. 2004

Michelin Reifenwerke KGaA

Automobil

Karlsruhe, Homburg/Saar, Bad Kreuznach, Bamberg und Trier, 74 Werke in 19 Ländern, Verkaufspräsenz in über 170 Ländern, ein Technologiezentrum auf drei Kontinenten

8.300 (D), über 126.000 (W)

15, 7 Milliarden Euro

Schülerpraktika
Vorpraktika
» Auslandspraktika
» Studienbegleitend
» Freiwillig
» Diplomarbeit
Werkstudent

mind. 2-6 Monate
mind. 3 Monate
Per Post, E-Mail; Bewerbungsformular im Internet

www.michelin-jobs.de

Ansprechpartner

Michelin Reifenwerke KGaA
Zentrale Personalabteilung
Jennifer Baumann
Michelinstrasse 4
76185 Karlsruhe
Telefon: 0721/530-0
Fax: 0721/530-1907
personal@de.michelin.com

Tätigkeitsfelder

Seit über 100 Jahren bestimmt Michelin den Markt für Reifen und Reifenprodukte entscheidend mit. Das Programm umfasst allein 3.300 Reifentypen sowie rund 36.200 Einzelprodukte. die an nahezu allen denkbaren Fahrzeugen eingesetzt werden, vom Rennrad über das Motorrad, Pkw und Lkw, vom Traktor über den Airbus bis zum Space-Shuttle. Täglich werden fast 900.000 Reifen hergestellt, der leichteste wiegt weniger als 200 Gramm, der größte mehr als 5 Tonnen! Michelin betreibt Grundlagenforschung. Technologiezentren in Europa, den USA und Japan entwickeln Innovationen. In vier Versuchszentren werden neue Produkte auf Herz und Nieren getestet.

Studienrichtungen

Maschinenbau, Verfahrenstechnik, Chemieingenieurwesen, Automatisierungstechnik, Mechatronik, Wirtschaftsingenieurwesen/Wirtschaftswissenschaften mit entsprechenden Schwerpunkten

Einsatzgebiete

Forschung/Entwicklung in Frankreich, Industrialisierung, Konstruktion, Instandhaltung, Betriebsorganisation, Vertrieb, Marketing, Einkauf, Personalwesen, Rechtsabteilung, Administration

Anforderungen

Wir suchen motivierte Mitarbeiter für eine langfristige Zusammenarbeit, in der Sie und wir uns für gemeinsame Ziele engagieren. Mobilität, kundenorientiertes, unternehmerisches Denken, Leistungsfähigkeit, Verantwortungsbereitschaft und offene Kommunikation sind grundlegende Voraussetzungen. Wenn Sie zudem Englisch und eine weitere Fremdsprache, idealerweise Französisch, beherrschen – dann sollten wir uns kennen lernen.

Vergütung und Leistungen

Wir bieten engagierten Studenten die Möglichkeit, an verschiedenen Projekten eigenständig und im Team mitzuarbeiten. Sie werden natürlich auch in das Alltagsgeschäft mit eingebunden, um die betrieblichen Abläufe kennen zu lernen. Praktika im Ausland, solche in Frankreich sind hiervon ausgenommen, sind in der Regel nach einem erfolgreich absolvierten Praktikum in Deutschland möglich. Die Vergütung beträgt 300-800 Euro je Monat.

Berufseinstieg

Gute Praktikanten behalten wir nach Ende des Praktikums gerne im Auge und freuen uns, sie rechtzeitig zu einer Diplomarbeit oder zum Berufseinstieg zu gewinnen. Wir prüfen genau, ob wir zueinander passen und bieten wenige, aber dafür qualifizierte und sinnvolle Themen zur Ausarbeitung an.

Branche | Standorte | Mitarbeiterzahl | Umsatz | (D) Deutschland | (W) Weltweit | Praktikumsarten | Vorlaufzeit | Praktikumsdauer | Bewerbungsform | Website | Ansprechpartner

Umsatz- und Mitarbeiterzahlen beziehen sich auf das vergangene Geschäftsjahr bzw. 2004

Océ Printing Systems GmbH

Tätigkeitsfelder

Die Océ Printing Systems GmbH ist einer der führenden Hersteller von Digitaldrucksystemen und Dokumentenmanagement Software. Unternehmen und Organisationen in aller Welt nutzen das Sortiment von Océ für das effektive Management und den Austausch von Informationen. Zu den angebotenen Lösungen gehören neben Druckern auch Scanner und Kopierer sowie die entsprechenden Verbrauchsmaterialien. Außerdem liefert Océ Kundendienst- und Beratungsleistungen zur Entwicklung von Lösungen und deren Integration in die Infrastruktur des Anwenders.

IT

bundes- und weltweit

3.000 (D), 21.500 weltweit

über 2,65 Milliarden Euro

Studienrichtungen

Ingenieurwesen und Wirtschaftswissenschaften, Elektrotechnik, Physik

Einsatzgebiete

Forschung/Entwicklung, Projektmanagement, Logistik, Einkauf, Marketing, Personalwesen, Rechnungswesen/Controlling, Organisation/Verwaltung

- » Schülerpraktika
- » Vorpraktika
- » Auslandspraktika
- » Studienbegleitend
- » Freiwillig
- » Diplomarbeit
- » Werkstudent

Anforderungen

Ein abgeschlossenes Grundstudium mit guten Leistungen ist Voraussetzung. Außerdem erwarten wir Engagement, Selbstständigkeit, Teamgeist und Einsatzfreude – und eine gesunde Portion Neugier und Lernbereitschaft.

Vergütung und Leistungen

Océ bietet eine ganze Reihe interessanter Perspektiven für die berufliche Entwicklung. Sie können bei uns als Praktikant Gelerntes anwenden oder sich neues Wissen aneignen – auch in eigenen Projekten. Die Vergütung beträgt 500-750 Euro je Monat. Als Werkstudent können Sie nicht nur ihr Wissen in der Praxis einsetzen, sondern auch Geld nebenbei verdienen. Wir bieten auch immer wieder gerne studienbegleitende Tätigkeiten an.

2-6 Monate

1-5 Monate

per E-Mail und Online-Formular

www.oce.com/de/de_Jobs
students@oce.com

Berufseinstieg

Ob als Werkstudent, Praktikant oder Diplomand – Océ bietet einsatzfreudigen Studenten vielfältige Möglichkeiten, das an Universitäten und Fachhochschulen erworbene Wissen in der Praxis zu erproben und sich weiterführende Kenntnisse anzueignen. Außerdem bietet Océ immer interessante Themen für Diplomarbeiten an.

Ansprechpartner

Océ Printing Systems GmbH
HR Personnel Development and Education
Siemensallee 2
85586 Poing bei München
Monika Kessler
08121 /72-4205
Monika.Kessler@ops.de

Procter & Gamble Service GmbH

Konsumgüter

In Deutschland: Gross-Gerau, Crailsheim, Darmstadt-Weiterstadt, Witzenhausen, Neuss, Euskirchen, Worms und Dreieich; außerdem weltweit.

6.500 (D), 110.000 weltweit

51,4 Mrd. US-Dollar

Schülerpraktika
Vorpraktika
Auslandspraktika
» Studienbegleitend
» Freiwillig
» Diplomarbeit
Werkstudent

1-6 Monate
mind. 2 Monate
per Online-Formular

pgcareers.com/praktika

Ansprechpartner

Procter & Gamble Service GmbH
Corporate Recruiting
Sulzbacher Str. 40
65823 Schwalbach

06196/89-4843

Tätigkeitsfelder

Procter & Gamble ist eines der erfolgreichsten Markenartikelunternehmen mit Niederlassungen in rund 80 Ländern. Zu den bekanntesten Marken zählen Pampers, Charmin, Ariel, Tempo, Meister Proper, Oil of Olaz, Pantene und Parfümlizenzen wie Hugo Boss, Valentino oder Lacoste. Unsere über 100.000 Mitarbeiter sind für den Erfolg dieser und ca. 300 weiterer Artikel weltweit verantwortlich.

Studienrichtungen

Alle, insbesondere Wirtschaftswissenschaften, Ingenieurwesen und Naturwissenschaften

Einsatzgebiete

Einkauf/Beschaffung, Logistik/Materialwirtschaft, Personalwesen/Aus-/Weiterbildung, Forschung/Entwicklung, Marketing, Rechnungswesen/Controlling/Finanzmanagement, ITK/Telekommunikation, Markt- und Meinungsforschung, Vertrieb/Verkauf, Produktion/Ingenieurwesen

Anforderungen

Sie verfügen über ein abgeschlossenes Grundstudium, Auslands- und Praxiserfahrung. Ihre Eigeninitiative und Ihr Durchsetzungsvermögen sind gefragt. Team- und Kommunikationsfähigkeiten, analytisches Denkvermögen, Problemlösungsfähigkeit, Prioritätensetzung und Führungseigenschaften sind unabdingbar.

Vergütung und Leistungen

Anspruchsvolle Arbeit an spezifischen Projekten, Projektverantwortung ab dem ersten Tag, persönliche Unterstützung und fachliche Betreuung durch erfahrene Manager, Mitarbeit und Verantwortungsübernahme in internationalen Teams, Trainings- und Weiterbildungsprogramme, Freizeitprogramme zum Kennenlernen anderer Praktikanten und neuer Mitarbeiter. Vergütung: 1.500 Euro je Monat.

Berufseinstieg

Ehemalige Praktikanten werden bei der Besetzung von Berufseinstiegspositionen bei Procter & Gamble bevorzugt behandelt.

„T ist meine Farbe,
weil wir an Verbindungen glauben.
Nicht an Grenzen."
T-Mobile ist mit über 67 Millionen Kunden einer der führenden Mobilfunkanbieter weltweit. Mehr als 43.000 Mitarbeiter realisieren täglich die Vision grenzenloser Kommunikation. Unterstützen Sie uns dabei! Wir suchen engagierte, kreative Köpfe, die sich in spannende Projekte und ein internationales Team einbringen möchten. Es erwartet Sie ein Umfeld, in dem Leistung Spaß macht, mit vielen Möglichkeiten zur individuellen Entfaltung. For a better world for you. Nehmen Sie Verbindung auf unter www.t-mobile.de/jobs
Alles, was uns verbindet: Die Deutsche Telekom ist auf dem Weg, das wachstumsstärkste integrierte Telekommunikationsunternehmen Europas zu werden. Unsere strategischen Geschäftsfelder der Zukunft heißen: Breitband/Festnetz, Mobilfunk und Geschäftskunden. Wir verbinden die Gesellschaft für eine bessere Zukunft. Mit höchster Qualität, effizient und innovativ zum Nutzen unserer Kunden.
T··Mobile···

T-Mobile

Mobilfunk / ITK

Deutschland (bundesweit)
USA, Großbritannien, Niederlande, Österreich
Tschechische Republik

8.000 (D), ca. 43.000 weltweit

25 Milliarden Euro (T-Mobile Gruppe)

Schülerpraktika
Vorpraktika
» Auslandspraktika
» Studienbegleitend
» Freiwillig
» Diplomarbeit
Werkstudent

mind. 3 Monate
3-6 Monate
Per Post, per E-Mail oder Online-Bewerbungsformular

www.t-mobile.de

Ansprechpartner

T-Mobile
HR Marketing
Sabine Meyer
Landgrabenweg 151
53227 Bonn

Infoline: 0180/2828288
ihre.karriere@t-mobile.de

Tätigkeitsfelder

Die T-Mobile Gruppe zählt zu den weltweiten Marktführern in der mobilen Telekommunikation. Als strategisches Geschäftsfeld der Deutschen Telekom AG für den Mobilfunk konzentriert sich das Unternehmen auf Mobilfunkmärkte in Europa und den USA. Als erster Anbieter nahm T-Mobile ein transatlantisches Mobilfunknetz in Betrieb, das auf dem weltweit erfolgreichsten digitalen Mobilfunkstandard GSM basiert. Basis des Unternehmenserfolges ist die frühe Realisierung neuer Technologien und Dienste, zum Beispiel Multimedia Messaging Services (MMS), Mobile E-Mail, Mobile Internet, Navigate und der Zugriff auf t-zones sowie die deutliche Effizienzsteigerung für Geschäftskunden durch den Einsatz von UMTS. Parallel kommt der mobilen Bürokommunikation eine immer größere Bedeutung zu. So sind mobile Mitarbeiter auf Reisen mit einem GPRS-fähigen Endgerät wie Handy, Taschencomputer oder mobilem Notebook über Service-Portale (Mobile Access und Mobile Services) an Arbeits- und Entscheidungsprozesse in ihrem Unternehmen angeschlossen.

Studienrichtungen

Natur-, Rechts- und Wirtschaftswissenschaften, Informatik, Wirtschaftsinformatik, Nachrichten- und Elektrotechnik

Einsatzgebiete

In allen Unternehmensbereichen

Anforderungen

Sehr gute Englisch- und MS-Officekenntnisse sind Voraussetzung. Ihre Teamfähigkeit, Kommunikationsstärke und Eigenverantwortung sind gefragt!

Vergütung und Leistungen

Die Vergütung beträgt 800 Euro je Monat; auf den Praktikanten wartet neben spannenden Projekten ein sympathisches Team.

Berufseinstieg

Bei T-Mobile ist der Direkteinstieg möglich, wobei ehemalige Praktikanten bevorzugt behandelt werden. Zudem ist die Teilnahmen an einem Traineeprogramm möglich.

Branche | Standorte | Mitarbeiterzahl | Umsatz | (D) Deutschland | (W) Weltweit | Praktikumsarten
Vorlaufzeit | Praktikumsdauer | Bewerbungsform | Website | Ansprechpartner

Umsatz- und Mitarbeiterzahlen beziehen sich auf das vergangene Geschäftsjahr bzw. 2004

Medien und Public Relations

» Antenne Bayern GmbH & Co. KG | Ismaning
Hörfunk | 100 (D)
Redaktion, Dokumentation, Internet
Gabriele.Ullraum@antenne-bayern.de, 089/ 99277-233
S | T | F | P – 1-5 Monate – 300-500 – E | O | P | I

» Atkon AG | Wiesbaden
Unternehmenskommunikation | 93 (D)
Consulting, Design, Gestaltung, IT, Telekommunikation, Redaktion, Dokumentation, Technikabteilungen
Fr. Svenja Feldt, 0611/ 5801634, s.feldt@atkon.de
S | T | F | P – 2 Wo.-3 M. – 300-500 – E | O | P | I

» Bayerischer Rundfunk (ARD) | München
Öffentlich Rechtlicher Rundfunk | 2.973 (D)
Radio-/Fernsehredaktionen, technischen Betrieben, Finanz-, Personal-, Bibliotheks- & Bauwesen
089/ 5900-01, ausbildung@br-online.de
S | T | F | P – 6-9 Monate – nach Leistg. – E | O | P | I

» BLR | München
Dienstleister f. bayr. Lokalradio | 50 (D)
Redaktion
Hr. Michael Bachmann, www.blr.de
S | T | F | P – 3 Monate – 160 – E | O | P | I

» clash jugendkommunikation | München
Verlag | k.A.
Marketing, PR, Redaktion, Vertrieb
089/ 189416-0, www.clash.de , praktikum@clash.de
S | T | F | P – 2 Monate – keine – E | O | P | I

» crossrelations GmbH | Düsseldorf
PR-Agentur | 16 (D)
In allen Bereichen
0211/ 882736-10, www.crossrelations.de
S | T | F | P – k.A. – k.A. – E | O | P | I

» Denkwerk Holding GmbH | Köln
Multi Media | 70 (D)
Design, Marketing, PR, Forschung, Entwicklung, IT, Telekommunikation, Redaktion, Dokumentation, Technik
Fr. Katja Richter, 0221/ 2942100, jobs@denkwerk.com
S | T | F | P – 4 Wochen – nach Leistg. – E | O | P | I

» Deutsche Welle-TV | Berlin
Öffentlich Rechtlicher Rundfunk | 1.432 (D)
Journalistische Bereiche
Hr. Graf von der Schulenburg, jouausb@dw-world.de
S | T | F | P – keine – 311 – E | O | P | I

» Deutscher Sparkassen Verlag | Stuttgart
Verlagshaus | 1.600 (D)
In fast allen Unternehmensbereichen
Fr. Silvia Daun, 0711/ 782-1512, personal@dsv-gruppe.de
S | T | F | P – k.A. – 300-500 – E | O | P | I

» Deutscher Taschenbuch Verlag | München
Verlag | k.A.
Lektorat
www.dtv.de
S | T | F | P – Anf.d.Jahr. – k.A. – E | O | P | I

» DSF Deutsches Sportfernsehen | Ismaning
Sportsender | 200 (D)
Programm, Programmplanung, Medienforschung, Sales Service, On-Air-Promotion u.a.
Fr. Saskia Palinkas, 089/ 96066-2114, job@dsf.de
S | T | F | P – k.A. – 256 – E | O | P | I

» Euro RSCG ABC Hamburg | Hamburg
Public Relations | k.A.
PR, Kommunikation, Design, Gestaltung
Fr. Künzel, 040/43174-184, friederike.kuenzel@eurorscgabc.de
S | T | F | P – keine – nach Leistg. – E | O | P | I

» Europa Kontakt GmbH | Berlin
Verlagsgesellschaft | k.A.
In verschiedenen Unternehmensbereichen
Fr. Inna Lißner, 030/ 203084070, eurocontct@aol.de
S | T | F | P – mind. 3 W. – keine – E | O | P | I

» Faktor 3 AG
Hamburg
PR-Agentur | 65 (D)
PR, Art, Online-Kommunikation
Fr. Sabine Nemet, 040/ 679446-91, S.Nemet@Faktor3.de
S | T | **F** | **P** → k.A. | k.A. | E | **O** | **P** | I

» Financial Times Deutschland
Hamburg
Verlag | 250 (D)
Redaktion
Fr. Wiebke Grube/ Frau Catrin Schloo, bewerber@ftd.de
S | T | **F** | P → k.A. | k.A. | **E** | O | **P** | I

» Fink & Fuchs Public Relations AG
Wiesbaden
PR-Agentur | 62 (D)
Public Relations, Kommunikation
Fr. Stock, 0611/ 74131-928, christine.stock@ffpr.de
S | T | F | **P** → keine | keine | **E** | **O** | P | I

» FischerAppelt Kommunikation GmbH
Hamburg
integrierte Kommunikation | 125 (D)
Kommunikation
Fr. Anja Cybula, 040/ 899699-960, ac@fischerAppelt.de
S | T | F | **P** → k.A. | k.A. | **E** | **O** | **P** | I

» FOUR MUSIC PRODUCTIONS
Berlin
Plattenfirma | 8 (D)
In verschiedenen Unternehmensbereichen
Fr. Ana Morales, info@fourmusic.com
S | T | **F** | **P** → k.A. | k.A. | **E** | O | **P** | **I**

» Gruner + Jahr AG & Co KG
Hamburg
Druck- & Verlagshaus | 12.500 (W)
Redaktion, Grafik, kaufmännischer Bereich
Fr. Katja Fütterer, 040/ 3703-2642, www.guj.de
S | **T** | **F** | **P** → 9-12 Monate | nach Leistg. | E | **O** | P | **I**

» Häfft-Verlag GmbH
München
Schülerprodukte | 12(D)
Design, Gestaltung, Vertrieb, Verkauf
Hr. Schwinn, 089/ 278269-22, schwinn@haefft-verlag.de
S | T | **F** | P → 1-6 Monate | 300-500 | E | O | **P** | I

» Heimrich & Hannot GmbH
Dresden
Full-Service-Agentur | 50 (D)
In allen Unternehmensbereichen
0351/ 81609-0; c.schoenfeld@heimrich-hannot.de
S | T | **F** | **P** → k.A. | k.A. | **E** | O | P | I

» Heinrich Bauer Verlag
Hamburg
Verlag | 4.358 (D)
Redaktion, Abo-Logistik
040/ 3019-0, www.bauerverlag.de
S | T | **F** | **P** → k.A. | k.A. | E | **O** | **P** | I

» Hessischer Rundfunk
Frankfurt
Rundfunk | 1.816 (D)
Redaktion, Produktion, Programmpräsentation
Fr. Caroline Schultz, 069/ 155-3808, www.hr-online.de
S | T | F | **P** → 6 Monate | k.A. | E | O | **P** | I

» Hill & Knowlton Communications
Frankfurt
PR-Agentur | 70 (D)
Healthcare
www.hillandknowlton.de
S | T | F | **P** → k.A. | k.A. | **E** | O | P | I

» Hubert Burda Media
München
Medienkonzern | k.A.
Kaufmännische, redaktionelle Bereiche
Fr. Sabine Hofer, 089/ 9250-3255, bewerbung@burda.com
S | **T** | F | **P** → 6 Monate | nach Leistg. | **E** | O | **P** | I

» intervox / voxpress
München
Presse & Öffentlichkeitsarbeit | k.A.
Team-Assistenz in Redaktion & Projektleitung
Hr. Max Zeidler, 089/ 2925-34, intervox@voxpress.de
S | T | F | P → 2 Monate | 100-300 | **E** | O | P | **I**

» JAHRESZEITEN VERLAG GmbH
Hamburg
Verlag | k.A.
Redaktion
Fr. Janina Gehen, 040/ 2717-3577, janina.gehn@jalag.de
S | T | **F** | **P** → 6-12 Monate | nach Leistg. | E | O | **P** | I

Firmensitz · Mitarbeiterzahl · (D) Deutschland · (W) Weltweit · Sucht Praktikanten für · Ansprechpartner
Vorlaufzeit · Vergütung · Praktikumsarten: S Schulpraktikum, P Studienbegleitend, F Freiwillig, T Trainee · Bewerbungsform: E E-Mail, O Online, P Post, I Initiativ

» Jeschenko MedienAgentur Köln | Köln
Full-Service-Agentur | 50 (D)

PR

Fr.Kreutzer, 0221/ 3099-200, a.kreutzer@jeschenko.de

S | T | F | P → k.A. | k.A. | E | O | P | I

» Kirchhoff Consult AG | Hamburg
Kapitalmarktkommunikation | 36 (D)

In verschiedenen Unternehmensbereichen

Hr. Jens Hecht, 040/ 609186-82, jens.hecht@kirchhoff.de

S | T | F | P → k.A. | k.A. | E | O | P | I

» komm.passion GmbH | Düsseldorf
PR-Agentur | 80 (D)

Brand-PR, Media Relations, Corporate Communications, Public Affairs, u.a.

www.komm-passion.de, 0211/ 60046-0

S | T | F | P → keine | nach Leistg. | E | O | P | I

» KOOB Agentur für Public Relations | Mülheim a. d. R.
PR-Agentur | 44 (D)

Beratung, Redaktion

www.koob-pr.com, 0208/ 4696-0

S | T | F | P → k.A. | k.A. | E | O | P | I

» Lowe Hamburg GmbH | Hamburg
Medien,Event | 400 (D)

Design, Gestaltung, Beratung (Kreation)

040/41441-440, manfred.hahnemann@loweworldwide.com

S | T | F | P → mind. 2 Mo. | k.A. | E | O | P | I

» MasterMedia | Hamburg
PR-Agentur | 36 (D)

PR

www.mastermedia.de

S | T | F | P → keine | k.A. | E | O | P | I

» MEDIA CONSULTA Deutschland | Berlin
Full-Service-Agentur | 145 (D)

Art Direction, PR, Projektmanagement Online, Screendesign, Entwicklung Online, Sportmarketing

Fr. Aila Franken, 030/ 65000-315

S | T | F | P → k.A. | k.A. | E | O | P | I

» Motor Music GmbH & Co.KG | Berlin
Tonträger, Musikmanagement, Verlag | 5 (D)

PR, Marketing, Administration

Fr. Tanja Trapp, tanja.trapp@motor.de, www.motor.de

S | T | F | P → 3-4 Monate | nach Leistg. | E | O | P | I

» NEON Magazin | München
Redaktion | 30 (D)

Print-Redaktion, Grafik, Online-Redaktion

Fr. Manuela Orth, orth.manuela@neon-magazin.de

S | T | F | P → 1 Jahr | 500 | E | O | P | I

» Pleon Kohtes Klewes GmbH | Düsseldorf
Kommunikationsberatung & PR | 300 (D)

Redaktion

Fr. Sybille Bachem, 0211/ 9541-2301

S | T | F | P → k.A. | k.A. | E | O | P | I

» Proximity Germany GmbH | Hamburg
Medien, Direktmarketing | k.A.

Account Management, Design & Gestaltung, Planning

Fr. Richter, 040/ 27852-0, marion.richter@proximity.de

S | T | F | P → 8 Wochen | k.A. | E | O | P | I

» Publicis Public Relations GmbH | Berlin
Kommunikationsagentur | 26 (D)

PR, Veranstaltungsmanagement

www.publicis-pr.de, 030/ 82082-0

S | T | F | P → k.A. | k.A. | E | O | P | I

» Ravensburger AG | Ravensburg
Wissenschaft, Bildung & Forschung | 1.000 (D)

Design, Marketing, PR, Redaktion, Einkauf, Vertrieb, Verkauf, Personalwesen, Finanzmanagement

Fr. Christine Löhle, 0751/ 86 1029, job@ravensburger.de

S | T | F | P → mind. 6 Mo. | nach Leistg. | E | O | P | I

» rs2 | Berlin
Radioprogramm | 35 (D)

Redaktion

Hr. Löschmann, 030/ 4670312, loeschmann@943rs2.de

S | T | F | P → 6 Monate | keine | E | O | P | I

» Scheben Scheurer & Partner
Hürth bei Köln

Full-Service für Kommunikation | 17 (D)

PR

Hr. Michael Ehring, 02233/ 96341-0, m.ehring@ssp-kk.de

S | T | F | P — k.A. — k.A. — E | O | P | I

» Schlütersche Verlagsgesellschaft
Hannover

Mediendienstleister/Verlag | 422 (D)

Marketing, Organisation, Verwaltung, Design, Vertrieb, PR, Kommunikation, Controlling, Finanzwesen, Redaktion

Fr. Runge, 0511/ 8550-1167, runge@schluetersche.de

S | T | F | P — 1-6 Monate — keine — E | O | P | I

» Scholz & Volkmer
Wiesbaden

Fullservice für interaktive Medien | 47 (D)

In verschiedenen Unternehmensbereichen

0611 / 180 99 - 0, www.s-v.de, info@s-v.de

S | T | F | P — k.A. — k.A. — E | O | P | I

» SPIEßER planLos Verlags GbR
Dresden

Jugendzeitschrift & Jugendbildung | 60 (D)

Redaktion, Marketing, Veranstaltung

0351 / 31540-0, bewerbung@spiesser.de

S | T | F | P — keine — k.A. — E | O | P | I

» taz - die tageszeitung
Berlin

Zeitungsverlag | 200 (D)

In allen Unternehmensbereichen, kein DTP

Fr.Doris Benjack, db@taz.de

S | T | F | P — 6-12 Monate — 150, Zeileng. — E | O | P | I

» Text 100 GmbH
München

PR Agentur | 25 (D), 400(W)

PR, Kommunikation, Marketing,

Fr. Jutta Luethy, 089/ 998370-36, jutta.luethy@text100.de

S | T | F | P — 1-3 Monate — 300-500 — E | O | P | I

» UMK Kultur Vision PR+Event
Augsburg

PR Agentur | k.A.

In verschiedenen Unternehmensbereichen

www.umkkultvision.com, 0821/ 153420, UMKaug@aol.com

S | T | F | P — keine — 300-500 — E | O | P | I

» UPM-Kymmene Corporation
Dörpen

Papierhersteller | 4.500 (D)

Einkauf, Forschung, Marketing, Vertrieb, Personalwesen

regionales.bewerbermanagement@upm-kymmene.de

S | T | F | P — keine — nach Leistg. — E | O | P | I

» Verlagsgruppe Georg von Holtzbrinck
Stuttgart

Verlagsgruppe | 12000 (W)

In allen Unternehmensbereichen

0711/ 2150-0, karriere@holtzbrinck.com

S | T | F | P — keine — nach Leistg. — E | O | P | I

» Verlagsgruppe helios
Berlin

Verlag | 70 (D)

Design, Gestaltung, Marketing, PR, IT, Redaktion, Dokumentation, Organisation, Verwaltung

Hr. Mihm, 030/ 848590, jobs@verlagsgruppe-helios.de

S | T | F | P — 2 Wo.n-4 M. — 300-500 — E | O | P | I

» WAZ Mediengruppe
Essen

Zeitungsverlagsgesellschaft | k.A.

In verschiedenen Unternehmensbereichen

Fr. Sonja Mertens, 0201/ 804-2511, s.mertens@waz.de

S | T | F | P — k.A. — k.A. — E | O | P | I

» Weber Shandwick Deutschland
München

PR-Agentur | k.A.

Public Affairs, Healthcare

Fr. Christine Bettinger, www.webershandwick.de

S | T | F | P — keine — k.A. — E | O | P | I

» Zeitverlag Gerd Bucerius
Hamburg

Zeitungsverlag | 300 (D)

Marketing, PR, Herstellung, EDV, Anzeigen, Anzeigenmarketing

Fr. Carola Gossler, 040/ 3280-266, gossler@zeit.de

S | T | F | P — 6 Monate — nach Leistg. — E | O | P | I

» Zweites Deutsches Fernsehen
Mainz

Fernsehsender | 3.600 (D)

Verwaltung, Produktionstechnik

06131/70-4364 (Verw.), 06131/70-4366 (Produktionstechnik)

S | T | F | P — k.A. — k.A. — E | O | P | I

Firmensitz · Mitarbeiterzahl · (D) Deutschland · (W) Weltweit · Sucht Praktikanten für · Ansprechpartner

Vorlaufzeit · Vergütung · Praktikumsarten: S Schulpraktikum, P Studienbegleitend, F Freiwillig, T Trainee · Bewerbungsform: E E-Mail, O Online, P Post, I Initiativ

Marktforschung und Werbewirtschaft

» .start GmbH
München
Werbeagentur | 45 (D)

Grafik, Text, Kundenberatung

Fr. Sylvia Degan, 089/ 746136-510, sylvia.degan@start.ag

S | T | F | P – 2 Monate – 300-500 – E | O | P | I

» 21TORR gmbh
Reutlingen
Dienstleistung Multimedia, Internet | 80 (D)

Design, Gestaltung, IT, Telekommunikation, Projektmanagement

Fr. Regine Meißner, 07121/ 348-234, r.meissner@21torr.com

S | T | F | P – 2 Wo.- 3 M. – 300-500 – E | O | P | I

» Agentur für Markenführung FGK
Düsseldorf
Werbeagentur | 40 (D)

Design, Gestaltung, Marketing, PR

0211/ 914420, contact@fgk.com

S | T | F | P – k.A. – 300-500 – E | O | P | I

» Aimaq Rapp Stolle
Berlin
Kreativagentur | 65 (D)

Consulting, Design, Gestaltung, Marketing, PR, Organisation, Verwaltung, Personalwesen, Werbetext

Fr. Bodamer, 030/ 308871-12, bodamer@ars-berlin.com

S | T | F | P – 1-6 Wochen – 300-500 – E | O | P | I

» antwerpes ag
Köln
Werbe- & Multimedia-Agentur | 100 (D)

Consulting, Design, Gestaltung, Marketing, PR, Naturwissenschaftliche Abteilungen, Redaktion, Dokumentation

Fr. Anne Wilmsmeier, 0221/ 92053-0, jobs@antwerpes.de

S | T | F | P – 1-3 Monate – 300-500 – E | O | P | I

» Aperto AG
Berlin
Werbeagentur | 75 (D)

Design, Gestaltung, Projektmanagement

Fr. Nicole Born, 030/ 283921-0, nicole.born@aperto.de

S | T | F | P – 1-6 Monate – 100-300 – E | O | P | I

» argonauten360 GmbH
Düsseldorf
Vernetzte Markeninteraktion | k.A.

Planning/Research, Strategic Planning, Design, Beratung, Projektmanagement

0211/ 31133-0, www.argonauten360.de

S | T | F | P – k.A. – nach Leistg. – E | O | P | I

» Artists & Acts GmbH
Taufkirchen
Musikwirtschaft | k.A.

Einkauf, Logistik, Materialwirtschaft, Marketing, PR, Organisation, Verwaltung, Technikabteilung, Eventmarketing

Hr. Michael Lohr, 089/ 613 678-0, info@artists-acts.de

S | T | F | P – 3-6 Monate – 100-300 – E | O | P | I

» BMS & Co. KG
Wuppertal
Systematisches Kundenmanagement | 15 (D)

Marketing, PR, Gestaltung, Desing

Hr. Ruthmann, 0202/ 46010-30, ruthmann@bms-wuppertal.de

S | T | F | P – 3-6 Wochen – 100-300 – E | O | P | I

» Bob Bomliz Group
Bonn
Kommunikationsagentur | 60 (D)

Design, Gestaltung, Marketing, PR, Rechnungswesen, Finanzen, Controlling, Banking, Event

Fr. Gräf, 0228/ 91530-11, b.graef@bob-bomliz-group.com

S | T | F | P – keine – 300-500 – E | O | P | I

» Bplus - Moodmarketing & Events
Berlin
Corporate Citizenship | 8 (D)

In verschiedenen Unternehmensbereichen

Fr. Ingela, 030/ 8437080, i.schulz@bplus-gruppe.de

S | T | F | P – 1-5 Monate – 100-300 – E | O | P | I

» BUTTER Agentur für Werbung GmbH
Düsseldorf
Werbeagentur | 50 (D)

Design, Gestaltung

Fr. Sabine Dahlhoff, 0211/ 86797-25, s.dahlhoff@butter.de

S | T | F | P – 4 Wochen – 300-500 – E | O | P | I

» conception Werbung & Marketing
Siegen
Werbeagentur | 20 (D)

Consulting, Design, Gestaltung, Marketing, PR

Ulf Lück, 0271/ 89054-30, u.lueck@conception-online.de

S | T | F | P – 3 Monate – nach Leistg. – E | O | P | I

» Consellgruppe Werbeagentur GmbH
Frankfurt

Werbeagentur | 40 (D)

Design, Gestaltung, Marketing, PR, Text

069/ 79306-134, barbara.gundermann@consellgruppe.de

S | T | F | P — k.A. — 100-300 — E | O | P | I

» Die Crew AG Werbeagentur
Stuttgart

Werbeagentur | 60 (D)

Design, Gestaltung, Marketing, PR

Hr. Karsten Truelsen, 0711/ 13545-22, info@diecrew.de

S | T | F | P — 3 Monate — 300-500 — E | O | P | I

» Dongowski & Simon GmbH
Stuttgart

Marketingkommunikation | 23 (D)

Design, Gestaltung, Marketing, PR

Fr. Sylvia Rudat, 0711/ 22761-14, sylvia.rudat@dongo.de

S | T | F | P — 1-3 Monate — 100-300 — E | O | P | I

» Eberle GmbH Werbeagentur GWA
Schwäbisch G.

Werbeagentur | 33 (D)

Design, Gestaltung, Marketing, PR, Redaktion, Dokumentation, Werbetext

Hr. Jochen Eberle, 07171/92529-0, eberle@eber.de

S | T | F | P — 2 Monate — 100-300 — E | O | P | I

» Euro RSCG GmbH
Düsseldorf

Multimedia-Dienstleister | k.A.

Design, Gestaltung, Marketing, PR

Fr. Renate Rosenhahn, 0211/ 9916-222

S | T | F | P — 2 Wochen — nach Leistg. — E | O | P | I

» FAI - The Healthcare Agency
Monheim

Full-Service-Agentur | 23 (D)

Design, Gestaltung, Marketing, PR

Fr. Dr. Weber, 02173/ 930093, k.weber@fai-healthcare.de

S | T | F | P — 1 Monat — 100-300 — E | O | P | I

» Fleishman-Hillard Germany GmbH
Frankfurt am M.

Full-Service-Agentur | 56 (D)

Marketing, PR

Fr. Eisele, 069/ 405702-0, eiselea@fleishmaneurope.com

S | T | F | P — 1-3 Monate — 300-500 — E | O | P | I

» freitag van geigk GmbH
Hannover

Full-Service Werbeagentur | 8 (D)

Marketing, Werbung, Event, PR/Gestaltung

Hr. Tobias Meyer, 0511/ 27091170, meyer@freitagvangeik.de

S | T | F | P — k.A. — 100-300 — E | O | P | I

» GfK AG
Nürnberg

Marktforschung | 1.502 (D)

IT, Telekommunikation, Marketing, PR, Rechnungswesen, Finanzen, Controlling, Banking, Vertrieb, Verkauf

Fr.Forberich, 0911/ 395-2196, susanne.forberich@gfk.de

S | T | F | P — 2-3 Monate — über 500 — E | O | P | I

» Glanzer & Partner Werbeagentur
Stuttgart

Werbeagentur | 60 (D)

Desing, Gestaltung, PR, Kommunikation

0711/ 1673-0, info@glanzer-und-partner.de

S | T | F | P — 1-3 Monate — 300-500 — E | O | P | I

» GPP. Werbeagentur GmbH
Stuttgart

Werbeagentur | 30 (D)

Marketing, Werbung, Event, PR/Gestaltung

Fr. Claudia Reiss, 0711/ 25507 300, claudia.reiss@gpp.de

S | T | F | P — 1-3 Monate — 300-500 — E | O | P | I

» Grabarz & Partner Werbeagentur
Hamburg

Werbeagentur | 90 (D)

Beratung, Kreation

Fr. Schult, 040/ 376410, bettina.schult@grabarzundpartner.de

S | T | F | P — k.A. — 300-500 — E | O | P | I

» Grey Global Group Middle Europe
Düsseldorf

Werbeagentur | 1.350 (D)

Consulting, Design, Management, Unternehmensführung, Marketing, PR, Finanzen, Controlling, Banking

Fr. Birgit Nadidai, 0211/ 3807-614, birgit.nadidai@grey.de

S | T | F | P — 3 Monate — k.A. — E | O | P | I

» Haeberlein & Maurer AG
München

Agentur für Public Relations | 44 (D)

Marketing, PR

089/ 38108-122, sandra.possenriede@haebmau.de

S | T | F | P — keine — 300-500 — E | O | P | I

Firmensitz — Mitarbeiterzahl — (D) Deutschland — (W) Weltweit — Sucht Praktikanten für — Ansprechpartner

Vorlaufzeit — Vergütung — Praktikumsarten: S Schulpraktikum, P Studienbegleitend, F Freiwillig, T Trainee — Bewerbungsform: E E-Mail, O Online, P Post, I Initiativ

» Jung v. Matt

Hamburg
Werbeagentur — 546 (D)

In fast allen Unternehmensbereichen

Fr. Franziska Boie, 040/ 4321-0

S | T | F | P — 1-3 Monate — 300-500 — E | O | P | I

» Klausmeier Marketing Consultants

Meerbusch
Marketing-Unternehmen — 40 (D)

Consulting, Marketing, PR

Fr. Nina Eck, 02159/ 816-0, carrier@kmconsultants.com

S | T | F | P — 1-2 Monate — über 500 — E | O | P | I

» KMF Werbung GmbH

Hamburg
Werbung — 40 (D)

Design, Gestaltung, Organisation, Verwaltung, IT

040/ 39105-0, www.kmf.de, info@kmf.de

S | T | F | P — 2-4 Wochen — k.A. — E | O | P | I

» kogag Bremshey & Domning GmbH

Solingen
Werbeagentur — 110 (D)

Design, Gestaltung, Event, Promotion, Incentive

Hr. Blumenau, 0212/ 2606-231, bewerbung@kogag.de

S | T | F | P — 1-3 Monate — nach Leistg. — E | O | P | I

» Kolle Rebbe Werbeagentur GmbH

Hamburg
Werbeagentur — 116 (D)

Design, Gestaltung, Beratung, Kontakt

Fr. Persiel, 040/ 325423-31, persiel@kolle-rebbe.de

S | T | F | P — 1-2 Monate — nach Leistg. — E | O | P | I

» Lüttgen Agentur für Kommunikation

Leverkusen
Agentur für Kommunikation — 20 (D)

Design, Gestaltung, Organisation, Verwaltung, PR, Kommunikation

Himmen-Merten, 0214/ 855030, claudia.himmen@luettgen.net

S | T | F | P — keine — k.A. — E | O | P | I

» M.I.T newmedia GmbH

Friedrichsdorf
Multimedia, eLearning — 80 (D)

Design, Gestaltung, Projektmanagement

06172/ 7100-0, www.mit.de, info@mit.de

S | T | F | P — keine — 100-300 — E | O | P | I

» Mediaagentur Dr. Pichutta

Wiesbaden
Mediaagentur — 20 (D)

In allen Unternehmensbereichen

Hr. Axel Pichutta, 0611/ 5065-0, apichutta@dr-pichutta.de

S | T | F | P — 3-6 Monate — keine — E | O | P | I

» Michael Vagedes GmbH

Hamburg
Werbeagentur — 25 (D)

Eventmanagement

Fr. Stein, 040/ 30300-340, tatjana.stein@michael-vagedes.de

S | T | F | P — 2-4 Monate — k.A. — E | O | P | I

» Philipp und Keuntje GmbH

Hamburg
Werbung — 78 (D)

Design, Organisation, Verwaltung, Projektmanagement, Controlling, Finanzmanagement, Personalwesen

Fr.Hellpoldt, 040/ 432599-20, hellpoldt@philippundkeuntje.de

S | T | F | P — 1 Monat — k.A. — E | O | P | I

» Scholz & Friends Hamburg/ Berlin

Hamburg, Berlin
Full-Service-Agentur — 550 (D)

Art/Grafik, Text, Beratung, Kontakt, Strategie, Produktion, PR, Event, Promotion

jannis.tsalikis@s-f.com (HH), daniela.bartelt@s-f.com (B)

S | T | F | P — 2-4 Monate — 400 — E | O | P | I

» Serviceplan GmbH & Co. KG

München
Innovative Kommunikation — 420 (D)

In allen Unternehmensbereichen

Fr.Petersdorf, 089/ 2050-2227, k.petersdorf@serviceplan.de

S | T | F | P — 2 Wo.-4 M. — k.A. — E | O | P | I

» Springer & Jacoby Werbung

Hamburg
Werbeagentur — k.A.

Design, Gestaltung, Marketing, PR, Personalwesen, Aus-/ Weiterbildung

Fr. Walde, 040/ 35603-8301, franziska_walde@sj.com

S | T | F | P — 6 Monate — 300-500 — E | O | P | I

» TC GRUPPE GmbH

Ludwigsburg
Integrierte Kommunikation — 58 (D)

Marketing, Verkaufsförderung, Advertising, Produktion, Öffentlichkeitsarbeit, Messe, Event, Ausstellungen

Fr. Rettenberger, barbara.rettenberger@tcgruppe.de

S | T | F | P — k.A. — k.A. — E | O | P | I

Konsumgüter und Handel

» adidas-Salomon
Herzogenaurach
Sportartikelhersteller | 2.580 (D)
In allen Unternehmensbereichen
Fr. Albert, stefanie.albert@adidas.de
S | T | F | P — 3 Monate — 750-1000 — E | O | P | I

» Bahlsen GmbH & Co. KG
Hannover
Nahrungs- & Genussmittel | 2.600 (D)
Forschung, Marketing, Redaktion, Category Management
Fr. Lange, PersonnelManagementHan@bahlsen.com
S | T | F | P — 3-4 Monate — über 500 — E | O | P | I

» Blutsgeschwister GmbH
Stuttgart
Textilhandel | 11 (D)
Design, Vertrieb, Marketing
Fr. Lavenia, lavenia@blutsgeschwister.de
S | T | F | P — keine — keine — E | O | P | I

» bonprix Handelsgesellschaft mbH
Hamburg
Textilhandel | 800 (D)
Einkauf, IT, Marketing, Personalwesen, Vertrieb
Fr. Weispfennig, personal@web.bonprix.de
S | T | F | P — 3-6 Monate — 300-500 — E | O | P | I

» Burger King GmbH
München
Gastronomie | 15.000 (D)
Einkauf, Marketing, Rechnungswesen, Training
Fr. Bork, cbork@whopper.com
S | T | F | P — keine — über 500 — E | O | P | I

» Burton Sportartikel GmbH
Innsbruck
Sportartikelhersteller | 450 (W)
Einkauf, Marketing, Logistik
www.burton.com
S | T | F | P — 3-6 Monate — 300-500 — E | O | P | I

» Cosmopolitan Cosmetics GmbH
Köln
Kosmetik- & Duftthersteller | 1.300 (D)
Einkauf, Forschung, IT, Marketing, Vertrieb
Fr. Kolter, kkolter@cosmopolitan-cosmetics.de
S | T | F | P — 2-6 Monate — über 500 — E | O | P | I

» Danone GmbH
München
Nahrungsmittelhersteller | 800 (D)
Einkauf, Forschung, Marketing, Vertrieb, Technikabteilung
www.danone.de
S | T | F | P — 3-6 Monate — über 500 — E | O | P | I

» Douglas Holding
Hagen
Handelsunternehmen | 12.000 (D)
In allen Unternehmensbereichen
Fr. Tanja Preuß, t.preuss@douglas-holding.de
S | T | F | P — 3 Monate — 550 — E | O | P | I

» Escada AG
Aschheim
Modehersteller | 1.989 (D)
Einkauf, Beschaffung, Marketing, Rechnungswesen & Controlling, Finanzmanagement, Vertrieb, Verkauf
Fr. Monika.Neudecker@de.escada.com, 089/ 9944-1632
S | T | F | P — 1-3 Monate — k.A. — E | O | P | I

» Gerolsteiner Brunnen
Gerolstein
Getränkehersteller | 790 (D)
In allen Unternehmensbereichen
Hr. Baatz, dietmar.baatz@gerolsteiner.com
S | T | F | P — 1-3 Monate — 500-750 — E | O | P | I

» HIPP-Werk Georg Hipp OHG
Pfaffenhofen
Hersteller für Babynahrung | 1.000 (D)
In allen Unternehmensbereichen
www.hipp.de
S | T | F | P — keine — k.A. — E | O | P | I

» HUGO BOSS AG
Metzingen
Hersteller für Textil & Bekleidung | 1.747 (D)
In allen Unternehmensbereichen
Fr. Anders, Beate_Anders@hugoboss.com
S | T | F | P — 3-6 Monate — 500-750 — E | O | P | I

Firmensitz — Mitarbeiterzahl — (D) Deutschland — (W) Weltweit — Sucht Praktikanten für — Ansprechpartner
Vorlaufzeit — Vergütung — Praktikumsarten: S Schulpraktikum, P Studienbegleitend, F Freiwillig, T Trainee — Bewerbungsform: E E-Mail, O Online, P Post, I Initiativ

» IKEA Deutschland GmbH&Co. KG | Hofheim-Wallau
Möbelhersteller | 11.000 (D)

Design, Einkauf, IT, Marketing, Organisation, Rechtsabteilungen

www.ikea.de

S | T | F | P — bedarfsabh. — nach Leistg. — E | O | P | I

» L'Oréal Deutschland GmbH | Düsseldorf
Hersteller für Schönheitsprodukte | 2.100

In allen Unternehmensbereichen

Hr. Nico Rose, 0211 / 4378 - 251, cbusch@de.loreal.com

S | T | F | P — 2-3 Monate — k.A. — E | O | P | I

» Masterfoods GmbH | Verden / Bremen
Genuss-/Nahrungsmittelhersteller | 1.900 (D)

Marketing, Verkauf, Einkauf, Logistik, Personal

www.mars.com

S | T | F | P — 4 Monate — 1050 — E | O | P | I

» Melitta GmbH & Co. KG | Minden
Internationale Markenartikel | 2.330 (D)

Einkauf, Marketing, PR, Rechtsabteilung

www.melitta.info/karriere

S | T | F | P — 2-9 Monate — nach Leistg. — E | O | P | I

» Otto GmbH & Co. KG | Hamburg
Versandhandel | 24.700 (D)

in allen Unternehmensbereichen

Fr. Niemeyer / anita.niemeyer@otto.de

S | T | F | P — 3-5 Monate — 500-750 — E | O | P | I

» PMD Moden Handels GmbH | Willstätt-L.
Textilhandel | 2.000 (D)

Design, Einkauf, Logistik, Personalwesen

Fr. Zachayus / karen.zachayus@pimkie.de

S | T | F | P — 1-4 Monate — 300-500 — E | O | P | I

» Puma AG | Herzogenaurach
Sportartikelhersteller | 690 (D)

Vetrieb, Rechnungswesen, PR, Forschung, Design, Entwicklung

human-resources@puma.com

S | T | F | P — 1-5 Monate — k.A. — E | O | P | I

» QUELLE AG | Fürth
Versandhandel(Universalversand) | 11.846 (W)

Marketing, Vertrieb, Produktmanagement, Personal, Finanzen, Controlling, Logistik

karriere@quelle.de, www.quelle.com

S | T | F | P — 6 Wochen — 450-600 — E | O | P | I

» REWATEC GmbH | Hamburg
Vertrieb von Wasseranlagen | 60 (D)

Vertrieb, Verkauf, Logistik, Materialwirtschaft, Einkauf, Beschaffung

Fr. Fernandez, 040/ 76916422, Manuela.Fernandez@rewatec.de

S | T | F | P — 1 Monat — nach Leistg. — E | O | P | I

» SÜDZUCKER Mannheim/ Ochsenfurt | Mannheim
Nahrungsmittelindustrie | 4.000 (D)

In allen Unternehmensbereichen

Fr. Umbreit, 0621/ 421-381, bewerberinfo@suedzucker.de

S | T | F | P — 1-6 Monate — k.A. — E | O | P | I

» Tchibo GmbH | Hamburg
Einzelhandel | 12.000 (W)

In allen Unternehmensbereichen

Fr. Reinecke, kare@tchibo.de

S | T | F | P — 3-4 Monate — k.A. — E | O | P | I

» Unilever Deutschland GmbH | Hamburg
Konsumguthersteller | 9.000 (D)

Einkauf, Forschung, IT, Marketing, Vertrieb

Fr. Tommerdich, karriere@unilever.com

S | T | F | P — 3-6 Monate — 300-500 — E | O | P | I

» Vorwerk & Co. KG | Wuppertal
Direktvertrieb | 8.000 (D)

Organisation, Verwaltung, Unternehmensplanung, internes Consulting, PR, Kommunikation, Finanzmanagement

Fr. Engstfeld, 0202/ 5641775, christine.engstfeld@vorwerk.de

S | T | F | P — k.A. — k.A. — E | O | P | I

» Wrigley GmbH | Unterhaching
Kaugummihersteller | 340 (D)

Verschiedene Unternehmensbereiche

089/ 66510-0, PLD - People, Learning & Development,

S | T | F | P — keine — k.A. — E | O | P | I

Tourismus, Logistik und Verkehr

» A S Reiseveranstaltungs GmbH
Hamburg
Reiseveranstalter | 60 (D)
Organisation, Verwaltung, Vertrieb, Verkauf, Sonstiges
040/ 32093454, martin.neustein@rainbowtours.de
S | T | F | P → k.A. | nach Leistg. | E | O | P | I

» Deutsche Post World Net
Bonn
Logistikunternehmen | 380.000 (W)
Consulting, Management, Rechtsabteilung, Vertrieb
www.dpwn.de/karriere
S | T | F | P → 1-3 Monate | 500 | E | O | P | I

» EF Education (Deutschland) GmbH
Berlin
Veranstalter für Sprachreisen | 2500 (W)
Marketing, PR, Vertrieb, Verkauf
Hr. Dr. Schröder, 030/ 20347100, arnd.schroeder@ef.com
S | T | F | P → 1-5 Monate | 100-300 | ? | ? | ? | ?

» L´TUR Tourismus AG
Baden-Baden
Reisebranche | 270 (D)
Einkauf, Beschaffung, Onlinebereich, nur nach Bedarf
www.ltur.com
S | T | F | P → 4 Monate | k.A. | E | O | P | I

» Öger Tours GmbH / Öger Group
Hamburg
Tourismus | 300 (D)
Marketing, PR, Kommunikations
Fr. Meyn, 040/ 32001-0, i.meyn@oeger.de, www.oeger.de
S | T | F | P → 2-6 Monate | 100-300 | E | O | P | I

» TUI AG
Berlin
Touristikkonzern | 13.000 (D)
In allen Unternehmensbereichen
www.tui.com, Job und Karriere
S | T | F | P → k.A. | k.A. | E | O | P | I

Banken, Consulting, Versicherung

» Allianz Group
München
Versicherung, Vorsorge, Vermögen | 163.000 (D)
In allen Unternehmensbereichen
www.perspektiven.allianz.de
S | T | F | P → 1-6 Monate | nach Leistg. | E | O | P | I

» AOK Bundesverband
Bonn
Versicherungsverband | 387 (D)
Einkauf, Beschaffung, Organisation, Verwaltung, Rechnungswesen, Controlling, Finanzwesen
Hr. Theis, 0228/843456, helmut.theis@bv.aok.de
S | T | F | P → 4-8 Wochen | keine | E | O | P | I

» Booz Allen Hamilton GmbH
München
Unternehmensberatung | 410 (D)
In allen Unternehmensbereichen
Fr. Gaby Schröter, 0211/ 3890-0 ,
S | T | F | P → k.A. | k.A. | E | O | P | I

» Deutsche Bank AG
Frankfurt am M.
Bank/Finanzdienstleister | 27.000(D)
In fast allen Unternehmensbereichen
069/ 910-36221, www.db.com/careers
S | T | F | P → 8 Wochen | mind. 500 | E | O | P | I

» Dresdner Bank AG
Frankfurt
Bank/Finanzdienstleister | 29.718(D)
In allen Unternehmensbereichen
Fr. Zapp-Gürser, praktikanten@dresdner-bank.com
S | T | F | P → 6 Wochen | 500 - 750 | E | O | P | I

» Stiftung Warentest
Berlin
Verbraucherinformation & -schutz | 270 (D)
PR, Technikabteilung, Redaktion, Naturwissenschaftliche Abteilung
www.stiftung-warentest.de
S | T | F | P → 3-9 Monate | 100-300 | E | O | P | I

Firmensitz · Mitarbeiterzahl · (D) Deutschland · (W) Weltweit · Sucht Praktikanten für · Ansprechpartner
Vorlaufzeit · Vergütung · Praktikumsarten: S Schulpraktikum, P Studienbegleitend, F Freiwillig, T Trainee · Bewerbungsform: E E-Mail, O Online, P Post, I Initiativ

Pharma, Healthcare, Chemie, Rohstoff

» Across Barriers GmbH | Saarbrücken
Pharmazie/ Chemie Unternehmen | 30 (D)
Forschung, Naturwissenschaftliche Abteilungen
Fr. Dr. Haltner-Ukomadu/ dr.haltner@acrossbarriers.de
S | T | F | P → 2-6 Monate | nach Leistg. | E | O | P | I

» ASPIRAS Project Consulting | Mainz
Beratung für Pharma & Biotech | 4 (D)
Consulting, Management, Marketing, Redaktion
Fr. Pauly, pauly@aspiras.de
S | T | F | P → keine | nach Leistg. | E | O | P | I

» BIOCAM GmbH | Regensburg
Medizintechnik | 20 (D)
Forschung, IT, Vertrieb
info@biocam.de
S | T | F | P → 1-6 Monate | 300-500 | E | O | P | I

» Boehringer Ingelheim Pharma | Ingelheim
Arzneimittelhersteller | 9.026 (D)
In allen Unternehmensbereichen
Hr. Hund, www.boehringer-ingelheim.de
S | T | F | P → 1-3 Monate | 300-800 | E | O | P | I

» BrainLAB AG | Heimstetten
Medizintechnik | 380 (D)
Einkauf, Forschung, Projektmanagement, Vertrieb
Fr. Miess, jobs@brainlab.com
S | T | F | P → 1-3 Monate | 500-750 | E | O | P | I

» Bristol-Myers Squibb | München
Pharmazeutisches Unternehmen | 1.000 (D)
Marketing, Management, Verwaltung, Organisation
www.b-ms.de
S | T | F | P → 2-12 Wochen | 300-500 | E | O | P | I

» Cognis Deutschland GmbH & Co.KG | Düsseldorf
Spezialchemie | 2.700 (D)
Einkauf, Forschung, Entwicklung, Logistik, Rechtsabteilung
myfuture@cognis.com
S | T | F | P → 3 Monate | 300-500 | E | O | P | I

» Deutsche BP AG | Bochum
Verarbeitung & Vertrieb von Erdöl | 9.000 (D)
In verschiedenen Unternehmensbereichen
www.deutschebp.de
S | T | F | P → 1-6 Monate | 300-500 | E | O | P | I

» Epigenomics AG | Berlin
Biotechnologie | 107 (D)
IT, Naturwissenschaftliche Abteilungen, Personalwesen
Fr. Peitsch, silke.peitsch@epigenomics.com
S | T | F | P → 2-4 Monate | k.A. | E | O | P | I

» Merck KGaA | Darmstadt
Pharmazie/ Chemie Unternehmen | 9.090 (D)
In allen Unternehmensbereichen
www.come2merck.de
S | T | F | P → 6 Monate | 500-750 | E | O | P | I

» Otto Bock HealthCare GmbH | Duderstadt
Hersteller für Beinprothetik | 1.234 (D)
Design, Einkauf, Forschung, Logistik, Marketing, Vertrieb
Fr. Rupprecht, kristin.rupprecht@ottobock.de
S | T | F | P → 1-2 Monate | 300-500 | E | O | P | I

» RAG Aktiengesellschaft | Essen
Industriekonzern - Energie & Chemie | 81.297 (D)
Energie, Chemie, Immobilien, Bergbau, kaufmännischer Bereich
www.rag.de
S | T | F | P → 3 Monate | k.A. | E | O | P | I

» REHAU AG + Co | Rehau
Polymerverarbeitung | 7.200 (D)
Einkauf, Forschung, Marketing, Technik, Personalwesen
Fr. Voigt, Kristin.Voigt@rehau.com
S | T | F | P → 2-6 Monate | 300-500 | E | O | P | I

Automobilindustrie und Maschinenbau

» Altran Deutschland GmbH — Frankfurt am M.
High-Technology Consulting — 1.100 (D)
In verschiedenen Unternehmensbereichen
069/ 21976770, www.altran.net/de
S | T | F | P — keine — k.A. — E | O | P | I

» Andreas STIHL AG&Co. KG — Waiblingen
Hersteller für Motorsägen — 3.600 (D)
In fast allen Unternehmensbereichen
Hr. Blöcher, 07151/ 262187, dennis.bloecher@stihl.de
S | T | F | P — 2 Monate — 500-750 — E | O | P | I

» AUDI AG — Ingolstadt
Automobilhersteller — 53.000 (D)
In allen Unternehmensbereichen
Personalmarketing, 0841/ 8931364, karriere@audi.de
S | T | F | P — k.A. — k.A. — E | O | P | I

» Baumüller Nürnberg GmbH — Nürnberg
Elektromotoren & Antriebssysteme — 1.400 (W)
In allen Unternehmensbereichen
Fr. Schiemann, 0911/ 5432-185, m.schiemann@baumueller.de
S | T | F | P — keine — k.A. — E | O | P | I

» Benteler AG — Paderborn
Hersteller für Automobiltechnik — 9.320(D)
In allen Unternehmensbereichen
Fr. Meyer, 05254/ 814412, praktikantenSR@benteler.de
S | T | F | P — 3-4 Monate — nach Leistg. — E | O | P | I

» BMW Group — München
Automoil, Motorrad, Finanzdienste — 70.000 (D)
Forschung/Entwicklung, Produktion, Vertrieb/Marketing, Einkauf, HR, IT, PR
www.bmwgroup.com/career
S | T | F | P — 3 Monate — nach Leistg. — E | O | P | I

» Bosch Rexroth AG — Lohr am Main
Antreiben, Steuern, Bewegen — 15.300 (D)
In allen Bereichen im In- & Ausland
www.boschrexroth.com
S | T | F | P — 3 Monate — nach Leistg. — E | O | P | I

» Brose Fahrzeugteile GmbH & Co. — Coburg
Hersteller Fahrzeugteile — 4.700 (D)
Technische/kaufmännische Bereiche
Fr. Irene Holler, 09561/ 211981
S | T | F | P — 3-6 Monate — k.A. — E | O | P | I

» Bürkert Werke GmbH & Co. KG — Ingelfingen
Hersteller für Fluidtechnik — 950 (D)
Forschung/Entwicklung
Fr. Dödderer, 07940/ 10-137, heike.doedderer@buerkert.com
S | T | F | P — 2-5 Monate — über 500 — E | O | P | I

» Carl Zeiss AG — Oberkochen
Optik & Messtechnik — 9.700 (D)
In allen Unternehmensbereichen
Fr. Eva Kröhl, 07364/ 203757, praktikum@zeiss.de
S | T | F | P — beliebig — 300-500 — E | O | P | I

» cetoni GmbH — Korbußen
Entwickl.v. Automatisierungstechnik — 22 (D)
Einkauf, Logistik, Materialwirtschaft, Forschung/Entwicklung, Marketing, PR
Hr. Dittrich, 036602/ 3380, david.dittrich@cetoni.de
S | T | F | P — 2-6 Monate — nach Leistg. — E | O | P | I

» DR. JOHANNES HEIDENHAIN — Traunreut
2- & 3D-Messgeräte-Hersteller — 2.400 (D)
Forschung & Entwicklung, Naturwissenschaftliche Abteilungen,
Hr. Martin Jaeger, 08669/ 31-2350
S | T | F | P — 4-6 Monate — über 500 — E | O | P | I

» DUSCHL INGENIEURE — Rosenheim
Ingenieurbüro — 55 (D)
Consulting, Technikabteilungen
Hr. Anzill, 08031/ 243-218, g-anzill@duschl.de
S | T | F | P — 2 Wo.-3 M. — nach Leistg. — E | O | P | I

Firmensitz — Mitarbeiterzahl — (D) Deutschland — (W) Weltweit — Sucht Praktikanten für — Ansprechpartner
Vorlaufzeit — Vergütung — Praktikumsarten: S Schulpraktikum, P Studienbegleitend, F Freiwillig, T Trainee — Bewerbungsform: E E-Mail, O Online, P Post, I Initiativ

» euro engineering AG | München
Ingenieurunternehmen | 1.000 (D)
Entwicklung, Konstruktion
Fr. Schmidtke, 089/ 357751-118, info@euro-engineering.de
S | T | F | P — 1 Monat — nach Leistg. — E | O | P | I

» Ferromatik Milacron Maschinenbau | Malterdingen
Hersteller von Spritzgießmaschinen | 450 (D)
Logistik, Materialwirtschaft
Hr. Fleig, 07644/ 78220, achim_fleig@ferromatik.com
S | T | F | P — 1-4Monate — keine — E | O | P | I

» Festo AG & Co. KG | Esslingen
Industrie-Automation | 10.600 (D)
In fast allen Unternehmensbereichen
Fr. Birgit Maurath, 0711/ 347-4460, www.festo.com/jobs
S | T | F | P — k.A. — k.A. — E | O | P | I

» Gratz Engineering GmbH | Weinsberg
Fahrzeug-, Motor- & Betriebsmittel | 130(D)
Consulting, Design, Gestaltung, Forschung, Entwicklung, IT, Telekommunikation, Redaktion, Technikabteilungen
www.gratz.de
S | T | F | P — 2 Wo.-3 M. — nach Leistg. — E | O | P | I

» Heidelberger Druckmaschinen AG | Heidelberg
Druckmaschinenhersteller | 12.900 (D)
In fast allen Unternehmensbereichen
Fr. Oliva, 06221/ 92-5461, ilona.oliva@heidelberg.com
S | T | F | P — 2-4 Monate — ab 300 — E | O | P | I

» Hoerbiger Firmengruppe | Peiting
International Management Services | 2.200 (D)
Forschung, Personalwesen, Technik
Fr. Heisel, bewerbung@hoerbiger.com
S | T | F | P — 1-2 Monate — 500 — E | O | P | I

» Jenoptik AG | Jena
clean systems, photonics | 9.260 (W)
In allen Unternehmensbereichen
036/ 41653343, cornelia.widermann@jenoptik.com
S | T | F | P — 2-3 Monate — nach Leistg. — E | O | P | I

» Jungheinrich AG | Hamburg
Lagertechnik & Logistikdienstleister | 4.500 (D)
In allen Unternehmensbereichen
040 / 6948 - 1658, britta.lochinger@jungheinrich.de
S | T | F | P — 1-8 Monate — nach Leistg. — E | O | P | I

» Karl Storz GmbH | Tuttlingen
Medizintechnik | 1.500 (D)
In fast allen Unternehmensbereichen
Fr. Grießhaber, 07461/ 708739, a.grießhaber@karlstorz.de
S | T | F | P — mind. 6 Wo. — über 500 — E | O | P | I

» Koenig&Bauer Aktiengesellschaft | Würzburg
Druckmaschinenhersteller | 6.237 (D)
In fast allen Unternehmensbereichen
Fr.Holm, 0931/ 909-6403 (Stud.), Hr.Reitzenstein -4365 (Schül.)
S | T | F | P — 2-6 Monate — nach Leistg. — E | O | P | I

» KSB Aktiengesellschaft | Frankenthal
Hersteller für Pumpen & Armaturen | 4.000 (D)
In allen Unternehmensbereichen
Fr. Dörr, 06233/ 862792, elke.doerr@ksb.com, www.ksb.de
S | T | F | P — 3-6 Monate — nach Leistg. — E | O | P | I

» KUKA Roboter GmbH | Augsburg
Hersteller von Industrierobotern | 1.200 (D)
Forschung/Entwicklung, IT, Naturwissenschaftl. Abteilungen, Personalwesen, Rechtsabteilungen, Technikabteilungen
Hr. Stelzmüller, 0821/ 797-3087
S | T | F | P — 2-8 Monate — über 200 — E | O | P | I

» MAN Nutzfahrzeuge AG | München
Fahrzeugindustrie | 34.000 (W)
In fast allen Unternehmensbereichen
www.man-nutzfahrzeuge.de
S | T | F | P — keine — k.A. — E | O | P | I

» Polysius AG | Beckum/Neub.
Technologiehersteller | 1.000 (D)
In verschiedenen Unternehmensbereichen
Hr. Ueding, 02525/ 992284, Ludger.Ueding@ThyssenKrupp.com
S | T | F | P — keine — nach Leistg. — E | O | P | I

» **rosseta Technik GmbH** | Roßlau (Elbe)
Technologieunternehmen | 10 (D)
Forschung/Entwicklung, Technikabteilung
Hr. Dr. Frank Täubner, 034901/ 52040
S | T | F | P — mind. 2 Mo. — keine — E | O | P | I

» **SEW-EURODRIVE GmbH & Co KG** | Bruchsal
Antriebstechnik | 3.300 (D)
In allen Unternehmensbereichen
Fr.Petrasch, 07251/ 751927, manuela.berg@sew-eurodrive.de
S | T | F | P — 3-6 Monate — nach Leistg. — E | O | P | I

» **TRUMPF GmbH + Co. KG** | Ditzingen
Fertigungstechnik | 3.711 (D)
In allen Unternehmensbereichen
07156/ 303-977, bewerbung@de.trumpf.com
S | T | F | P — immer — k.A. — E | O | P | I

» **Voith AG** | Heidenheim
Papiermasch.,Turbinen,Generatoren | 24.000 (W)
In allen Unternehmensbereichen
www.career.voith.de
S | T | F | P — k.A. — k.A. — E | O | P | I

» **dmc digital media center GmbH** | Stuttgart
Internetagentur & Systemhaus | 120 (D)
Consulting, Design, IT, Telekommunikation, Management, Unternehmensführung, Marketing, PR, Projektleitung
Fr. Iris Jaus, 0711/ 601747-0, jobs@dmc.de
S | T | F | P — k.A. — 300-500 — E | O | P | I

» **ebm-papst Mulfingen** | Mulfingen
Hersteller für Luft- & Antriebstechnik | 2.100(D)
Einkauf, Beschaffung, Forschung/Entwicklung, Logistik, Materialwirtschaft, Design, Marketing, Vertrieb, Verkauf
Hr. Ludwig, 07938/ 81-157, bernd.ludwig@de.ebmpapst.com
S | T | F | P — 1-6 Monate — nach Leistg. — E | O | P | I

» **ELMOS Semiconductor AG** | Dortmund
Entwickler & Hersteller von ASICs | 600 (D)
Forschung, IT, Naturwissenschaftliche Abteilungen
Hr. Engler, bengler@elmos.de
S | T | F | P — keine — nach Leistg. — E | O | P | I

» **ESR Pollmeier GmbH** | Ober-Ramstadt
Servoantrieb & Positioniersteuerung | 46 (D)
Forschung, Technikabteilungen
Hr. Pollmeier, gl@esr-pollmeier.de
S | T | F | P — keine — nach Leistg. — E | O | P | I

» **National Instruments Germany** | München
Mess- & Automatisierungstechnik | 3.500(W)
Marketing, PR, Elektrotechnik: Applications Engineering
Fr. Alexandra Nowak, 089/ 741313-0, germany.jobs@ni.com
S | T | F | P — 2-4 Monate — über 500 — E | O | P | I

ITK und Elektrotechnik

» **AMD Saxony LLC & Co. KG** | Dresden
Hersteller von Mikroprozessoren | 2.600 (D)
Technischer/wirtschaftswissenschaftlicher/naturwissenschaftlicher Bereich
Fr. Katrin Seiß, 0351/ 277-1247, Katrin.Seiss@amd.com
S | T | F | P — keine — k.A. — E | O | P | I

» **Basler AG** | Ahrensburg
Technologiehersteller | 323 (D)
Einkauf, Forschung, IT, Marketing, Redaktion
Fr. Rolirad, Verena.Rolirad@baslerweb.com
S | T | F | P — keine — k.A. — E | O | P | I

» **NEFF GmbH** | Bretten
Elektro- & Haushaltsbedarf | 1.100 (D)
In allen Unternehmensbereichen
Fr. Erb, 07252/ 976-288, anneliese.erb@bshg.com
S | T | F | P — 1-4 Monate — k.A. — E | O | P | I

» **Robert Bosch GmbH** | Gerlingen
KFZ-, Industrietechnik, Gebrauchsg. | 110.600 (D)
In allen Unternehmensbereichen
www.bosch-career.de
S | T | F | P — k.A. — nach Leistg. — E | O | P | I

Firmensitz — Mitarbeiterzahl — (D) Deutschland — (W) Weltweit — Sucht Praktikanten für — Ansprechpartner
Vorlaufzeit — Vergütung — Praktikumsarten: S Schulpraktikum, P Studienbegleitend, F Freiwillig, T Trainee — Bewerbungsform: E E-Mail, O Online, P Post, I Initiativ

» Sennheiser Electronic GmbH& Co.KG | Wedemark
Tontechnik | 900 (D)
In allen Unternehmensbereichen
Fr. Gurcke, gurckek@sennheiser.com
S | T | F | P 2-6 Monate 300-500 E | O | P | I

» SIM Communication Center GmbH | Mannheim
Telemarketing-Spezialist | 400(D)
ITK, Telekommunikation, Vertrieb, Verkauf, Projektmanagement
0621/ 71810, nils.offenhaeuser@sim-communication.de
S | T | F | P mind. 1 Wo. nach Leistg. E | O | P | I

» varetis AG | München
Software & Internetdienstleister | 200 (D)
Softwareentwicklung
www.varetis.de, 089/ 45566-127 oder -360
S | T | F | P 2 Monate 400-800 E | O | P | I

Bauindustrie, Immobilien und Bauwirtschaft

» Bauwens GmbH & Co. KG | Köln
Bau- & Immobilienbranche | 270(D)
Einkauf, Logistik, Materialwirtschaft, Marketing, PR, Personalwesen, Aus-/Weiterbildung, Technikabteilungen
Fr. Stanke, 0221/ 40084-184, jobs@bauwens.de
S | T | F | P 1-4 Monate 300-500 E | O | P | I

» Bayerische Hausbau GmbH | München
Bauträger | 80 (D)
Technik, Vertrieb, Verkauf
www.hausbau.de
S | T | F | P 4 Wochen 300-500 E | O | P | I

» Bilfinger Berger AG | Mannheim
Industriebau | 20.000 (D)
Projektmanagement, Personalwesen, Controlling
www.bilfinger.de
S | T | F | P k.A. k.A E | O | P | I

» Ed. Züblin AG | Stuttgart
Bauunternehmen | 8.000 (D)
ITK
www.zueblin.de
S | T | F | P 4-6 Monate k.A. E | O | P | I

» Heidelberg Cement AG | Heidelberg
Baustoffhersteller | 6.500 (D)
Design, Einkauf, Forschung, IT, Vertrieb, Marketing
Fr. Kinscher, marion.kinscher@heidelbergcement.com
S | T | F | P 2-6 Monate 300-500 E | O | P | I

» Hochtief AG | Essen
Baudienstleister | 9.500 (D)
Einkauf, Management, Marketing, Technik
stellenmarkt@hochtief.de, www.hochtief.de/karriere
S | T | F | P 2 Monate 500 E | O | P | I

» Steidle+Partner | München
Architekturbüro | 35 (D)
Architektentätigkeiten
www.steidle-partner.de
S | T | F | P 1 Monat k.A. E | O | P | I

» Strabag AG | Köln
Bauunternehmen | 10.000 (D)
Projektmanagement, Organisation, Einkauf
Fr. Vohs, andrea.vohs@strabag.de
S | T | F | P 1-3 Monate k.A. E | O | P | I

» Villeroy & Boch AG | Mettlach
Keramikhersteller | 3.872 (D)
Logistik, Marketing, Einkauf, Personalwesen
www.villeroy-boch.com
S | T | F | P 3-6 Monate k.A. E | O | P | I

» Wayss & Freytag Schlüsselfertigbau | Frankfurt
Bauunternehmen | 500 (D)
Rechnungswesen, Bauleitung, Kalkulation
Fr. Pfitzner, pamela.pfitzner@wf-sfbau.de
S | T | F | P 1-3 Monate 300-500 E | O | P | I